Montageprozesse
für
Fahrleitungsanlagen

E-Book inside

Registrieren Sie sich unter:
https://www.pmcmedia.com/e-book-download
und nutzen Sie dieses Werk gratis als E-Book.

Der Download-Code für dieses Buch ist: **6PS3HP**

Manfred Irsigler

Montageprozesse für Fahrleitungsanlagen

PMC

Bibliografische Information der Deutschen Nationalbibliothek:
Die Deutsche Nationalbibliothek verzeichnet diese Publikation in der Deutschen Nationalbibliografie; detaillierte bibliografische Daten sind im Internet über http://dnb.de abrufbar.

Verlag: GRT Global Rail Academy and Media GmbH
Werkstättenstraße 18
D-51379 Leverkusen

Office Hamburg: Frankenstraße 29, D-20097 Hamburg
Tel.: +49 (0) 40 228679 506
Fax: +49 (0) 40 228679 503
Web: www.pmcmedia.com; E-Mail: office@pmcmedia.com

Geschäftsführer/
Publisher PMC Media: Detlev K. Suchanek
Redaktionsleitung: Dr. Bettina Guiot
Vertrieb und Buchservice: Sabine Braun

Satz und Druck: TZ-Verlag & Print GmbH, Roßdorf

1. Auflage 2022

ISBN 978-3-96245-240-7

Eine Publikation von

PMCMedia
International Publishing

PMC Media ist die Verlagsmarke der
GRT Global Rail Academy and Media GmbH.

Inhalt

1 Einführung

1.1 Veränderte Rahmenbedingungen für Eisenbahnunternehmen

Leistungsfähige Verkehrssysteme sind eine wesentliche Voraussetzung für die günstige Entwicklung der volkswirtschaftlichen Kenndaten. Sie ermöglichen die aktive Entwicklung von Ballungsräumen und Industriezentren. Mit dem Ausbau der Schienenverkehrssysteme kann ein Beitrag für eine bessere Klimazielbilanz geleistet werden.

Durch die Liberalisierung am Verkehrsmarkt hat sich der Wettbewerb zwischen traditionellen Eisenbahnunternehmen und privaten Betreibern, aber vor allem auch zwischen den Verkehrsträgern Schiene, Straße, Schifffahrt und Flugverkehr enorm verschärft. Die Eisenbahnen versuchen im Personenverkehr mit höheren Betriebsgeschwindigkeiten bis 350 km/h und zusätzlich mit einer Verkürzung der Gesamtreisezeiten durch Optimierung von Umsteigerelationen, Marktanteile in diesem Wettbewerbsumfeld abzusichern bzw. zurückzugewinnen. Im Güterverkehr konzentriert man sich auf bestimmte Destinationen mit beschleunigten Transporten und den Ausbau des Logistiksystems. Ziel muss eine intensivere Nutzung der Schiene sein. Der Eisenbahn werden bei nachhaltiger Ergebnisverbesserung im Struktur, Kosten- und Logistikmanagement und bei entsprechender Flexibilität und Kundenorientierung gute Zukunftschancen eingeräumt.

Fahrleitungen sind ein wesentlicher Bauteil der Traktionsstromversorgung für den elektrischen Zugbetrieb und damit der Eisenbahninfrastruktur. Aktuell sind die Investitionskosten in die Infrastruktur sowie die Betriebskosten über den Lebenszyklus zu analysieren und zu reduzieren. Dazu gehören auch die Baukosten von Elektrifizierungsprojekten und die Instandhaltungskosten von Fahrleitungssystemen auf elektrisch betriebenen Strecken.

Parallel dazu hat man entsprechend dem Stand der Technik die Regelwerke in der europäischen Normung im Sinne einer einheitlichen und besseren Qualität und Interoperabilität nachgeführt.

Diese technisch begründeten und wirtschaftlichen Zielsetzungen führen auch zu einem Kostendruck. Damit entstanden optimierte Arbeitsverfahren bei der Fahrleitungsmontage. In der Folge entwickelten sich neue Anforderungsprofile für moderne Fahrleitungs-Installationsmaschinen mit einer innovativen Arbeitstechnologie.

1.2 Strategien für Fahrleitungsanlagen

Grundsätzliche Anforderungen für moderne Fahrleitungsanlagen für Hochgeschwindigkeits- und/oder Hochleistungsstrecken sind z. B.:

- ein hoher Qualitätsstandard
- eine optimierte Verfügbarkeit, Qualität und Zuverlässigkeit
- günstige Lebenszykluskosten (LCC)
- die Interoperabilitätskriterien
- einfache Instandhaltbarkeit
- Konzepte und Ausführung mit Aufwärtskompatibilität
- bestmögliche Güte der Stromabnahme für zugelassene Stromabnehmer (bei Einfach und Mehrfachtraktion) bei den vereinbarten Betriebsgeschwindigkeiten

Die Vorgaben an Traktionsstromversorgungssysteme für den elektrischen Zugbetrieb haben u. a. infolge der geforderten hohen Fahrgeschwindigkeiten und des stark gestiegenen Leistungsbedarfs auf Hochgeschwindigkeits und Hochleistungsstrecken ständig zugenommen.

Die Konstruktionen reichen von der kostengünstigen Fahrleitung mit geringeren Ansprüchen an die Geometrie und Dynamik bis zu Kettenwerksfahrleitungen für HGVStrecken. Diese Kettenwerksfahrleitungen sind wegen der relativ einfachen Bauweise, der präzisen Fahrleitungsgeometrie und der guten elektrischen und dynamischen Eigenschaften eine bewährte Lösung. Im diesem System sind Fahrdrähte aus hochfesten Kupferlegierungen notwendig. Herstellung und Montage dieser Fahrdrähte haben einen wesentlichen Einfluss auf die Qualität der Stromübertragung zwischen Fahrdraht und Stromabnehmer.

Die Normen geben sehr enge Toleranzen für die Geometrie, Lage, das Material, die Welligkeit und das statische sowie dynamische Verhalten vor.

Bei allen Kriterien wird vorausgesetzt bzw. es muss beurteilt werden, dass das technisch Mögliche wirtschaftlich vertretbar ist.

1.3 Innovation durch komplexe Maschinentechnologie

Es wurden mechanisierte, d.h. maschinenunterstützte, weitgehend automatisierte Montageverfahren eingeführt. Die Mechanisierung im Fahrleitungsbau und in der Instandhaltung ist ein wesentlicher Beitrag für

- technisch und wirtschaftlich orientierte Arbeits und Montageverfahren,
- Leistungssteigerung durch innovative Arbeitstechnologie,
- Rationalisierungen durch höhere Arbeitsleistungen,
- bestmögliche Verlegequalität und Arbeitssicherheit.

Die folgenden Abbildungen zeigen aktuelle Beispiele für Fahrleitungs-Installations- und Fahrleitungs-Arbeitsmaschinen:

Abb. 1.1: Fahrleitungs-Montage- und Instandhaltungsfahrzeug ÖBB (MTW)

Abb. 1.2: MTW Elektrifizierungsprojekt Dänemark (Fotos: Plasser & Theurer)

Abb. 1.3: FUM Elektrifizierungsprojekt Dänemark (Foto: Plasser & Theurer)

1.4 „Arbeitsverfahren zur mechanisierten Oberleitungsmontage“ nach UIC-Merkblatt 793 E

Grundlagen zu den Arbeitsverfahren zur mechanisierten Fahrleitungsmontage wurden bereits im UIC-Merkblatt 793 E erarbeitet.

Zielpunkte waren:

- Zusammenfassung der bei den Bahnunternehmen gebräuchlichen Verfahren und Zielsetzungen
- Hinweise auf Montagesituationen für Fahrdraht-Tausch, für Neubau und Erneuerung der Fahrleitung
- Verlegen von Spitzenleitungen für die Stromversorgung und die Rückstromführung sowie sonstiger auf den Fahrleitungsmasten mitgeführten Leitungen
- Vergleichs- und Bewertungsmethoden
- Richtwerte, Weg-Zeitdiagramme
- Kombinationen von Fahrleitungs-Installationsmaschinen und Fahrleitungs-Arbeitsmaschinen zu Fahrleitungsbauzügen
- Entscheidungshilfen über Investitionen in die Maschinentechnologie und die Auswahl der Verfahren

Daraus wurden die technischen Grundlagen in die europäische Normung (EN) übernommen.

2 Fahrleitungsmontage

Technik – Aufgaben – Abläufe

2.1 Grundsätze

An moderne Kettenwerksfahrleitungen werden vor allem bei den hohen Betriebsgeschwindigkeiten an die Montagetechnologie und die Montageverfahren besondere Anforderungen gestellt. Die technischen Kenn- und Grenzwerte für diese Fahrleitungssysteme sind heute in den Normen (siehe Verzeichnis „Normen und Regelwerke") und Technischen Spezifikationen umfassend vorgegeben.

Um die Projektumsetzung daran anzupassen und zu verbessern, sind moderne, maschinell unterstützte Montageverfahren weiterentwickelt worden und sie sollten bei Elektrifizierungs-, Reinvestitions- und Instandhaltungsprojekten im Hinblick auf die Wirtschaftlichkeit, die Qualität und die Arbeitssicherheit Standard sein.

Werden Fahrleitungen manuell mit geringen Zugkräften verlegt, also ohne Unterstützung durch diese modernen Maschinentechnologien (z. B. zugkraftgeregelte Windensysteme abgestimmt mit den Fahrzeugantrieben der selbstfahrenden Maschinen), kann der Fahrdraht nach Abschluss der Arbeiten Deformationen und Welligkeit aufweisen. Die Fahrleitungsregulierung ist dann in mehreren Arbeitsschritten nachzuholen, die Fahrleitungslängsdehnung stellt sich erst unter Nennzugkraft ein, der Reckvorgang muss nachgebildet werden usw.

Als Ergebnis ist festzuhalten: Beginnend mit dem Neubau bis zur Instandhaltung von Fahrleitungsanlagen variieren Dauer, Personalbedarf und Kosten stark mit der eingesetzten Technologie.

Die Montagemethoden orientieren sich vorerst an dem speziellen zur Verfügung stehenden Maschinenpark an Montagegeräten beim Infrastrukturbetreiber bzw. bei den Fachfirmen sowie an dem vorhandenen Fachpersonal. Moderne Montagemethoden sind daher ressourcen- und projektbezogen einzuführen.

Entscheidend sind bereits in der Projektentwicklung neben den technischen Rahmenvorgaben auch die wirtschaftlich darstellbaren Gesamtkosten. Was meistens in der Gesamtsicht nicht ausreichend bewertet wird, sind die Faktoren Normenkonformität, mögliche Qualität auf Basis des Standes der technischen Möglichkeiten, Arbeitssicherheit, verfügbare Fachkräfte, Lebensdauerfaktoren (LCC, LCM) und ergänzend die direkt bzw. indirekt dem Projekt anzulastenden Kostenpositionen. Hier sind z. B. die betrieblichen Behinderungen wie zulässige Dauer der Gleissperren bei an in Betrieb stehenden Anlagen, Umleitungs- und Ersatzverkehre sowie fahrplanbezogene Angebotseinschränkungen zu nennen. Zeitlich begrenzte knappe Gleissperren können auf Neubaustrecken, auf Ausbaustrecken und bei Erneuerungsvorhaben mit Zugbetrieb durchaus bestimmend für eine rasche Änderung des Montageverfahrens und die Beschaffung der Arbeitsmittel und Arbeitsfahrzeuge sein. Werden Fachfirmen beauftragt, so sind entsprechende Vorgaben im Vergabeprozess zu Montagezeiten und zur Qualität aufzunehmen.

Beste Ergebnisse hinsichtlich Montageaufwand und betrieblicher Folgewirkungen erhält man mit dem Einsatz von Fahrleitungsbauzügen.

Abb. 2.1: FUM-Bauzug mit Windensystem, mit Kranpositionierung und großer Arbeitsplattform (Foto: Plasser & Theurer)

2.2 Arbeitsvorbereitung für die Fahrleitungsmontage

Das Errichten einer Fahrleitungsanlage umfasst alle Bau- und Montagearbeiten unter Verwendung qualitätsgerecht konstruierter, gefertigter und geprüfter Bauteile sowie die Funktionsprüfung und abschließende Abnahme. Teil der Abnahme ist der Probebetrieb, der mit den Messungen und der Inbetriebnahme (dem Hochfahren) der Anlage beginnt.

Grundlage für die Arbeiten sind Bespannungspläne, Mast- und Fundamenttabellen, Materiallisten, Zeitbedarf und Terminpläne, Lieferketten, Maschinenkategorien und -bedarf, Mitarbeiterressourcen generell und Fachkräfte für die einzelnen Arbeitsmodule, Arbeitsvorbereitung, -logistik, Disposition der Gleisbesetzung, der Gleissperren und der betrieblichen Folgemaßnahmen, Bauaufsicht usw.

Die auf Basis der Gleis- und Mastpläne vorberechneten bzw. durch Ortsvermessung festgelegten Auslegerkonstruktionen und -rohre werden in Werkstätten bzw. Montagezentren in Baustellennähe vorgefertigt und nach dem Maststellen montiert und gesichert. Für die Vorausfertigungen kann z. B. als Bezugshöhe der am fertig eingerichteten Mast montierte Gleishöhenbolzen eingemessen werden. Die Hänger werden ebenso vorweg gerechnet, vorgefertigt und mit dem Arbeitszug für die Montage mittransportiert. Vor Montagebeginn werden auch die Nachspannvorrichtungen und Festpunktanker eingebaut.

Bau- und Montagearbeiten beginnen mit den Gründungen für die Masten. Das Maststellen, Montieren der Ausleger und der Quertragwerke, der Nachspanneinrichtungen und der Festpunktanker sind die Vorbereitung für den Einbau des Kettenwerkes. Der Einbau von Erdungsverbindungen und Erdungsleitungen zur Bahnerde kann vorweg oder im Nachgang zur Fahrleitungsmontage eingetaktet werden.

2.3 Manuelle Arbeitsverfahren

Bei herkömmlicher, d.h. vorwiegend manueller Montage werden Fahrdraht und Tragseil, die auf Arbeitswagen geladen sind, im Wesentlichen ohne Zugkräfte von den Speichertrommeln, die mit einfachen Mitteln gebremst werden, manuell abgezogen.

Dabei kann der Fahrdraht gebogen, geknickt und verdreht werden, sodass nach der Montage im Zusammenwirken mit dem Stromabnehmer unzulässige Kontaktkraftschwankungen auftreten können. Die normengemäße Qualität der Stromübertragung wird nicht erreicht, der Verschleiß steigt, am Fahrdraht kann es zu Riffelbildungen kommen und an den Schleifstücken zu punktuellen Beschädigungen.

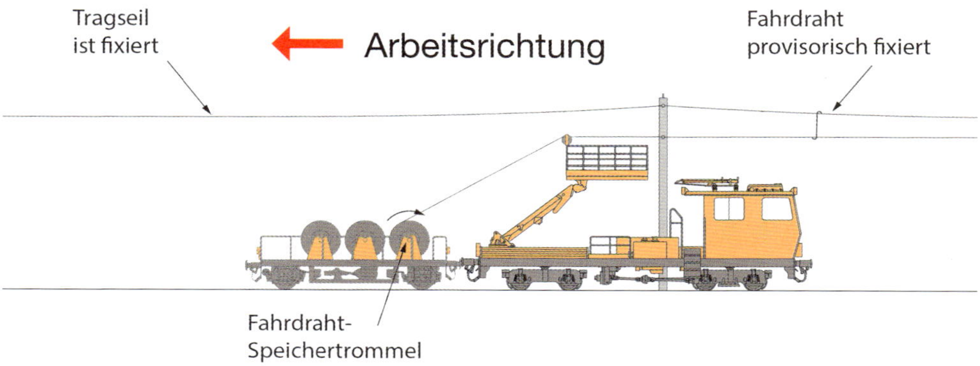

Abb. 2.2: Einfaches Montagekonzept (Prinzipdarstellung: Autor)

2.3.1 Manuelle Demontage einer Fahrleitungskette

Folgende Arbeitsabläufe sind bei der Demontage einer Fahrleitungskette erforderlich:

- Sperren der Nachspannvorrichtungen und Entlasten von Tragseil und Fahrdraht
- Ausbinden von Tragseil und Fahrdraht aus den Abspannungen und Auslegern
- Ablegen von Tragseil und Fahrdraht auf dem Gleisbett
- Aufrollen des Tragseiles zu transportablen Ringen
- Zerstückeln des Fahrdrahtes und bündeln zu transportablen Einheiten
- Verladen und Abtransport der Tragseilringe und der Fahrdrahtstücke
- ggf. Demontage der Ausleger und Armaturen

Die manuelle Demontage einer Fahrleitungskette erfordert eine Vielzahl von Arbeitsschritten und ist personalintensiv.

2.3.2 Manuelle Montage einer Fahrleitungskette

Der Ablauf der Montagearbeiten einer Fahrleitungskette kann folgendermaßen gegliedert werden:

- Fahrleitungsteams arbeiten mit adaptierten Arbeitswagen, Leitern, einfachen Hebebühnen;
- Abziehen von den Speichertrommeln ohne Vorspannung;
- Fahrdraht und Tragseil werden üblicherweise auf dem Gleis abgelegt bzw. laufend bei jedem Stützpunkt provisorisch über Rollen an den Auslegern abgehängt;

- Tragseil- und Fahrdrahtverlegung mit undefinierter Zugkraft;
- Keine kontrollierte, sorgsame/beschädigungs- und verformungsfreie Führung von Fahrdraht und Leiterseil zu den Montagepunkten an der Fahrleitungsanlage;
- Vormontage und vorläufiges Einbinden von Tragseil und Fahrdraht;
- Endgültiges Abspannen allgemein erst nach einer „Reckpause" von >> 72 Stunden;
- Definitive Positionierung der Ausleger und Montage der Hänger, Y-Beiseile und Stromverbinder nach der Reckpause in mehreren Arbeitsschritten.

Das ergibt eine Vielzahl von personalintensiven Arbeitsschritten mit durchweg anspruchsvollen manuellen Tätigkeiten. Man hat ein geringes Maß an Arbeitssicherheit und Abstriche bei den Qualitätsstandards. Eine Verbesserung des manuellen Montageverfahrens wird erreicht, indem man die Zugkraft am Fahrdraht beim Montagevorgang z. B. durch einen Spill („Achterwinde") – oder indem die Fahrdraht-Speichertrommel gebremst wird – erhöht.

Fahrdraht und die Leiterseile werden bei den Verfahren ohne oder mit Zugkräften kleiner als die Nennzugkräfte vorerst provisorisch auf Rollen an den Auslegern befestigt, damit sie beim Spannen auf Nennzugkraft in Richtung zur Abspannung bzw. zu den Nachspannvorrichtungen gezogen werden können.

Abb. 2.3: Das Fahrleitungssystem kann an dem stabilisierten Doppelausleger zwischenfixiert werden. (Foto: Autor)

Nach einem patentierten Verfahren können die bei der Produktion und Montage eingeprägten Mikrowellen mit Rollenrichtgeräten bei E-Cu und CuAg 0,1 weitgehend geglättet werden. Bei hochfesten Materiallegierungen (wie CuMg, CuSn, …) können jedoch die feinen Wellen nicht dauerhaft beseitigt werden.

Eine weitere Methode zum Ausrichten und Dehnen des Fahrdrahtes ist die befristete Erhöhung der Fahrdrahtzugkraft – z. B. um 30–50 % – über der Nennzugkraft über einen Zeitraum von >72 Stunden. Ein gewisser Erfolg ist bei Fahrdrähten aus E-Cu und CuAg-Legierungen erkennbar. Es werden dabei die eingeprägte Mikrowelligkeit reduziert, der unelastische Dehnungsanteil und das Recken für die endgültige Regulierung vorweggenommen.

Die benötigte Montagezeit ist dann bei herkömmlichen, d.h. vorwiegend manuellen Prozessen einerseits durch die vielteiligen und komplizierten Teilarbeitsschritte und anderseits durch die qualitätsbedingten und systembedingten Nacharbeiten, wie die Verbesserung des betrieblichen Kontaktverhaltens zwischen Fahrdraht und Stromabnehmer sowie die mehrmaligen Regulierungsstufen, mit dem Faktor > 3 anzusetzen.

2.4 Maschinell unterstützte Montagetechnik für Fahrleitungsanlagen

Abb. 2.4: Vorarbeiten alternativ mit Zweiwegefahrzeugen (z.B. Montage von Armaturen, Auslegern) (Foto: Autor)

Grundlagen für moderne, maschinell unterstützte Verfahren und neue Arbeitstechniken sind speziell auf die Montagetechnik abgestimmte Arbeitsmaschinen mit hohen Arbeitsleistungen für Neubau, Umbau und Fahrdrahtwechsel. Durch ein „Fließbandtechnikverfahren“ erhält man zeit- und kostenoptimierte Produktionsleistungen und es ist eine konstante Verlege- und Arbeitsqualität durch die besonderen Maschinentechnologien garantiert. Die weitgehende Automatisierung beim Neubau, der Erneuerung sowie dem Fahrdrahtwechsel gelingt mit der Verwendung einer Fahrleitungs-Installationsmaschine (FUM) als zentrale Einheit in einem Fahrleitungsbauzug. Diese kann bei einem Fahrleitungsbauzug z. B. durch aufeinander abgestimmte Fahrleitungsmaschinen wie Arbeitsbühnenwagen, Montagegerüstwagen, Montageturmwagen, Motorturmwagen, Oberleitungswindenwagen ergänzt werden.

Mit einer Fahrleitungs-Installationsmaschine in Verbindung mit entsprechenden Fahrleitungs-Arbeitsmaschinen können

- Tragseile und Fahrdrähte,
- Spitzenleitungen für die Stromversorgung,
- Leitungen für die Rückstromführung und
- sonstige auf den Fahrleitungsmasten mitgeführte Leitungen

in Fließbandtechnologie verlegt werden.

Der wesentliche Vorteil von Fahrleitungs-Installationsmaschinen ist auch darin begründet, dass man 1 bzw. 2 oder 3 Leiter in einer Arbeitssequenz und jeweils mit den abgestimmten Nennzugkräften ziehen kann, z. B. TS + FD, FD + FD, TS + TS, 2 FD + 1 TS, 2 Spitzenleitungen usw. Damit erzielt man eine erhebliche Verkürzung der Montagedauer und der Dauer der Gleissperren.

Eine rationelle Montage von Stromschienen ist mit einer entsprechenden Ausführung der Fahrleitungs-Montagefahrzeuge möglich.

Eine Fahrleitungs-Installationsmaschine (FUM) kann für eine kontinuierliche Montagegeschwindigkeit, je nach Situation z. B. bis 7 km/h ausgelegt werden. Die Montagegeschwindigkeit des Bauzuges wird damit durch die Fahrleitungs-Installationsmaschine vorgegeben. Der Grundgedanke für die einzelnen, speziellen Montagearbeiten ist eine Unterteilung des Montageablaufs in sich wiederholende Arbeitsschritte und die Optimierung dieser Teilarbeitsprozesse. Für alle Maschinengruppen werden diese Teilprozesse so eingeplant, dass ein gleicher Arbeitsfortschritt erreicht wird.

Konkrete Vorarbeiten vor dem Einsatz der Fahrleitungs-Installationsmaschine sind z. B. der Abbau bestehender Fahrleitungsbauteile der zu ersetzenden Fahrleitung und bei Neubau die Montage von Armaturen und Auslegern mit Fahrleitungs-Arbeitsmaschinen.

Fahrdraht und Tragseil (bzw. analog Verstärkungs- und Rückleiterseile) können in der Folge maschinell von der Fahrleitungs-Installationsmaschine mit Nennzugkraft in einer Arbeitssequenz gezogen und in jedem Spannfeld gesichert sowie an den Festpunkten oder Nachspannvorrichtungen eingebunden werden.

Mit der ersten Fahrleitungs-Montagemaschine beginnt man in kurzem Abstand (z. B. von > 10 m) hinter der Fahrleitungs-Installationsmaschine vorerst mit der provisorischen Fahrdrahtaufhängung am Tragseil usw. Die zweite Maschine fährt in derselben Arbeitssequenz in einem zeitlichen Abstand von ca. 15 bis 30 Minuten, damit die unelastische Dehnung und die Reckung abgeschlossen sind. In dieser Sequenz sind vor allem die Hänger, Y-Beiseile, Seitenhalter und der Festpunktanker einzubauen. Parallel folgen Klemmen, Einspeisungen, Stromverbinder, Stromausgleichsverbinder usw. Darüber hinaus kann mit der Einstellung der Ausleger, der Seitenhalter (ggf. auch der Ausleger bei Portalkonstruktionen) und parallel noch mit der definitiven Einbindung der vorgefertigten Hänger und Y-Beiseile – abgestimmt zur Montagetemperatur – sowie der Regulierung der Fahrdrahthöhen- und -seitenlage entsprechend den Rechenprogrammen die finale Regulierung vorgenommen werden. Ggf. ist mit einer Feinregulierung ausgehend vom Fahrleitungsfixpunkt etwa in der Mitte der Nachspannlänge (Sektionslänge) nachzubessern.

Abb. 2.5: FUM mit kippbaren Windensystemen (jedes Windenrad zugkraftgeregelt, Hubmaste mit Führungsrädern) mit MTW für provisorische Sicherung der Fahrleitungskette
(Foto: Plasser & Theurer)

Die Überprüfung der Sollwerte und letztlich die Freigabe für die jeweilige Bauart-Nenngeschwindigkeit sind Teil dieser Montagesequenz. Eine grundsätzliche Zielsetzung bleibt, dass nach Fertigstellung der Montage keine weiteren Änderungs-, Regulierungs- und Nacharbeiten oder Einstellungen an der neuen Fahrleitungskette erforderlich werden und die Fahrleitung mit der vorgesehenen Betriebsgeschwindigkeit befahren werden kann.

Für die qualitativ anspruchsvollen und effizienten Montagearbeiten mit der Fahrleitungs-Installationsmaschine und mit weiteren Fahrleitungs-Arbeitsmaschinen (MTW, MGW) im Bauzug sind besonders geschulte Fahrleitungsteams notwendig.

Beim Fahrdrahtwechsel wird nur der Fahrdraht mit der der Bauart entsprechenden Nennzugkraft verlegt. Wird dieselbe Fahrdrahttype genommen, können Ausleger, Hänger, Stromverbinder, Y-Beiseile wieder an derselben Stelle eingebunden werden.

Bei der Optimierung der Fahrdraht-Montagetechnik in Fließbandtechnologie für moderne Fahrleitungssysteme mit diesen Maschinenkonzepten im Bauzug wurde mit mathematischen und experimentellen Untersuchungen nachgewiesen, dass bei der Verlegung des Fahrdrahts mit einer, entsprechend dem Fahrleitungssystem vorgegebenen, konstant zu haltenden Nennzugkraft und einem Biegevorgang über ein besonderes Windensystem eine Mikrowelligkeit mit $\leq 0{,}1$ mm gemäß EN 50149 eingehalten wird und Imperfektionen an der Fahrdraht-Schleiffläche sicher vermieden und die elastische und unelastische Längsdehnung der Kettenwerksfahrleitung vorweggenommen werden.

Der Aufbau dieses Windensystems, die geometrische Anordnung der Windenräder und der Nachweis der erreichten Zugkräfte, der Reibungszahlen und die Einhaltung der Mikrowelligkeit sind in Kapitel 11 ausgeführt.

Damit konzentriert sich die Fließbandtechnologie auf das kontinuierliche Ziehverfahren von Fahrdrähten und Tragseilen (sowie Verstärkungs- und Rückstromführungsleitungen) unter Nennzugkraft. Die Nennzugkräfte müssen von der Fahrleitungs-Installationsmaschine, auch bei den Beschleunigungs- und Bremsvorgängen sowie beim Stillstand des Arbeitszuges, eingehalten werden, damit einerseits keine Überbelastung von Fahrdrähten und Tragseilen passiert, aber Fahrdraht-Welligkeiten, Knicke, nachträgliche elastische Dehnungsvorgänge usw. vermieden bzw. minimiert werden.

Die Arbeitsabläufe bei der Montage einer Fahrleitungskette sind zusammenfassend folgende:

- Für Vorarbeiten (Vorbereitungsarbeiten z. B. Montage von Auslegern, ...) und Nacharbeiten (z. B. Freigabe der gesperrten Nachspannvorrichtungen, ...) werden weitere Fahrleitungs-Arbeitsmaschinen eingesetzt.
- Tragseil und Fahrdraht werden gemeinsam mit den der Bauart entsprechenden Nennzugkräften verlegt.
  - Bei Fahrdrahtwechsel wird nur der Fahrdraht mit der der Bauart entsprechenden Nennzugkraft verlegt.
- Das Verlegen erfolgt mit der Fahrleitungs-Installationsmaschine und ergänzend mit weiteren Arbeitsmaschinen.
  - Mit einem MTW unmittelbar nach der FUM wird die Fahrleitungskette flexibel gesichert.
  - Mit dem folgenden MTW können Ausleger, Hänger, Stromverbinder etc. in derselben Arbeitssequenz bereits exakt positioniert werden, wobei als Folgeabstand zur Fahrleitungs-Installationsmaschine eine „Reckpause" von nur 15 bis 30 min erforderlich ist.
  - Die Mikrowelligkeit von ≤ 0,1 mm gemäß EN 50149 wird eingehalten.
- Die Freigabe der Oberleitung für die Bauart-Nenngeschwindigkeit ist unmittelbar nach Abschluss der Montage möglich.

Abb. 2.6: Beispiel: Links ist die Sektion bereits über Nachspannvorrichtungen abgespannt, rechts ist die Fahrleitungskette nach der FUM über Rollen flexibel stabilisiert. (Foto: Autor)

Der Prozess kann mit geringem Personalbedarf bewältigt werden; es ergeben sich ein hohes Maß an Arbeitssicherheit und höchste Qualitätsstandards.

Für effiziente Montagearbeiten mit entsprechender Fahrleitungs-Installationsmaschine und mit Fahrleitungs-Arbeitsmaschinen sind besonders erfahrene Fahrleitungsteams notwendig.

Mit der Messung der Lage und der Anhubprüfung des Fahrdrahtes sowie der Nachprüfung der Elastizität werden die bestell- und normenkonforme Ausführung für die digitale Dokumentation der Qualität und das Prüf-, Konformitäts- und Abnahmeverfahren finalisiert.

Technische Randbedingungen

Bei der durchgehend maschinell unterstützen Montagemethode („Fließbandtechnologie") muss die Arbeitsplanung aus technischen Gründen die Möglichkeit einer durchgehenden Montage von zumindest einer Nachspannlänge (Sektionslänge) vorsehen. Die Wirtschaftlichkeit dieses Arbeitsverfahrens steigt grundsätzlich überproportional mit der Anzahl von zu erstellenden Nachspannlängen und geht zuletzt asymptotisch an ein Optimum. Das heißt die Faktoren für Vorbereitungsarbeiten wie Auf- und Abrüsten der Montagemaschinen, Überstell- und Rückführungszeiten, Materialdisposition, betriebliche und Ressourcenvorausplanung rechnen sich besser, wenn man viele Nachspannlängen (Sektionslängen) ohne Unterbrechung abarbeiten kann.

Auf freien Strecken kann die vollständig mechanisierte Montage der Fahrleitung an Einzelstützpunkten, bzw. auf Portalen/Querträgern mit angelenkten Stützpunkten, angewandt werden.

In größeren Bahnhöfen und Verkehrsstellen können diese Voraussetzungen auf den durchgehenden Hauptgleisen zutreffen. In abzweigenden Weichenverbindungen und Nebengleisen sind überwiegend herkömmliche (vorwiegend „manuelle") Montagmethoden technisch und kostenmäßig darstellbar.

Die Montagezeiten können mit dieser Methode, einschließlich der systembedingten Regulierungsarbeiten, wesentlich kürzer als bei herkömmlichen Methoden gehalten werden.

Technische Grenzen gibt es bei der maschinellen Montage von Tragseilen in Querseilfeldern und Portalkonstruktionen, wenn das Tragseil nicht durchgehend unter der Konstruktion frei durchgezogen werden kann. In diesen Fällen muss vorweg das Tragseil über die Portalkonstruktion geführt bzw. bei Querseilfeldern zwischen dem oberen und unteren Richtseil durchgezogen werden. Diese Arbeiten sind manuell durchzuführen. Dabei ist darauf zu achten, dass das Tragseil bei jedem Stützpunkt provisorisch auf Rollen geführt und folglich weitergezogen werden kann. Das Tragseil wird dann an den Festpunkten oder den Nachspannvorrichtungen mit etwa der Nennzugkraft fixiert. Bei Querseilfeldern ist zusätzlich die Ausrichtung der Quertragseile und Richtseile entsprechend den wirkenden Kräften im „Seilvieleck" abzuwarten, bis die Fahrleitung in der endgültigen Position fixiert und kontrolliert werden kann.

In der Folge sind technische Lösungen gezeigt, die den FUM-Einsatz bei Quertragwerken/ Fachwerksträgern zulassen.

Abb. 2.7: Beispiel: Fahrleitungskette wird unter dem Portal durchgezogen, die Feederleitungen über dem Fachwerksträger **(Foto: Autor)**

Abb. 2.8: Beispiel: Fahrleitungskette wird unter dem Portal geführt (Foto: Autor)

2.5 Arbeitsschritte und Aufgaben bei einer Fahrleitungsmontage

Das Montageverfahren, die normen- und richtlinienkonforme Technik, die Einflussfaktoren sowie grundlegende Auslegungsdaten und Grenzwerte sind auf Basis der Europäischen Normen und der TSI vom Infrastrukturbetreiber, bzw. bei der Beauftragung von Fachfirmen, vorzugeben.

Die Tabelle auf den Folgeseiten gibt eine Übersicht der Arbeitsschritte und Aufgaben bei der Montage.

Arbeitsschritte/Themen	Arbeitsaufgaben/Arbeitsabläufe	Anmerkungen/Beispiele/ Folgerungen
Installierung der Projektleitung	Prozess strukturieren	Terminierung Projektbeginn und -ende
Personaldisposition	Personalressourcen für manuelle oder maschinelle Montageprozesse festlegen	Abstimmung mit Projektbeginn und -ende
Festlegung der Verantwortlichkeiten	Projektleiter, Aufsichtführender, Arbeitsverantwortlicher, Sicherheitsbeauftragter, elektrotechnische Fachkraft usw.	
Abstimmung mit den betriebsführenden Organisationseinheiten (Verkehrsbetrieb)	Absprachen zu den Bauterminen und Maßnahmen, wie Baubetriebsplanung – Gleissperren, verkehrstechnische Beeinflussungen des Nachbargleises, Einschränkungen im E-Betrieb, Umleitungsverkehre, betriebsrelevante Verspätungen, Fahrplandisposition für Reisende, Tonnagebeschränkungen im Güterverkehr usw.	
Projektvorbereitung durch den Infrastrukturbetreiber	**Festlegung des Arbeits-/Montageverfahrens:** Weitgehend „manuelles“ Verfahren oder maschinenunterstützte Montage (Fließbandverfahren); **Fahrzeuge, Arbeitsmaschinen:** Festlegung der Fahrleitungs-Installations- und -Arbeitsmaschinentypen, ergänzende Transportwagen für Maste, Ausleger; **Materialdisposition:** Fahrdraht- und Seilbestellungen, Zwischenlagerung z. B. von Fahrdraht- und Seiltrommeln in Baustellennähe, Mastbestellungen, Mastlagerplatz, Auslegerrohre, Nachspannvorrichtungen usw.; **Einrichten eines Montagezentrums:** Vorfertigung und -montage der Bauteile und Komponenten (Ausleger, Hänger usw.); Transportlogistik zur und von der Baustelle	Projektabwicklung im Insourcingverfahren oder Vergabe an Fachfirmen; Bauteilvorfertigung, Festlegung und Aufbau von Mastlagerplätzen, Montagezentren (-hallen); Beistellung und Führung von Arbeitszügen
Fundierung und Fundamente	Standorte nach den Detailplänen einmessen, Prüfung der Bodenkategorie, Festlegen des Verfahrens – Bohren, Rammen, Vibrieren, Zuordnung der Fundamenttypen entsprechend den Mastbauformen, Versetzen von Fertigfundamenten oder Ausbetonieren der Fundamentschalung, Kontrolle nach eventuellen Einbauten	Disposition des Geräte-, Maschineneinsatzes, der MA-Ressourcen, des Zeitbedarfes für Gleissperren inkl. Zu- und Abfahrten zur Baustelle
Maste im Montagezentrum „vorarmieren“	Armaturen und Anbauteile montieren z. B. für Ausleger, Radspannwerke und Kettenwerksfestpunkte, Armaturen zu den Spitzenleitungen wie Verstärkungs-, Rückleiterseile, Autotransformator- oder Boostertransformatorkonsolen	EDV-gestützte Zuordnung Bauteile – Maste – Montageabläufe
Maststellen	Beladen der Materialwagen abgestimmt zu den Masttypen und der Verlade- und Maststelllogistik; Maste ein- oder aufsetzen, befestigen, ausrichten, fixieren	Maststell- und Verladelogistik entsprechend der Abfolge der Masttypen an der Strecke erstellen, Disposition des Geräte-, Maschineneinsatzes, der Mitarbeiterressourcen, des Zeitbedarfes für Gleissperren inkl. Zu- und Abfahrten zur Baustelle

Arbeitsschritte/Themen	Arbeitsaufgaben/Arbeitsabläufe	Anmerkungen/Beispiele/ Folgerungen
Auslegervorfertigung	Materialvorbereitung und Fertigung auf Basis der Ergebnisse des Ausleger-Rechenprogrammes und zugeordnet zu den konkreten Maststandorten und -typen, Zusammenbau nach der Auslegergeometrie, Vormontage der Seitenhalter, Kennzeichnung der Ausleger zur konkreten Mastposition, Verladung entsprechend der Verladelogistik auf die Materialtransportwagen	„Serienfertigung" im Montagezentrum in Korrelation mit den temperaturabhängigen Montagetabellen für die Auslegerposition in Gleislängsrichtung entsprechend dem Rechenprogramm zur lagerichtigen Fahrdraht- und Tragseilmontage
Mastarmierung einrichten – nachjustieren	Armaturen und Bauteile in Höhe- und Seitenlage entsprechend der tatsächlichen Mastposition und entsprechend dem Armierungs-Rechenprogramm in die vorläufige oder bereits endgültige Position bringen und fixieren, Montage der transportgeschützten Isolatoren für Ausleger, für Spitzenleitungen wie Verstärkungs- und Schalterseile, nachprüfen bzw. nachjustieren der Konsolen für Autotransformator- oder Boostertransformatoren	Disposition des Geräte-, Maschineneinsatzes, der MA-Ressourcen, des Zeitbedarfes für Gleissperren inkl. Zu- und Abfahrten zur Baustelle
Hänger- und Y-Beiseilvorfertigung	Materialvorbereitung und Fertigung, zugeordnet zu den konkreten Spannfeldern und Einbaupositionen, auf Basis der Ergebnisse des Spannfeld-Rechenprogrammes, Kennzeichnung der Hänger für das konkrete Spannfeld, Zusammenbau evtl. Stromausgleichsverbinder, von Einspeisekomponenten, Vorfertigung der Y-Beiseile	„Serienfertigung" im Montagezentrums, Erstellen der Auswertetabellen für die Lage bzw. Hängerpositionen im Spannfeld aus den Rechenprogrammen
Ausleger- und Armaturenmontage	Identifizierte zugeordnete Ausleger am Mast montieren, Ausleger parallel zum Gleis ausrichten und gegen Verdrehen sichern, Armaturen für Spitzenleitungen (Verstärkungs-, Rückleiterseile) und für Autotransformator- oder Boostertransformatorbasis fertigmontieren	Disposition des Geräte-, Maschineneinsatzes, der MA-Ressourcen, des Zeitbedarfes für Gleissperren inklusive Zu- und Abfahrten zur Baustelle
Radspannwerksmontage bzw. Montage von Nachspannvorrichtungen	Radspannwerke in die vormontierten Befestigungseisen einhängen, Räder fixieren bzw. sichern, Vorbereitungen für spätere Fahrdraht- und Tragseilmontage mit Isolatoren treffen, Gewichtsführungsstangen anbringen, Spanngewichte einhängen und fixieren, sowie Fahrdraht- und Tragseilabspannung komplettieren	Disposition des Geräte-, Maschineneinsatzes, der Mitarbeiterressourcen, des Zeitbedarfes für Gleissperren inklusive Zu- und Abfahrten zur Baustelle; Einflussfaktoren, grundlegende Auslegungsdaten, Grenzwerte, Prüfverfahren s. EN 50119
Festpunktmontage	Festpunktanker für die Fahrleitungskette in die vormontierten Befestigungseisen einbauen und Vorbereitungen für spätere Fahrdraht- und Tragseilmontage mit Isolatoren treffen, Festpunktanker in der Sektionsmitte vorbereiten	Falls Festpunkte im Konzept vorgesehen sind

Arbeitsschritte/Themen	Arbeitsaufgaben/Arbeitsabläufe	Anmerkungen/Beispiele/ Folgerungen
Kettenwerksmontage	Fahrdraht- und Tragseil je nach gewähltem Montageverfahren einzeln oder gemeinsam verlegen, Fahrdraht- und Tragseil der neuen Sektion im Sektionsübergangsbereich (Sektionswechselbereich) der bereits vorhandenen Sektion aufziehen („einfädeln"), mit den vormontierten Radspannwerksseilen verbinden, mit der Montage von Fahrdraht- und/oder Tragseil unter Vorspannung beginnen (nach Möglichkeit beim maschinellen Verfahren bereits mit Nennzugkraft), Fahrdraht- und Tragseil provisorisch an Auslegern/Seitenhaltern montieren, parallel dazu provisorische Hänger im Bereich des Spannfeldes und beim Ausleger anbringen, Kettenwerk am Ende der Sektionslänge wieder unter Zugkraft/Nennzugkraft am Radspannwerke oder am Festpunkt abspannen	Der örtliche und zeitliche Montageablauf und die Regulierung richten sich nach dem gewählten Montageverfahren (manuell – maschinell); Disposition des Geräte-, Maschineneinsatzes, der Mitarbeiterressourcen, des Zeitbedarfes für Gleissperren inkl. Zu- und Abfahrten zur Baustelle; Auswahl der Nennzugkräfte nach dem Fahrleitungssystem, grundlegende Auslegungsdaten, Grenzwerte siehe EN 50119, EN 50149, Regulierung und Prüfung der Fahrdrahtlage nach EN 50317, EN 50318, EN 50367, EN 50388
Regulierung	Fixierung beider Radspannwerke lösen, im nächsten Schritt Hänger und Y-Beiseile im Spannfeld definitiv anbringen (bei Montage durchgehend mit Nennzugkraft können diese in der vorberechneten Lage bereits endgültig positioniert werden), Einbau der Fahrdraht- und Tragseilfestpunkte etwa in der Mitte der Nachspannlänge, zusätzlich sind die Zugkräfte im Y-Beiseil einzustellen; im selben Arbeitsschritt ist die plangemäße Fahrdrahthöhen- und -seitenlage an den Stützpunkten und im Spannfeld zu messen, ggf. ist die Auslegergeometrie anzupassen und es sind die normengemäßen Positionen endgültig zu sichern. Die Regulierung und Prüfung der Fahrdrahtlage ist nach EN 50119 vorzunehmen, die Anforderungen und die Validierung des dynamischen Kontaktverhaltens ist mit Messfahrten und Simulationsverfahren nach EN 50317, EN 50318, EN 50367, EN 50388 zu prüfen.	Die Regulierungsarbeiten können bei maschinellem Montageverfahren bereits in der Installationssequenz beginnen, bei manuellem Verfahren in weiteren Arbeitsschritten nach dem Fahrdraht- und Tragseilzug. Disposition des Geräte-, Maschineneinsatzes, der MA-Ressourcen, des Zeitbedarfs für Gleissperren inkl. Zu- und Abfahrten zur Baustelle
Elektrische Verbindungen bei Trennstellen	Im Zuge dieses Montageablaufs sind im Spannfeld die elektrischen Verbindungen bei den Sektionstrennungen, bei Streckentrennungen, an Festpunkten, bei Radspannwerken, eventuelle Stromausgleichsverbinder, Einspeisungen von Schaltern, Parallelverbindungen zwischen Fahrleitung und Verstärkungsleitung etc. herzustellen; je nach Schaltschema sind Komponenten wie Streckentrenner mit Isolatoren im Tragseil einzubinden.	Disposition des Geräte-, Maschineneinsatzes, der MA-Ressourcen, des Zeitbedarfs für Gleissperren inkl. Zu- und Abfahrten zur Baustelle
Fahrleitungsschalter	Montage der Strecken- und Bahnhofsschalter (am Schaltgerüst oder disloziert auf Masten), Montage der Verbindungsleitungen und Einspeisungen in die Fahrleitung, Schaltgerüst-Sammelschiene, Schalterantriebe, Zuleitung der Betriebsspannung, Gestänge, Orts- und Fernsteuerkomponenten	Sicherheitskonzept gegen direktes und indirektes Berühren durch Unbefugte; Beachtung der elektrischen Sicherheit nach EN 50122-1

Arbeitsschritte/Themen	Arbeitsaufgaben/Arbeitsabläufe	Anmerkungen/Beispiele/ Folgerungen
Messung und Dokumentation	Zum Nachweis der plan-, fach- und normengemäßen Qualität sind die Fahrdrahtlage im unbelasteten und mit Kontaktkraft belastetem Zustand, Fahrdrahtneigungen, Fahrdrahtverläufe von Parallelführungen bei Sektionstrennungen, Weichenverbindungen, die Elastizität, die vorgeschriebenen Sicherheitsabstände entsprechend der Nennspannung zu geerdeten Teilen, das Lichtraumprofil im Stromabnehmerbereich etc. zu messen und digital für die Dokumentation aufzubereiten.	Disposition des Geräte-, Maschineneinsatzes, der MA-Ressourcen, des Zeitbedarfes für Gleissperren inkl. Zu- und Abfahrten zur Baustelle; Dokumentation der statischen Fahrdrahtlage nach EN 50119, Prüfung der Mikrowelligkeit nach EN 50149, Anforderungen und Validierung des dynamischen Kontaktverhaltens mit Messfahrten und Simulationsverfahren nach EN 50317, EN 50318, EN 50367, EN 50388, Beachtung der elektrischen Sicherheit nach EN 50122-1
Folgearbeiten und Kennzeichnung	Mast-, Schalter-, Schaltgruppen-, Fahrleitungs- und Gleisgruppennummern, Hinweis- und Warnschilder	
Betriebs- und Schutzerde-Leitungen („Bahnerde“)	„Bahnerden“ der nicht spannungsführenden Anlagenteile und von Komponenten, die durch Fremdeinflüsse oder Potentialverschiebungen aufgrund von Bahnrückströmen/Bahnkurzschlussströmen unzulässiges Potential annehmen können; Herstellen eines Potentialausgleichs zwischen Komponenten, die im Betriebsfall oder im Fehlerfall ungleiches Potential annehmen könnten; Vorkehrungen, die eine Gefährdung von Unbefugten, Bahnfremden, nicht Bahnfachpersonal, Bahnkunden, Professionisten, durch unzulässige Berührungsspannungen oder direkten Kontakt mit den Hochspannungsanlagen (Fahrleitungsspannung, …) vermeiden sollen	Dimensionierung und Schutzmaßnahmen nach EN 50122-1 für die elektrotechnische Personensicherheit
Digitalisierung und „Nacharbeiten“	Plandarstellung des definitiven elektrischen Schaltzustandes (Dokumentation auch digital), der Lagepositionen und Besonderheiten an der Strecke, in Bahnhöfen; Erfassung der örtlich eingebauten Komponenten (Auslegerzeichnungen, Masttypen, Fahrdraht und Tragseil, Verstärkungs-, Rückstromführungsseile, Verbindungsleitungen, Sammelschienen (Querschnitte – Materialien – Zugkräfte), Streckentrenner, Kabel, Schalter, …); Digitalisierung der Fahrdrahtlage zur Gleismittellinie, besonders an den Stützpunkten, in Radien usw.	

Für die Montage von Spitzenleitungen (Verstärkungs-, Umgehungs-, Rückstrom-, Schalter-, Einspeiseleitungen) gilt eine analoge Struktur für die Arbeitsschritte und Arbeitsaufgaben.

3 Fahrleitungsmontagemethoden

Ziele – Kostenstrukturen – Ressourcenbedarf

Für Fahrleitungssysteme und Stromabnehmer sind in der Normung und den Technischen Spezifikationen weitgehend alle Details festgelegt, sodass in allen Geschwindigkeitsbereichen bis 350 bzw. 400 km/h die Betriebsführung wirtschaftlich, mit hoher Verfügbarkeit und Betriebssicherheit gegeben ist. Dazu stehen hochqualitative Materialien und Komponenten zur Verfügung. Die Qualität der Materialien und Baukomponenten ist nicht allein für das LCM und die LCC ausreichend. Eine wesentliche Rolle spielt das technologisch passende Montageverfahren. Hierzu gibt es wissenschaftliche Untersuchungen und Informationen von bekannten Projekten zur Entscheidungshilfe.

Mit der Sicherstellung einer höchstmöglichen Anfangsqualität durch die normengemäße Systemauswahl, eine professionelle Projektausführung und die Inbetriebsetzungsmessungen, Endkontrollen und die Dokumentation kann eine hohe Verfügbarkeit und Lebensdauer erwartet werden. In der Folge ist eine Instandhaltungsstrategie wichtig, um die Betriebskosten zu minimieren. Darüber hinaus ist ein Interventionskonzept für den Ernstfall notwendig.

Die Weiterentwicklung der maschinenunterstützten Arbeitsverfahren zeigt ein großes Potenzial zur Qualitätssteigerung, Arbeitssicherheit und bei den wirtschaftlichen Daten. Für die Montagetechnologien mit modernen Installations- und Fahrleitungsarbeitsmaschinen stehen heute geeignete Maschinentechnologien mit einem optimalen Arbeitsmechanismus und -modus zur Verfügung. Die Maschinen müssen flexibel verwendbar sein, also zur Unterstützung beim Neubau, bei der Instandhaltung und bei der Intervention im Schadensfall, damit sich die Investitionen rechnen. Nur so kann der Investitionsaufwand in den Maschinenpark vertretbar gehalten werden und der gesamtwirtschaftliche Nutzen über die Nutzungsdauer dargestellt werden.

3.1 Vorteile und Einsparungspositionen durch moderne Arbeitsverfahren mit Fahrleitungsbauzügen

Wichtige Voraussetzungen für den Erfolg sind die Neugestaltung von Arbeitsprozessen an Fahrleitungsanlagen mit der Konzentration auf die Kernprozesse – z. B. Fahrleitungsneubau, -erneuerung, Fahrdrahtwechsel, Zustandsbeurteilung, Sicherheitsüberprüfung, zustandsabhängige und planbare Instandsetzung, Störungsmanagement, Wartung.

Als wesentliche Vorteile der mechanisierten Arbeitstechnologie gegenüber herkömmlichen Verfahren können geringere Baukosten und Betriebserschwerniskosten, eine hohe und gleichbleibende Qualität mit einer Verlängerung der Nutzungsdauer der Fahrleitung und eine hohe Arbeitssicherheit für die Mitarbeiter genannt werden.

Legt man den Fokus auf die Montagekosten zählen Faktoren wie:

- hohe Arbeitsgeschwindigkeit durch kontinuierliche Arbeitsweise mit der Fahrleitungs-Installationsmaschine in Fließbandtechnik für die Nachspannlängen
- gemeinsame Verlegung von mehreren Leitern (Fahrdraht, Tragseil; Feeder- und Rückstromführungsleiter) mit der jeweiligen Nennzugkraft
- keine Verzögerungen infolge Berücksichtigung der Fahrdrahtreckung, der elastischen und unelastischen Leiterlängsdehnung
- die Fahrleitungskomponenten und die Fahrleitungslage können sukzessive in kurzem Abstand nach der Fahrleitungs-Installationsmaschine endgültig positioniert und montiert werden

- an der montierten Nachspannlänge (Sektionslänge) sind keine nachfolgenden Einstell- und Regulierungsarbeiten (an Auslegern, Hängern, Seitenhaltern, Stromverbindern, an der Fahrdrahthöhen- und -seitenlage, ...) zu machen, die einen zusätzlichem Zeitaufwand erfordern würden und Betriebsbehinderungen verursachen
- ideale Einsatzbedingungen bei Linienbaustellen und auf der freien Strecke
- bei planbaren und festzulegenden Arbeitsverfahren werden mit vorausschauendem Baustellenmanagement, detaillierter Einsatzplanung und Materialdisposition eine weitere Effizienzsteigerung und eine Verringerung der Einsatznebenkosten erzielt
- Kostensenkungspotenziale können durch den Ausbau des Mechanisierungsgrades bei gleichzeitiger Reduktion der manuellen Tätigkeiten gehoben werden
- die Faktoren Maschinentechnologie, Automatisierung und Fernsteuerung senken den Personalbedarf entscheidend
- hohe Verlege- und Reguliergenauigkeit erhöhen die Nutzungsdauer und reduzieren die Wartungstermine

Von Einfluss auf die normenkonforme Qualität und die Güte der Stromübertragung zwischen Fahrdraht und Stromabnehmer sind:

- aufeinander abgestimmte, aktuelle Montagetechniken und -verfahren
- besondere Fahrdrahtführung in der Fahrleitungs-Installationsmaschine vermeidet Verformungen, Welligkeit und Ungleichmäßigkeiten in der Fahrdrahtlängsachse und an der Fahrdrahtlauffläche
- gleichmäßiges, geführtes und elektronisch überwachtes Abrollen von den Speichertrommeln über die Fahrleitungs-Installationsmaschine vermeidet Beschädigungen an Fahrdraht und Seilen bis zu den Montagepositionen in der Fahrleitungsanlage
- mechanisierte, kontinuierlich überwachte Positionierung und Regulierung sichern die Qualität der Fahrdrahtlage und erhöhen die Nutzungsdauer
- kontinuierliche Aufzeichnung der Maschinenleistungs- und Verlegedaten zur Qualitätskontrolle und bestellkonformen Leistungserstellung
- Durch voll mechanisierte Arbeitsschritte werden, parallel zur Reduktion der manuellen Tätigkeiten, ermüdungsbedingte Fehler weitgehend vermieden.
- Zur Kontrolle der Qualität der Ausführung sind die Kennwerte der Fahrleitungsgeometrie kontinuierlich aufzuzeichnen und für das Behördenverfahren zu dokumentieren.

Die betrieblichen Folgewirkungen durch Fahrleitungsarbeiten können reduziert werden durch:

- kürzere Gleissperren für die Erneuerung, die Instandhaltung und bei Störungsbehebung
- die Minimierung von Fahrzeitverlusten, Langsamfahrstellen, Umleitungsverkehren und des Zusatzenergiebedarfes
- die Verankerung der betrieblichen (Voraus-) Disposition und Abstimmung in der Bau- und Betriebsplanung
- Durch die somit geringere Beeinflussung des Zugverkehres werden die Betriebserschwerniskosten gesenkt und Zusatzmaßnahmen in der Betriebsabwicklung vermieden.

Mögliche und übliche Einsparungspotenziale sind in Kapitel 4 beispielsweise quantifiziert.

Durch die Montage mit den endgültigen Bauart-Kenndaten in einem durchgängigen Arbeitsprozess kann die Fahrleitung unmittelbar nach Abschluss der Arbeiten mit voller Bauart-Geschwindigkeit befahren werden. Der Vorteil kommt insbesondere dadurch zum Tragen, dass auf Strecken mit steigender betrieblicher Belastung die verfügbaren Sperrpausen für Bau- und Instandhaltungsarbeiten effizienter genutzt werden können.

3.2 Strukturelle Maßnahmen

Um die Potenziale durch moderne mechanisierte Arbeitsverfahren (mit Fahrleitungsbauzügen) zur Produktivitätssteigerung vollständig und längerfristig nutzen zu können, sind zusätzliche strukturelle Maßnahmen zu empfehlen:

- Der vorhandene Maschinenpark ist mit modernen Fahrleitungs-Arbeitsmaschinen zu ergänzen, insbesondere mit der Fahrleitungs-Installationsmaschine.
- Der Umfang und die Maschinentechnologie des Maschinenparks sind nach der Struktur, dem Bedarf, den Projekten, dem Anteil an Eigenleistung (Insourcing) und der Mitarbeiterstruktur und -qualifikation vom Infrastrukturbetreiber abzuwägen.
- Gegebenenfalls sind Veränderungen in der Flächenorganisation sukzessive an die Aufgabenschwerpunkte Neubau, Erneuerung, Instandhaltung und Störungsmanagement einzuleiten.

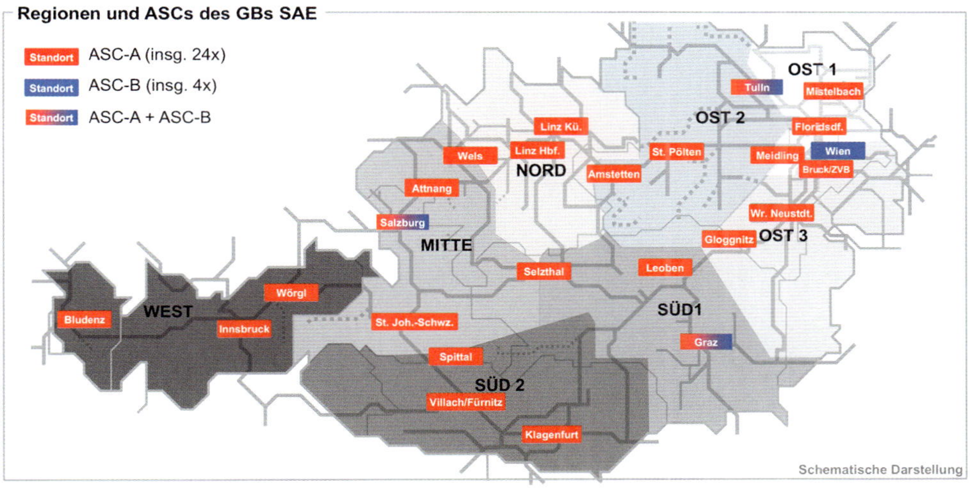

Abb. 3.1: Zwischenstand zur Flächenstruktur von Service-Kompetenzzentren
(Quelle: ÖBB-INFRA: F. Kurzweil)

3.3 Beispiel für konkrete Restrukturierungsmaßnahmen

Bei einzelnen Bahninfrastrukturunternehmen sind Restrukturierungsmaßnahmen eingeleitet worden bzw. stehen zur Diskussion.

Als Beispiel wird nachstehend ein ambitioniertes Programm vorgestellt, das bereits weitgehend umgesetzt wurde.

Der Fokus ist auf einer Anpassung der Anzahl und Ausstattung von Service-Kompetenzzentren, einem Maschinenpool (Motorturmwagen (MTW) mit moderner Maschinen- und Arbeitstechnologie), auf abgestimmten Arbeitsverfahren (Erneuerungsprogramme, Instandhaltungsprozesse) und dem Bedarf an Fachpersonal (mit Schwerpunkten wie Neuordnung der Arbeitsaufgaben, umfassende gewerkeübergreifende Aus- und Weiterbildung, Bildung multifunktioneller Serviceteams, Verbesserung der Arbeitssicherheit) gelegen.

Unterstützt wurde dieser Reengineeringprozess mit Anlagenmanagement-Tools, EDV-Datenbanken und Zeitreihen. Zusätzlich wurden ausreichend Kraftfahrzeuge pro Service-Kompetenzzentrum notwendig.

Die neuen Leistungs- und Aufgabenbereiche der Service-Kompetenzzentren sind im Folgenden zusammengefasst:

- elektrotechnische Betriebsführung
- geplante/zustandsorientierte Instandhaltung für Fahrleitungen
- Störungsmanagement
- Unterstützung bei Fahrleitungs-Erneuerungs- und Neubauprojekten
- Untersuchungen und Zustandsbeurteilung für Fahrleitungen
- betriebliche Vereinbarungen
- Materialdisposition

Zusätzlich ist die Betreuung von Unterwerksschaltanlagen, Weichenheizungen, Zugvorheizanlagen, des Hochspannungsnetzes 110 kV, von Industriefrequenzanlagen, von Fernsteuer- und Automatisierungsanlagen etc. zugeordnet.

Restrukturierungsziele (Zeitraum ca. 10 Jahre)	**Arbeitsmaschinen (MTW)**	**Service-Kompetenzzentren**
Ausgangssituation	115	79
Zielwerte	50	15
Zwischenstand umgesetzt	50 + 10 (aus Altbestand)	24

Ausstattung für ca. 12000 km Fahrleitungslänge und rd. 67 Unterwerksschaltanlagen

Tab. 3.1: Beispiel für die Umsetzung eines Restrukturierungsplanes

Zielstruktur u. Ausstattung von Service-Kompetenzzentren			
Hauptfunktionen	**Multifunktionelle MTW pro Stützpunkt**	**Mitarbeiter pro MTW**	**Mitarbeiter pro Standort für Dispositionsaufgaben**
Instandhaltung Störungsmanagement	**2 bis 3**	**1 + 3 bis 4**	
Overhead für Leitung des Stützpunktes betriebliche u. personelle Disposition Betriebsführung Anlagenverantwortung Maschinen- und Materiallogistik			**größenabhängig** **ab 5 bis > >10**
Ausbildungs- und Schulungspositionen			**inkludiert**
Sonderprojekte – Erneuerungsprojekte	**+ 1 bis 2**	**1 + 4**	
2 Fahrleitungsbauzüge für den Gesamtbereich			
Neubau- und/oder Erneuerungsprojekte	**1 FUM + 3 bis 4 MTW + Sonderfahrzeuge (FWW, MAGE, ...) pro Bauzug**	**1 +> 10**	
	1 FUM für den Gesamtbereich		

Tab. 3.2: Ressourcenabschätzung für eine Restrukturierung der Servicezentren in der Fläche

In Tabelle 3.2 sind Zahlenangaben auf Basis der vorstehend genannten Maßnahmen und auf diese Netzgröße bezogen zu sehen.

3.4 Wettbewerbsfähige Kostenstrukturen

Es ist die Wirtschaftlichkeit z. B. mittels Benchmarks laufend zu prüfen; die Strukturen sind revolvierend zu diskutieren.

Eine gesamtheitliche Betrachtung über den Lebenszyklus der Fahrleitungsanlagen zeigt die Wirtschaftlichkeit moderner Verfahren. Mit dem Return on Investment (ROI), also der Kapitalrendite, kann man beschreiben, wie effizient eine Investition war und ab welchem Zeitpunkt Gewinn gegenüber anderen Lösungsvorschlägen erzielt werden kann.

In die Bewertung sollen folgende Elemente einfließen:

- Investitionen in das Fahrleitungsinfrastrukturnetz und die erforderliche Flächenstruktur sowie in den Maschinenpark und die zugehörige Infrastruktur
- die Bereitstellung qualifizierter Personalressourcen
- begleitende organisatorische Maßnahmen
- verkürzte Montagezeiten gegenüber herkömmlichen manuellen Methoden
- kürzere Gleissperren, -besetzungen
- keine Nach- bzw. Regulierungsarbeiten nach den Arbeitssequenzen
- Bewertung der besseren Qualitätsergebnisse von Verfügbarkeit, Betriebssicherheit, Lebensdauer
- Analyse des einwandfreien Kontaktverhaltens Fahrdraht/Stromabnehmer und des Verschleißverhaltens

Von Einfluss sind:

- der Anteil an In- und Outsourcing, d. h. das Verhältnis von Eigenleistung zu Fremdleistung und somit der Einsatz und die Aufteilung zwischen einem bahneigenen Bauzug und dem Einsatz von Fachfirmen;
- die Fahrleitungsteams müssen autark und ergebnisorientiert agieren können und z. B. auch Zusatz-, Vorbereitungs- und Serviceleistungen übernehmen.

3.5 Multifunktionelle Teams für mechanisierte Arbeitsverfahren

Für die Demontage und Montage von Fahrleitungssystemen sind Mitarbeiter mit speziellen Kenntnissen und Erfahrungen für die komplexen Arbeitsmaschinen einzusetzen. Sie müssen für die Fahrleitungstechnologie besonders ausgebildet sein und die Möglichkeiten von modernen Fahrleitungs-Arbeitsmaschinen nutzen können.

Für die mechanisierten Arbeitsverfahren sollten folgende Grundsätze beachtet werden:

Fachpersonal ist in den Modulen/Arbeitsverfahren mit der neuen Maschinentechnik zu schulen und längerfristig ausschließlich für den Maschineneinsatz und die mechanisierten Arbeitsverfahren zu binden (System-, Maschinen-, Anlagenkenntnisse). Damit sind die Fachkräfte multifunktionell einsetzbar.

Entscheidend für den Arbeitserfolg ist eine professionelle Teamarbeit mit den hochtechnischen Fahrleitungs-Arbeitsmaschinen.

Für Arbeiten im Fahrleitungsbereich sind elektrotechnisches Fachwissen, Fahrleitungs- und Anlagenkenntnis, elektrotechnische Sicherheitsverantwortung und Agenden eines Sicherheitsbeauftragten Voraussetzung.

Folgende Zusatzmodule sind für die Abwicklung zu empfehlen:

- Fahren und Führen von Fahrleitungs-Arbeitsmaschinen („vereinfachte“ Triebfahrzeugführerprüfung), Kranführerprüfung;
- Kenntnisse zur örtlichen Bauführung, Arbeitsvorbereitung, Qualitätskontrolle, Materialmanagement, Personal-, Material- und Maschinendisposition;
- Organisation der betrieblichen Aufgaben (Überstellung, Gleissperren);
- Spezialkenntnisse zur Bedienung und routinemäßigen Wartung des Maschinenparks.

4 Einsparungspotenziale bei verschiedenen Arbeitsverfahren

4.1 Ressourcenaufwand bei mechanisierten Arbeitsverfahren

In den folgenden Beispielrechnungen wird das Bewertungsmodell für den Personalstundenbedarf nach UIC 793 E angewendet.

Als Bewertungsmethode zur Beurteilung der Effizienzsteigerung und zum Vergleich der Arbeitsproduktivität kann z. B. der Personaleinsatz in Stunden je 1.000 m Fahrleitungskette herangezogen werden. Für die Projektplanung sind die Ermittlung und Beurteilung der Personalvorsorge und -disposition wichtig.

Eine Vergleichsbasis in z. B. Personalstunden (Ph) für 1.000 m Fahrleitungskette berechnet man mit:

Arbeitszeit für einen Nachspannabschnitt in Std. x Mitarbeiteranzahl x 1.000 geteilt durch die Länge des tatsächlichen Nachspannabschnitts (Sektionslänge) in Personalstunden pro Kilometer = [Ph/km].

Rechenbeispiel für die Demontage und Montage einer Fahrleitungskette (Erneuerung):

Das Beispiel ist für den Austausch der Fahrleitungskette im Zuge einer Fahrleitungserneuerung repräsentativ.

Der Personalbedarf wird von ausgeführten Projekten beim Einsatz moderner Arbeitsmaschinen (mechanisierte Arbeitsverfahren) für den Wechsel der Fahrleitungskette (Erneuerung) genommen.

Bewertungsbasis ist eine Mustersektion (Muster-Nachspannabschnitt) mit rund 1500 m.

- FL-Aufbau
  7,0 h x 7,0 MA x 1.000 m : 1.500 m = 32,7 Ph/km
- FL-Abbau
  3,0 h x 5,0 Mitarbeiter x 1.000 m : 1.500 m = 10,0 Ph/km
- Summe Personalstunden pro km = 42,7 Ph/km

Der durchschnittliche Mitarbeiter-, Zeit- und Maschinenbedarf orientiert sich an den Erfahrungen bei verschiedenen Bahnen.

Eingesetzte Ressourcen für den Abbau:

- 1 bis 2 Montageturmwagen mit je 2 Mitarbeitern
- Fahrleitungswindenwagen mit 1 Mitarbeiter, gekuppelt mit 1 Montageturmwagen
- Arbeitszeit < 3,0 Stunden

Eingesetzte Ressourcen für die Montage:

- 1 Fahrleitungs-Installationsmaschine mit 1 Mitarbeiter
- 1 Arbeitsbühnenwagen mit 2 Mitarbeitern
- 1 bis 2 Montageturmwagen mit je 2 Mitarbeitern
- Arbeitszeit < 7,0 Stunden

Fazit:

- Stark reduzierter Personalaufwand für den Austausch der Fahrleitungskette beim Einsatz moderner Arbeitsmaschinen (mechanisierte Arbeitsverfahren) mit rd. 43,0 Ph/km.
- Die Arbeitsphasen Abbau und Aufbau der Fahrleitungskette können in kurzen zeitlichen bzw. örtlichen Abstand begonnen und somit weitgehend gleichzeitig abgewickelt werden.
- Folglich ist eine Freigabe der erneuerten und geprüften Fahrleitungskette für den Fahrbetrieb mit Bauart-Geschwindigkeit schon nach ca. 7,5 Stunden möglich.

4.2 Ressourcenaufwand bei herkömmlichen Arbeitsverfahren

Abb. 4.2: Effizienter Einsatz der frei schwenkbaren Hubarbeitsbühne und höhere Arbeitssicherheit (Foto: Autor)

Rechenbeispiel für die Demontage und Montage einer Fahrleitungskette (Erneuerung):

Das Beispiel ist für den Austausch der Fahrleitungskette ohne Verwendung moderner Arbeitsmaschinen im Zuge einer Fahrleitungserneuerung repräsentativ. Der Personal- und Stundenbedarf orientiert sich an langjährigen bewährten Praktiken.

- Abbau und Aufbau (üblicher Ressourceneinsatz)
  (25,0–20,0) h x (10,0–15,0) MA x 1.000 m : 1.500 m = 167,0–200,0 Ph/km
- Ohne den Einsatz moderner Arbeitsmaschinen ist eine Beschleunigung der Arbeitsphasen Abbau und Aufbau durch mehr Personaleinsatz nur in geringem Umfang möglich.
- Der Personalbedarf und die Umbaudauer hängen von der Eignung der eingesetzten Arbeitsgeräte und -maschinen sowie dem Arbeitsverfahren und dem Handling der Alt-(Rückbau-)Stoffe ab.
- Die resultierende Qualität des montierten Fahrdrahtes, insbesondere für die Qualität der Stromübertragung zu den Schleifstücken bei höheren Fahrgeschwindigkeiten, kann unzureichend sein, d. h. eine Nachbehandlung zur Erreichung der Normenkonformität kann mit zusätzlichem Personaleinsatz [Ph/km] notwendig werden.

5 Bewährte Fahrzeugkonzepte für mechanisierte Fahrleitungsdemontage- und Montageverfahren

5.1 Nachspannlänge (Sektionslänge)

Für die Ermittlung des Mitarbeiter- und Maschineneinsatzes sowie der Weg-Zeit-Abläufe wird eine Muster-Nachspannlänge (Mustersektion) mit 1500 m mit 22 Stützpunkten gewählt. Die Spannfeldlängen sind im Mittel mit 65 m angenommen. Die Sektionstrennungen sind über drei Spannfelder gezogen. In der Mitte der Nachspannlänge ist ein Festpunktanker eingebaut. Damit ist auch die Vergleichbarkeit der Konzepte möglich.

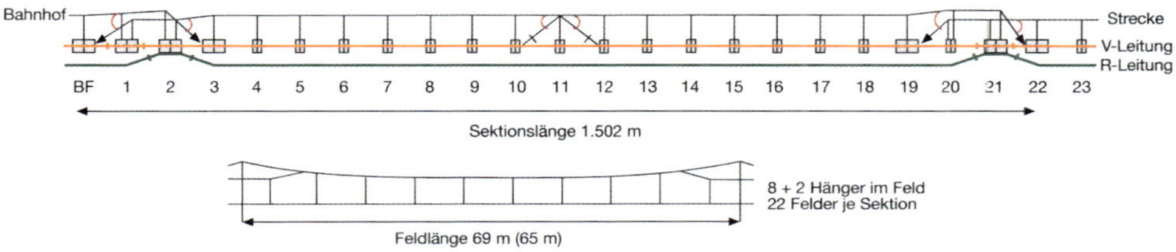

Abb. 5.1: Aufbau einer Mustersektion für FL, V-, R-Leitungen für die Vergleichbarkeit der Montagearbeiten (Quelle: Autor)

5.2 Prinzipdarstellungen von Fahrleitungs-Arbeitsfahrzeugen

Die folgenden Prinzipdarstellungen zeigen übliche Fahrleitungs-Arbeitsfahrzeuge. Auf diese Abbildungen wird bei den folgenden Abschnitten mit der Bezeichnung der Fahrleitungs-Arbeitsmaschine verwiesen. Konzepte, Technik und Aufgaben der Fahrleitungsarbeitsfahrzeuge werden in Kap. 7 beschrieben. Je nach Fahrzeugbestand können Montageturmwagen (MGW) oder Motorturmwagen (MTW) für die Vor- und Nacharbeiten bei den Demontage- und Montagearbeiten eingesetzt werden, wobei die MTW universeller und leistungsfähiger sind. In der Montagesequenz mit der Fahrleitungs-Installationsmaschine (FUM) werden bevorzugt der Arbeitsbühnenwagen (AW) und MTW verwendet.

5.2.1 Montageturmwagen (MGW, leichte, zweiachsige Maschine)

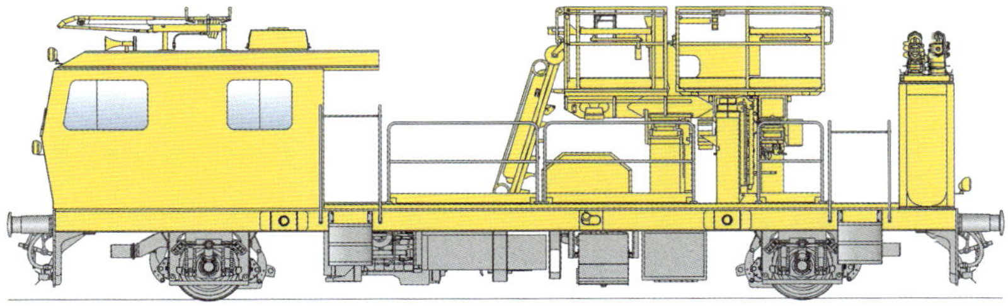

Abb. 5.2: MGW (Prinzipzeichnung: Autor)

Abb. 5.3: Beispiel – zweiachsige Maschine mit dreigeteilter Säulenhebebühne, Kran, Manipulatoren, Messtechnik (Foto: Autor)

5.2.2 Motorturmwagen (MTW, universelle, leistungsfähige Drehgestellmaschine)

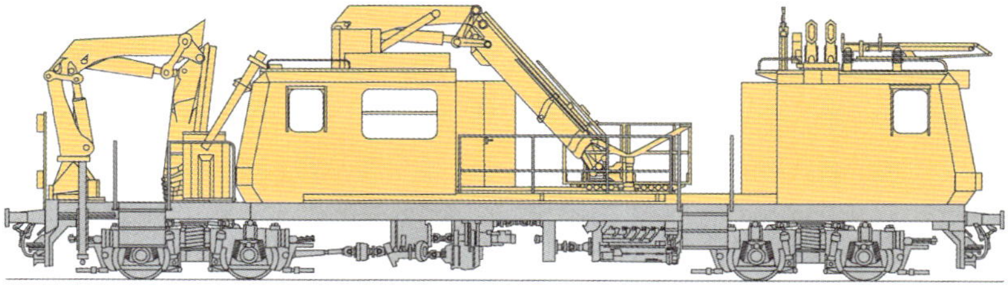

Abb. 5.4: MTW (Prinzipzeichnung: Autor)

Abb. 5.5: Beispiel – Drehgestellmaschine mit frei schwenkbarer Hubarbeitsbühne, Manipulatoren, Messtechnik (Foto: Autor)

5.2.3 Fahrleitungs-Windenwagen (FWW, gezogen oder mit Eigenantrieb)

Abb. 5.6a: FWW (Prinzipzeichnung: Autor)

Abb. 5.6b: Beispiel – FWW ohne Eigenantrieb bei Demontage (Foto: ÖBB: F. Kurzweil)

5.2.4 Fahrleitungs-Installationsmaschine (FUM, Grundkonzept mit Eigenantrieb, alternativ auch als Containerlösung mit Zug-TFZ)

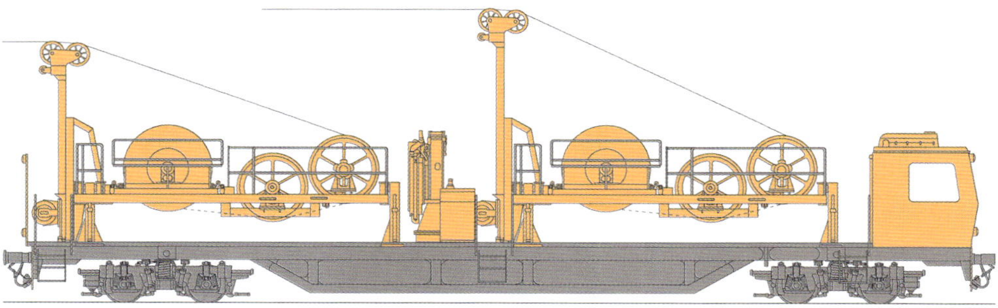

Abb. 5.7: FUM (Prinzipzeichnung: Autor)

Abb. 5.8: Beispiel – Fahrleitungs-Installationsmaschine, mit Eigenantrieb, zwei Windensysteme (Foto: Plasser & Theurer)

5.2.5 Arbeitsbühnenwagen (AW, zweiachsig, mit Eigenantrieb, (gezogen), Hubarbeitsbühne oder Plattform, Kran)

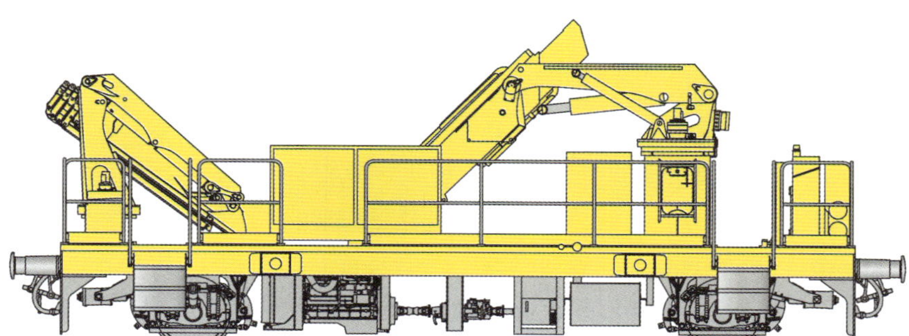

Abb. 5.9: AW (Prinzipzeichnung: Autor)

Abb. 5.10: Beispiel – Arbeitsbühnenwagen, mit Eigenantrieb (Foto Plasser & Theurer)

5.3 Beispiel 1 – Demontage der Fahrleitungskette

Der Montageablauf ist auf die Mustersektion in Kapitel 5.1 ausgerichtet.

Eingesetzte Fahrzeuge für den Abbau der Fahrleitungskette:
1 (bis 2) Montageturmwagen (MGW) oder 1 (bis 2) Motorturmwagen (MTW), 1 Fahrleitungs-Windenwagen (FWW)

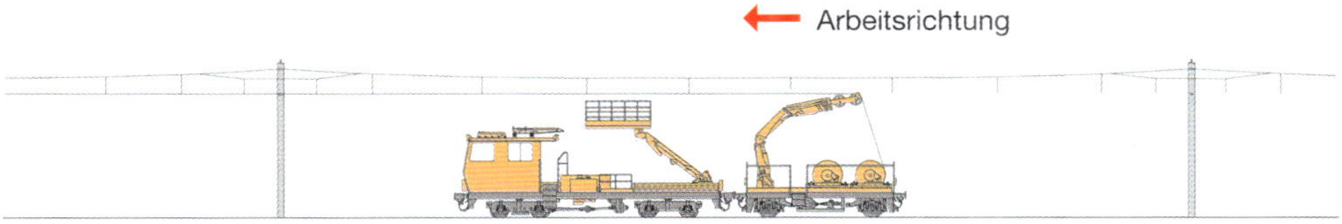

Abb. 5.11a: Beispiel – Anordnung FWW und MTW (MGW) bei der Fahrdraht-Demontage (Prinzipzeichnung: Autor)

Beim Fahrdrahttausch und auch beim Abbau der Fahrleitungskette wird meistens nur mit einem MTW für die Vorarbeiten und einem MGW gekuppelt mit dem FWW gearbeitet.

Abb. 5.11b: Beispiel – Anordnung FWW und MTW bei der Fahrleitungs-Demontage (Foto: ÖBB: F. Kurzweil)

Arbeitsabläufe und Tätigkeiten mit den Fahrleitungs-Arbeitsfahrzeugen

Mitarbeiter:

1 MA auf FWW 2 MA auf MTW 1 (MGW 1) 2 MA auf MTW 2

Arbeiten auf dem MTW 1:

- Erden der Fahrleitungskette und Sperren der Radspannwerke (streckenseitig)
- Demontage der Hänger, der Stromausgleichsverbinder, der Windsicherung, der Fixpunkt-Anker zwischen TS und FD; Montieren von provisorischen Hängern zwischen TS und FD

Arbeiten auf dem MTW 2:

- Erden der Fahrleitungskette und Sperren der Radspannwerke (bahnhofseitig)
- Demontage der Y-Seile, Öffnen der Tragseilhalter und Ausklemmen des TS und gleichzeitig Abklemmen des FD aus Seitenhalterklemme
- Montieren von provisorischen Hängern mit Rollen bei den Auslegern (Vorbereitung der Montage)

Es kann auch nur 1 MTW eingesetzt werden, dann sind die Arbeitsschritte zu kombinieren.

Arbeiten auf dem FWW:

- Anschließen des TS und FD der abzubauenden Fahrleitungskette an die auf den Kabeltrommeln des FWW vorbereiteten Seilstücke
- Abbau und Aufwickeln der Fahrleitungskette
- Überwachen des Aufwickelns von Tragseil und Fahrdraht am FWW

Fazit: Die Gesamtdauer für den Abbau der Fahrleitungskette beträgt rund 2,0 bis 2,5 Stunden.

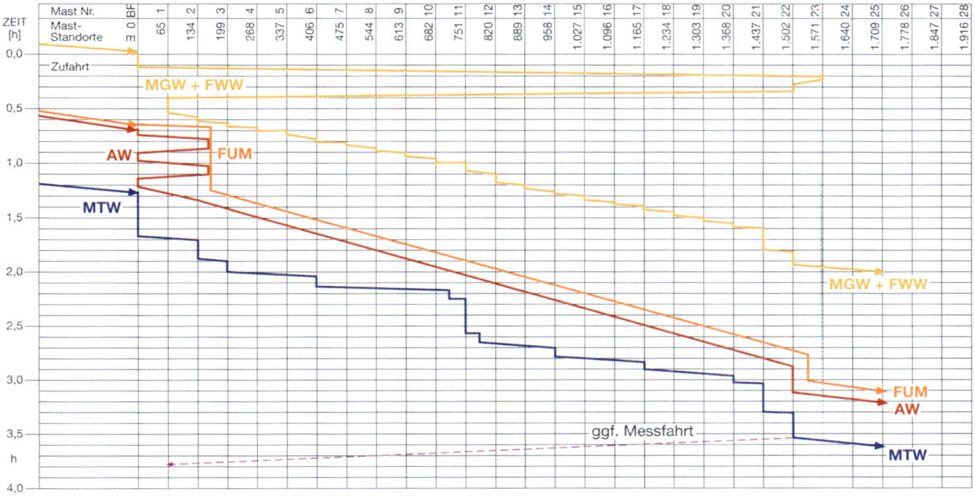

Abb. 5.12: Weg-Zeit-Diagramm der Demontage der Fahrleitung sowie einer Fahrdrahtmontage (Darstellung: Autor)

In Abbildung 5.12 ist im Weg-Zeit-Diagramm der Demontageverlaufe der Fahrleitung (bzw. analog des Fahrdrahts) gezeichnet (FWW + MGW).

Im selben Bild ist auch der Zeitbedarf für die Montage des Fahrdrahtes bei einem Fahrdrahtwechsel angedeutet (FUM + AW + MTW).

Der Abbau des Fahrdrahtes und die Montage können gekoppelt d. h. parallel erfolgen, sodass die Gesamtdauer des Fahrdrahtwechsels für die Mustersektion in 3.0 Stunden abgeschlossen werden kann.

5.4 Beispiel 2 – Montage der Fahrleitungskette

Der Montageablauf ist auf die Mustersektion in Kapitel 5.1 ausgerichtet.

Eingesetzte Fahrzeuge für die Montage der Fahrleitungskette:
1 Fahrleitungs-Installationsmaschine (FUM), 1 Arbeitsbühnenwagen (AW), 1 bis 2 Motorturmwagen (MTW)

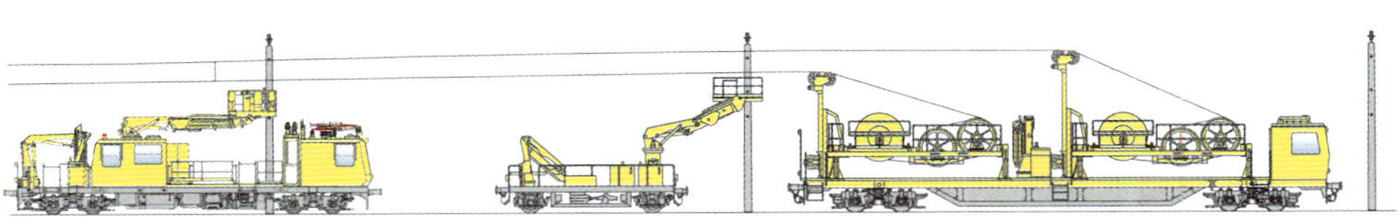

Abb. 5.13: Anordnung der Fahrleitungs-Arbeitsfahrzeuge in Arbeitsrichtung bei der Montage (Prinzipzeichnung: Autor)

Arbeitsabläufe und Tätigkeiten mit den Fahrleitungs-Arbeitsfahrzeugen

Mitarbeiter:

2 MA auf MTW 2 | 2 MA auf MTW 1 | 2 MA auf AW | 1 MA auf FUM

Mit der Montage der neuen Fahrleitung kann bereits während des Abbaus der alten Fahrleitung begonnen werden, sobald die Demontagearbeiten das Zufahren der FUM zum Startpunkt im Bereich des Mastes 2 bis 3 ermöglichen.

Arbeiten auf der FUM und dem AW:

- Arbeitsvorbereitung mit Abziehen des neuen Tragseiles und Fahrdrahtes von den Speichertrommeln mit Hilfe der Seile der Vorseilwinden der FUM und Anschließen am Abspannmast
- provisorische Abspannung bahnhofseitig; Anbringen der Schutzerdung
- Auflegen von TS und FD mit Nennzugkraft
- Positionieren und provisorisches Fixieren von TS und FD an den Stützpunkten
- Einbinden der Radspannwerke streckenseitig entsprechend dem Tragseil- und Fahrdrahtzug am Sektionsende
- teilweise Montage von Stromverbindern
- Überwachung der FUM-Funktionen

Arbeiten auf dem MTW 1:

- Einrichten der Ausleger
- Montieren der vorgefertigten Hänger
- Einbau des Fixpunktseiles und der Fixpunktanker
- teilweise Montage der Stromverbinder

Arbeiten auf dem MTW 2:

- Einbau der Y-Seile mit den entsprechenden Hängern
- teilweise Montage von Stromverbindern und der Einspeisung
- Einbinden der Radspannwerke bahnhofseitig nach Rückfahrt
- Ausbau der Schutzerdung

Kontrolle und Freigabe für den Betrieb:

- Kontrolle der Fahrdrahthöhen- und -seitenlage, ggf. Nachjustieren
- Auf der Rückfahrt zum Sektionsbeginn Endkontrolle und Aufzeichnung der Fahrdrahtlage mit dem Messsystem.

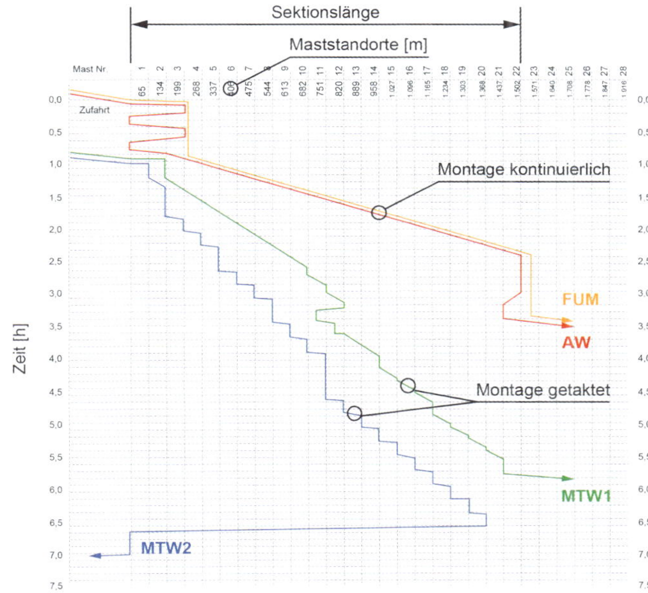

Abb. 5.14: Weg-Zeit-Diagramm des Montageverlaufs **(Darstellung: Autor)**

Fazit: Die Gesamtdauer für den Aufbau der Fahrleitungskette für die Mustersektion beträgt weniger als 7,0 Stunden.

Die Fahrleitung ist nach der Montage reguliert und in der Regel mit Bauart-Nenngeschwindigkeit befahrbar.

5.5 Beispiel 3 – Montage der Verstärkungs- und Rückstromleiterseile

Der Montageablauf ist auf die Mustersektion in Kapitel 5.1 ausgerichtet.

Eingesetzte Fahrzeuge für die Montage der Verstärkungs- und Rückstromleiterseile:
1 Fahrleitungs-Installationsmaschine (FUM), 1 Arbeitsbühnenwagen (AW), 1 Motorturmwagen (MTW)

Abb. 5.15: Beispiel – Montage von V- und R-Leitung mit FUM und MTW **(Foto: Plasser & Theurer)**

Arbeitsabläufe und Tätigkeiten mit den Fahrleitungs-Arbeitsmaschinen

Mitarbeiter:

2 MA auf MTW 2 MA auf AW 1 MA auf FUM

Arbeiten auf der FUM und dem AW:

- Abziehen der neuen V- und R-Leitungen von den Speichertrommeln mithilfe der Seile der Vorseilwinden der FUM und Anschließen am Abspannmast
- Auflegen von V-Leitung und R-Leitung mit Nennzugkraft
- Überwachung der FUM-Funktionen
- Befestigen der V- und R-Leitungen an den Stützpunkten
  - z. B. V-Leitung mittels Spiralbunden an den Isolatoren fixieren
  - z. B. R-Leitung in Pendeltragklemmen provisorisch einlegen

Arbeiten auf dem MTW:

- endgültige Montage der R-Leitung an den Pendeltragklemmen
- Anschließen der Rückleitung an die Schutzerdungen
- Verbindung R-Leitung mit Fahrleitungsmast
- Regulieren der V-Leitung
- Verpressen der Einspeise- und Verbindungsleitungen

Das Weg-Zeit-Diagramm für die Montage von Verstärkungs- und Rückleiterseilen kann analog zu den Abbildungen 5.12 und 5.14 erstellt werden.

Die teleskopierbaren Hubmaste der Installationsmaschine können bei den üblichen Konstruktionen nicht bis in Höhe der Spitzenleitungspositionen ausgefahren werden. Die Leitungen werden daher über Rollen auf der AW-Arbeitsbühne geführt. Mit der Arbeitsbühne werden die Leitungen in Position gebracht und an den Stützpunkten befestigt. Um die wegen der großen Höhendifferenz zwischen V- und R-Leitung auf der FUM zu den Hubmasten und die daraus resultierenden Tiefzüge der Leitungen so gering wie möglich zu halten, ist beim Montagevorgang der Abstand zwischen Installationsmaschine und dem AW so zu wählen, dass es zu keinem Ansprechen der Lastbegrenzung der AW-Arbeitsbühne kommt.

Fazit: Die Gesamtdauer für den Aufbau der V- und R-Leitung für die Mustersektion beträgt ca. 6,0 Stunden.

5.6 Beispiel 4 – Fahrdrahtwechsel

Der Montageablauf ist auf die Mustersektion in Kapitel 5.1 ausgerichtet.

Bei einem Fahrdrahtwechsel werden die Systemparameter beibehalten und nur defekte Komponenten getauscht. Der Fahrdrahtquerschnitt wird grundsätzlich 1:1 getauscht, Nachspannvorrichtungen, Hänger, Ausleger, Seitenhalter usw. verbleiben 1:1.

Die Demontage wird analog Kapitel 5.3 vorgenommen, die Montage ist z. B. im Weg-Zeit-Diagramm (Abbildung 5.12) gezeichnet.

Demontage des Fahrdrahtes

Eingesetzte Fahrzeuge für den Abbau des Fahrdrahtes:
1 (bis 2) Motorturmwagen (MTW), 1 Fahrleitungs-Windenwagen (FWW)

Mitarbeiter:
2 MA auf MTW 1 MA auf FWW

Die Anordnung der Fahrzeuge ist wie in Abbildungen 5.11a und 5.11b.

Arbeitsabläufe und Tätigkeiten mit den Fahrleitungs-Arbeitsfahrzeugen bei der Demontage:
- Erden der FL-Kette am Sektionsanfang bzw. Sektionsende
- Sperren des Radspannwerkes am Sektionsanfang und am Sektionsende
- Einschleifen des abzubauenden Fahrdrahtes auf die Speichertrommel am FWW
- Lösen sämtlicher am Fahrdraht befestigten Bauteile (wie Hänger, Stromverbinder, FD-Anker, FD-Klemmen bei den Stützpunkten/Seitenhaltern, Y-Beiseile udgl.)

Montage des Fahrdrahtes

Eingesetzte Fahrzeuge für die Montage des Fahrdrahtes:
1 Fahrleitungs-Installationsmaschine (FUM), 1 Arbeitsbühnenwagen (AW), 1 Motorturmwagen (MTW)

Mitarbeiter:
2 MA auf AW 1 MA auf FUM 2 MA auf MTW

Die Anordnung der Fahrleitungs-Arbeitsfahrzeuge in Arbeitsrichtung bei der Montage des Fahrdrahtes kann analog Abbildung 5.13 sein.

Arbeitsabläufe und Tätigkeiten mit den Fahrleitungs-Arbeitsfahrzeugen bei der Montage:
- Fahrdraht wird an den vorhandenen Fahrdrahtisolator des Nachspannseiles geklemmt
- Auflegen des neuen Fahrdrahtes unter Nennzugkraft
- Befestigen der Hänger und Einklemmen des neuen Fahrdrahts bei den Stützpunkten
- Einhängen des Fahrdrahts in die Isolatoren der vorgesetzten Isolation bei den Radspannwerken
- Einklemmen der Y-Seil-Hänger
- Verpressen der Stromverbinder
- Montieren der Fixpunkt-Fahrdrahtanker
- Kontrolle der Ausleger- und Seitenhalterstellung
- Entsperren der Radspannwerke und Enterden der Fahrleitungskette
- Kontrolle und Freigabe für den Betrieb

Mit diesen Arbeiten kann bereits während der Fahrdrahtdemontage begonnen werden.

Das Weg-Zeit-Diagramm für die Demontage und Montage des Fahrdrahtes kann analog Abbildung 5.12 erstellt werden.

Fazit: Die Gesamtdauer für den Fahrdrahtwechsel der Mustersektion von 1.500 m inklusive der Endkontrolle beträgt ca. 3,0 Std.

5.7 Beispiel 5 – Start des Montagevorgangs an der Fahrleitungs-Installationsmaschine

Die Speichertrommeln von Fahrdraht, Tragseil, V- und R-Leiterseilen werden auf der Fahrleitungs-Installationsmaschine positioniert und drehbar (ggf. auch seitlich verschiebbar) gelagert.

Vor Beginn des Montagevorganges sind der Fahrdraht und das Tragseil an einem Sektions-/Abspannmast am Beginn der Nachspannlänge (Sektionslänge) abzuspannen. Die Nachspannvorrichtungen müssen dazu gesperrt werden.

Dazu müssen die Leiter, je nach Maschinentyp, mit einem flexiblen Vorseil von der auf der Installationsmaschine vorhandenen Seilwinde von der Speichertrommel abgezogen werden. Im Anschluss werden die Leiter durch das Windensystem geführt und mit den Seilwinden über die Hubmasten an der Maschine und über provisorische Umlenkrollen bis zum Abspannmast gezogen und an den Abspannpunkten fixiert.

Es sind auch vertikal positionierte Windensysteme in Verwendung. Oder mit einer anderen Technologie wird die Montagezugkraft über nur je ein Windenrad mit Mehrfachumschlingung für den Fahrdraht und ein Windenrad für das Tragseil aufgebracht. Dazu werden entsprechend angepasste Techniken zur Vorbereitung des Montagevorganges angewandt.

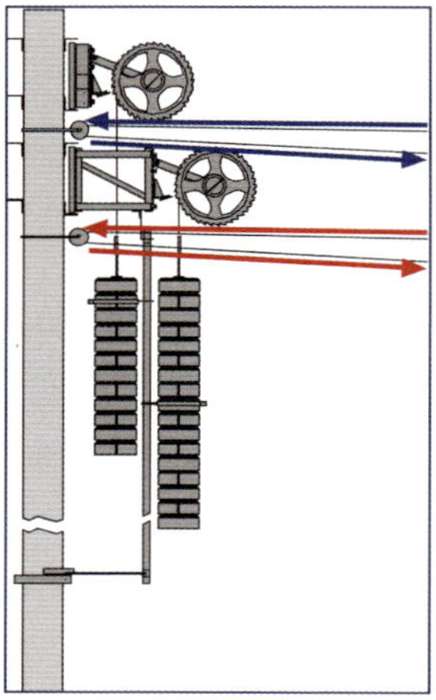

Abb. 5.16: Detail – Montagebeginn am Abspannmast über Umlenkrollen (Prinzipzeichnung: Autor)

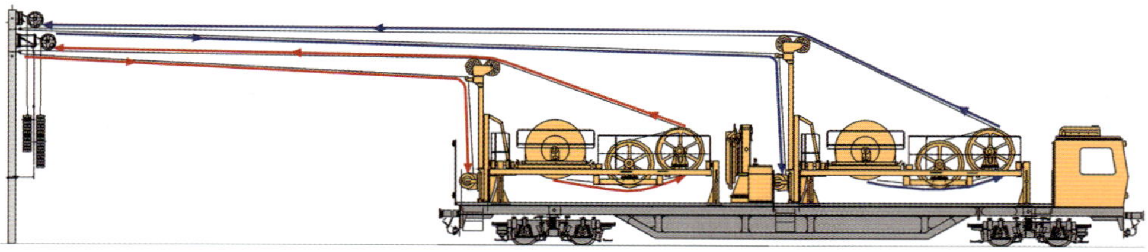

Abb. 5.17: Startposition der Fahrleitungs-Installationsmaschine (Prinzipzeichnung: Autor)

Der Start des Montagevorganges beginnt bei der Abspannung von Fahrdraht und Tragseil an einem Sektionsmast am Beginn der Nachspannlänge (Sektionslänge).

6 Montage- und Regulierungsbeispiele zu spezifischen Fahrleitungskomponenten

6.1 Grundlagen

Eine Fahrleitungsanlage wird schrittweise aus vielen Einzelkomponenten aufgebaut (Fundamente bis Fahrleitungskettenwerk, Verstärkungs- und Rückleiterseile, Erdungskomponenten). Insbesondere sind die Bauteile (Ausleger, Y-Beiseile, Seitenhalter, Nachspannvorrichtungen, Festpunkte, Streckentrenner, …) im Montagevorgang einzustellen, wobei gegenseitige Abhängigkeiten bestehen. Spezielle Systeme (Sektionstrennungen, Weichen, Bahnhof-Streckentrennungen, …) erfordern umfangreiche Regulierungsschritte. Die hauptsächlichen Baugruppen, einige singuläre Komponenten und die Regulierungsmaßnahmen werden kurz beschrieben.

6.2 Fahrleitungskette

Bei Hochkettenfahrleitungen trägt das Tragseil über die Hänger einen überwiegenden Gewichtsanteil des mit Nennzugkraft abgespannten Fahrdrahts. Die Nennzugkräfte von Fahrdraht und Tragseil werden über Nachspannvorrichtungen annähernd konstant gehalten und somit die temperaturbedingten Längenänderungen ausgeglichen.

Bei „voll windschiefen“ Fahrleitungsketten liegen Tragseil und Fahrdraht gegenläufig außerhalb der Gleismittellinie. Durch die Querverspannung und die im allgemeinen höheren Tragseilzugkräfte sind größere Spannfeldlängen (> 100 m) auch bei Windbelastung möglich.

Die verschiedenen Fahrdrahtformen – siehe EN 50149 – wie Rund- und Flachprofile haben für die Befestigung in der Fahrdrahtklemme am Fahrdrahtkopf „rillenförmige“ Einkerbungen. Damit der Fahrdraht und die Stromabnehmerschleifstücke im Betrieb etwa gleichmäßig abgenutzt werden, wird der Fahrdraht auf der Geraden im Zickzack zur Gleisachse verlegt, im Gleisbogen ist die Seitenbewegung durch den Abstand zwischen Gleisradius und Sehne gegeben.

6.3 Fundamente, Fundierung

Die Fundierungsarten und die Dimensionierung für die Fahrleitungsmaste leiten sich nach den Masttypen und den Belastungen auf die Stützpunkte aus den Fahrleitungsanlagen (Fahrleitung, Spitzenleitungen), den Bodenverhältnissen und der Wirtschaftlichkeit des gewählten Verfahrens ab. Zudem sind die örtlichen Gegebenheiten, Sonderkonstruktionen wie Brücken, Stützmauern und Tunnelausführungen zu berücksichtigen. Berechnungsbasis sind Gewichtsbelastung, Zugkräfte, Radialkräfte in Gleisbögen und Weichenbereichen, Auslegerkräfte, Windbelastung, Eisbelag, Festpunktanker in der Mitte der Nachspannlängen, x-y-Kräfte bei Abspannmasten und Nachspannvorrichtungen, bei Quertragwerken, Querseilfeldern, Portalkonstruktionen usw. Die Standorte sind nach den Detailplänen einzumessen. Möglichkeiten sind Flach- oder Tiefengründungen wie z. B. Schachtgründungen mit vorgefertigten Hohlfundamenten, Versetzen von Fertigfundamenten, Ortsbetonfundamente mit Ausbetonieren der Fundamentschalung mit Betonmischzügen, Blockfundamente. Bei Rohr- und Pfahlgründungen wird mit der Prüfung der Bodenkategorie das Verfahren konkret festgelegt – z. B. Bohren, Rammen, Vibrieren. Bei Rammgründungen werden verschweißte Spundwandprofile, Rohre und geschweißte Stahlpfähle versetzt.

In sensiblen Bereichen – u. a. Weichen – wird ein Vibrationsverfahren angewandt. Bei Ingenieurbauwerken können die Stützpunktbefestigungen in das Bauwerk integriert werden, z. B. bei Stützmauern, Brücken, Tunneln. Auf Neubaustrecken können die Gründungen von der „Baustraße“ aus hergestellt werden (noch kein Gleiskörper vorhanden).

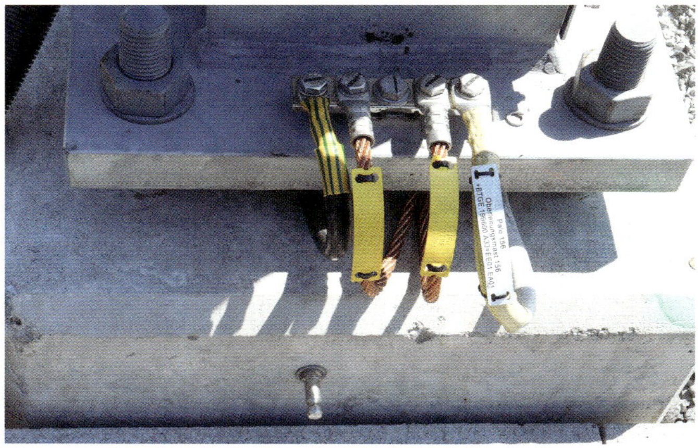

Abb. 6.1: Erdung für Aufsetzmast **(Foto: Autor)**

Abb. 6.2: Übliches Beton-Fertigfundament, Zusatz für Gewichtsführungsstangen (Nachspannvorrichtung) **(Foto: Autor)**

Abb.6.3: Mast einsetzen in Fertigfundament (Foto: ÖBB: F. Kurzweil)

6.4 Maste, Maststellen

Für Stützpunkte kommen schlaff armierte Rüttel-Betonmaste, Schleuderbetonmaste, Stahlgittermaste (Aufsetzkonstruktionen) aus Winkelprofilen, Doppel-T-Trägern, Varianten aus Profilstahl, Portalkonstruktionen, Querseilfelder usw. zum Einsatz. Werden Stützpunkte im Zuge von Neubauvorhaben mit Arbeitszügen gestellt, können Fahrleitungs-Arbeitsmaschinen (Schienenfahrzeuge) mit Greifern, Manipulatoren, Krane mit Seilschlingen, gleisgebundene Kranfahrzeuge (Zweiwege-Fahrzeuge) oder auf einem Eisenbahn-Flachwagen positionierte Autokrane die Montage auf den vorgefertigten Fundamenten vornehmen.

Beispiele für das Maststellen mit Manipulator oder Kran mit Seilschlingen sind in Kapitel 7 zu finden und siehe auch Abbildung 6.3.

Sind Maste zu versetzen, bevor die Gleise verlegt sind, kann z. B. bei Neubaustrecken vom Rohbauplanum aus mit Autokranen (oder Zweiwege-Fahrzeugen) gearbeitet werden. Grundsätzlich stellt der Kran die Maste auf oder in das Fundament und fixiert, bis der Vergussbeton abgebunden hat oder bis bei Hohlfundamenten ausgesplittet ist oder bis bei Aufsetzmasten die Ankermuttern verschraubt sind.

Für die Manipulation sind sog. Eisenbahnkrane mit gegenläufig knickbarem Kranarm besonders geeignet.

Mit Hubschraubern können bei einer entsprechenden Infrastruktur und „freiem“ Luftraum Einzelstützpunkte, Joche/Quertragwerke ohne Beeinträchtigung des Zugverkehrs äußerst effizient versetzt werden. Die Maste werden abschließend, mit Beachtung der vorausberechneten „elastischen“ Bewegungen bei Belastung durch die Fahrleitungskräfte, „vertikal“ ausgerichtet.

Abb. 6.4: Maststellen mit Hubschrauber (Foto: Furrer & Frey: U. Wili)

6.5 Stützpunkte

Fahrleitungen werden allgemein auf Einzelmasten, Tunnelstützpunkten, Quertragwerken, Portalkonstruktionen, Querseilfeldern montiert. Fahrleitungskettenwerke sind üblich auf Rohrschwenkauslegern befestigt, die aus verzinkten Stahlrohren, nichtrostenden Edelstahlrohren, GFK-Materialien oder Aluminiumlegierungen gefertigt sind. Der Fahrdrahtstützpunkt mit Rohrschwenkausleger umfasst das Stützrohr, den Stützrohrhänger oder die Stützrohrstrebe, das Seitenhaltergelenk (Hakengelenk) mit dem Seitenhalter und mit der Fahrdrahtklemme sowie die Windsicherung. Abwechselnd werden auf gerader Strecke angelenkte Stützpunkte mit der Fahrdrahtseitenlage zum Mast oder zur Hängesäule bei Portalkonstruktionen und für die entgegengesetzte Seitenlage umgelenkte Stützpunkte eingebaut.

Abb. 6.5: Neubaustrecke – Maste teilweise bereits armiert (Foto: Autor)

Abb. 6.6: Doppelausleger (Weichenbereich – Abspannung) montiert an Portalkonstruktion (Foto: Autor)

In gebohrten Tunneln sind die Bauhöhen/Systemhöhen der Ausleger an die Tunnelwölbung anzupassen, da mit geringen Tunneldurchmessern die Baukosten wesentlich günstiger werden. Technisch schwierig sind Sektionstrennungen, elektrische Streckentrennungen und Schutzstrecken auszuführen.

Abb. 6.7: Ausleger geformt nach Tunnelwölbung (Foto: ÖBB: F. Kurzweil)

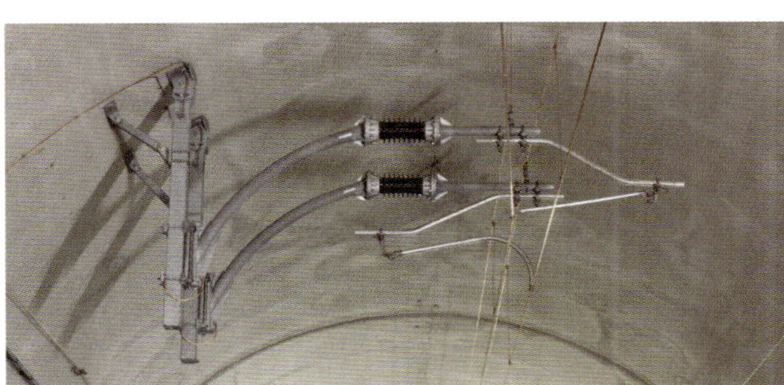

Abb. 6.8: Doppelausleger im Tunnel mit geformten Seitenhaltern (Sektionstrennung) (Foto: ÖBB: F. Kurzweil)

6.6 Regulierung der Rohrschwenkausleger und Seitenhalter

Damit die Fahrleitungskette den temperaturbedingten Längenänderungen (Umgebungstemperatur und Temperaturerhöhung durch Stromerwärmung) folgen kann, sind die Rohrschwenkausleger drehbar z. B. an den Masten angeflanscht. Isolatoren trennen die spannungsführenden Ausleger von den geerdeten Fahrleitungsmasten.

Der Fahrdraht wird üblich am Seitenhalter mit der Fahrdrahtklemme befestigt. Die Seitenhalter sind am Auslegerrohr oder am unterem Richtseil z. B. mit einem Hakengelenk befestigt, das eine Bewegung in alle Richtungen erlaubt. Damit sich eine entsprechende Seitenhalterneigung und Elastizität, sowohl in der Geraden als auch in Gleisbögen, in Weichen, bei Nachspannungen usw. einstellt, werden mit Berechnungsverfahren die Zugbelastungen am Seitenhalter und die Längen der Seitenhalter optimiert.

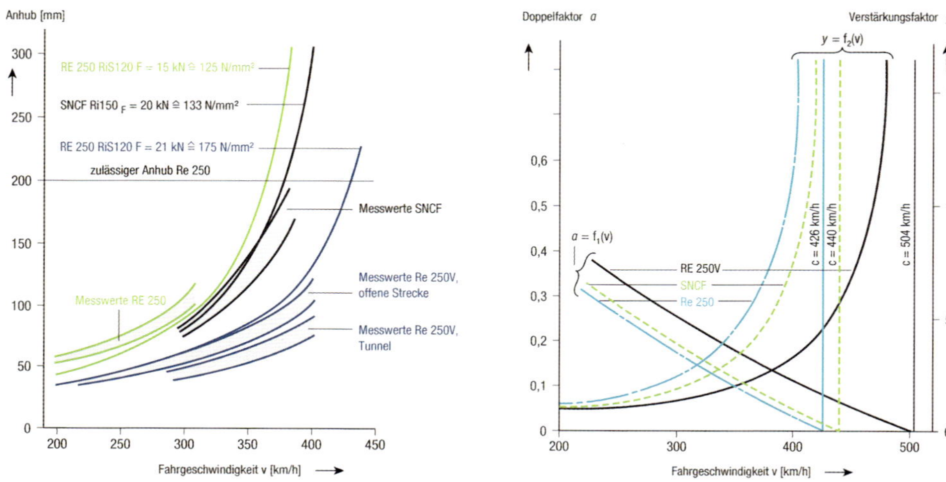

Abb. 6.9: Fahrdrahtanhub für verschiedene Fahrleitungssysteme und Fahrgeschwindigkeiten (Vortrag: Siemens acrps)

Nach dem Einbinden der Rohrschwenkausleger und Seitenhalter ist eine finale Regulierung in Fahrleitungslängsrichtung vorzunehmen, wenn die Fahrdraht- und Tragseil-Nennzugkräfte eingestellt und die Nahspannvorrichtungen entsperrt sind. Die Einstellpunkte sind in einem Rechenprogramm hinterlegt, das die temperatur- und materialbestimmte Längsdehnung der Leiter, die Entfernung vom Fixpunkt (Festpunktanker), die Rückstellkräfte insbesondere bei Gleisradien sowie entsprechend der Auslegerlänge, die Hysterese der Nachspannvorrichtungen, Zusatzkräfte bei Steigungen und Gefällen usw. berücksichtigt. Wird im Fließbandverfahren mit Nennzugkraft verlegt, können Ausleger und Seitenhalter in Fahrleitungslängsrichtung am Fahrdraht bzw. am Tragseil bereits im selben Montage-Arbeitsgang unmittelbar nach der Fahrleitungs-Installationsmaschine lagerichtig und definitiv fixiert werden. Das Verfahren erfolgt nach vorausberechneten Montagetabellen auf Basis der aktuellen Umgebungs- bzw. Montagetemperatur, die den Unterschied der Auslegerstellung zur spannfeldabhängigen Normaltemperatur (z. B. +20 °C) berücksichtigen. Darüber hinaus ist die Beweglichkeit des Fahrleitungssystems für einen Temperaturbereich von z. B. –30 °C bis +80 °C/+100 °C und dem Abstand des Auslegers von einer festen Abspannung bzw. dem Festpunktanker in Richtung zur beweglichen Nachspannvorrichtung am Ende der Nachspannlänge (Sektionslänge) einzurechnen. Der Wärmeausdehnungskoeffizient wird von Kupfer und Kupferlegierungen verwendet. Doppelausleger bei parallel geführten Fahrdrähten von Streckentrennungen, Weichen, Schutzstrecken müssen sich bei steigenden Temperaturen auseinander bewegen.Mit der systembedingten Längenänderung der Fahrdrähte und Tragseile haben wir abhängig vom Drehwinkel (dieser ergibt sich aus dem Abstand zum Festpunktanker) und dem Radius der Ausleger eine Änderung der Fahrdrahtseitenlage relativ zur Gleismittellinie. Bei angelenkten Stützpunkten wird die Fahrdrahtseitenlage zum Mast verschoben, also die Fahrdrahtseitenlage zur Gleismittellinie vergrößert. Dabei sind die Grenzwerte wegen der Schleifstücklängen bei der Regulierung der Fahrdrahtseitenlage besonders zu beachten. Bei umgelenkten Stützpunkten rückt der Fahrdraht näher zur Gleismittellinie.

Wird ohne oder mit geringer Zugkraft aufgezogen, kann erst in mehreren nachfolgenden Regulierungssequenzen definitiv eingebunden werden.

Seitenhalterlängen sind je nach System von (650 mm), 800 mm bis 1200 mm (1600 mm mit Spanndrähten) üblich. Seitenhalter können üblicherweise am Rohrschwenkausleger mit dem Hakengelenk verschoben und festgeklemmt, also feinreguliert werden. Um die Auslegergeometrie flexibel an die Örtlichkeiten anpassen zu können, gibt es auch die Stützpunktbauteile mit Bohrungen zum Regulieren in Stufen.

Die Seitenhalterneigung wird je nach ankommenden zum abgehenden Fahrdrahtwinkel gewählt, das könnten z. B. bei 180° (gerader Fahrdrahtverlauf) etwa 19 cm/m Neigung, oder bei z. B. 178° Fahrdrahtwinkel ca. 13 cm/m sein. Im Bereich von Parallelführungen von Fahrleitungsketten sind auch gebogene Seitenhalter eingesetzt, um entsprechenden Freiraum zu schaffen.

Die Fahrdraht-Seitenzugkräfte (Zickzack, Gleisbogen) auf den Seitenhalter sollten aus Stabilitätsgründen > 80 N und aus Fahrdraht-Elastizitätsgründen < 200 N sein. Der Freiraum für den dynamischen Anhub von Fahrdraht und Seitenhalter ist nach EN 50119 und EN 50367 vorgegeben. Der Freiraum muss ohne Anhubbegrenzung zweimal und mit Begrenzung 1,5 des berechneten Anhubes betragen (siehe auch Kapitel 10, Abbildung 10.13).

Zur Stabilisierung von Fahrdraht und Seitenhalter wird auf der freien Strecke gegenüber dem Stütz-/Tragrohr eine Windsicherung eingebaut, die ein „Kippen“ bzw. „Umschlagen“ in die Gegenlage bei starker Windeinwirkung verhindert. Mit Y-Beiseilen am Stützpunkt kann die Elastizität in einem Spannfeld gleichmäßiger gehalten werden. Bei der finalen Regulierung der Fahrleitungskette sind daher die Y-Zugkraft (z. B. 3,5 kN) und die Hängerausteilung im Bereich der Ausleger plangemäß und i. a. iterativ einzustellen.

6.7 Fahrdraht- und Tragseilfestpunkte

Mechanische Festpunkte fixieren in einem Nachspannabschnitt der Fahrleitung, der an beiden Enden mit Nachspannvorrichtungen beweglich abgespannt ist, Fahrdraht- und Tragseil in ihrer Lage in Gleislängsrichtung. Damit ist sichergestellt, dass sich Fahrdraht und Tragseil bei einer Änderung der Belastungssituation nicht in Richtung zu einer Nachspannvorrichtung bewegen. Der Fahrdraht darf durch die Fixierung nicht in seiner Höhen- und Seitenlage beeinflusst werden. Der Fahrdraht wird über Seilanker am Tragseil fixiert, das Tragseil ebenso an den benachbarten Masten.

Festpunktanker sind etwa in der Mitte der Nachspannlänge anzuordnen oder an einer Stelle, wo die Längszugkräfte gleich sind. Er wird im Falle eines intakten Kettenwerks durch Differenzzüge z. B. bei Streckenneigung, durch Rückstellkräfte von den Auslegern/Seitenhaltern, durch „Schiebewirkung“ der Schleifstücke usw. beansprucht. Im Falle eines Fahrleitungsrisses wirken kurzzeitig Beschleunigungskräfte größer als die Nennzugkräfte bis zum Einrasten der Fallsicherung bei der Nachspannvorrichtung.

6.8 Ausführung und Montage elektrischer und mechanischer Trennstellen im Fahrleitungsnetz

Elektrische und mechanische Trennstellen werden überwiegend mit parallelgeführten Fahrleitungsketten gebaut. Um die technisch begründete Länge von Sektionen zu begrenzen und dabei die notwendige Beweglichkeit der Fahrleitungsketten von aufeinanderfolgenden Nachspannlängen (Sektionslängen) bei temperaturbedingten Längenänderungen zu ermöglichen, werden parallelgeführte Fahrleitungsketten eingesetzt. Diese Baugruppen werden entsprechend ihrer Funktion über mehrere Spannfeldlängen geführt und haben somit entsprechende Baulängen im Fahrleitungsnetz. Die Fahrleitungsketten werden am Sektionsende entweder fest an einem Abspannmast oder beweglich über Nachspannvorrichtungen (Radspannwerke) abgespannt. Die Sektionslängen sind auch an den Arbeitsbereich der Nachspanngewichte anzupassen.

Bei diesen Trennstellen wird die ankommende Fahrleitungskette im Übergabefeld z. B. parabelförmig hochgezogen und seitlich zur Abspannung weggezogen. Die weiterführende Fahrleitungskette wird in das Übergabefeld von der seitlichen Abspannung kommend parabelförmig abgesenkt. Die Fahrdrahtneigungen innerhalb der Parallelfelder müssen so gewählt werden, dass die zulässigen Kontaktkräfte zwischen den Fahrdrähten und dem Stromabnehmer – sowie die Elastizitätswerte bzw. -unterschiede im Übergabefeld an den beiden gleichzeitig berührten Fahrleitungsketten – auch bei den höchsten Fahrgeschwindigkeiten eingehalten werden. Diese Trennstellen werden bei geringen Geschwindigkeitskategorien über zwei Spannfelder gezogen, bei hohen Betriebsgeschwindigkeiten von 200 bis 350 (400) km/h über drei, vier und fünf Spannfelder.

Die Feinjustierung der Fahrdraht- und Tragseilführung kann u. U. beim Montagevorgang noch nicht endgültig abgeschlossen werden, sodass eine Nachjustierung eingeplant werden sollte.

Grundsätzlich sind vertikale Bewegungen der Stromabnehmerwippe, verursacht durch Höhenunterschiede im Fahrdrahtverlauf (die Fahrdrahtneigungen sind entsprechend den vorgegebenen Betriebsgeschwindigkeiten zu begrenzen) und durch Massenkonzentrationen (parallele Fahrdrähte, Klemmen, Streckentrenner) zu vermeiden. Die Güte der Stromabnahme (Kontaktkraftverlauf, Verschleiß) wird dadurch Höhenunterschiede und Massenkonzentrationen verschlechtert bzw. gestört.

In der Regel wird bei parallelgeführten Fahrleitungsketten die Fahrdrahtlage in diesem Übergabebereich etwas höher vorgesehen. Bei der Regulierung der sich kreuzenden Fahrleitungsketten müssen die Einbaupunkte der Hänger so gewählt werden, dass die insbesondere temperaturbedingten Längsbewegungen der beiden Ketten nicht behindert werden. Ebenso darf die Beweglichkeit von Doppelauslegern und von Stromausgleichsverbindern in den Parallelfeldern nicht eingeschränkt werden.

Für ergänzende Beurteilungen und Vorgaben für Sicherheitsabstände werden von den Infrastrukturbetreibern noch statische und dynamische (Schwingungs-) Fälle mit ihrer Auftretenshäufigkeit mitbeurteilt.

6.8.1 Sektionstrennung

Die parallelgeführten Fahrleitungsketten bei den aufeinanderfolgenden Nachspannlängen sind mit Stromverbindern für den Stromtransport zu überbrücken, damit sie für Betriebs- und Kurzschlussströme durchgängig sind.

Parallelfelder müssen den Übergang des Stromabnehmers von einem Nachspannabschnitt zum nächsten ohne Geschwindigkeitsreduzierung oder Unterbrechung des Stromüberganges zum Triebfahrzeug ermöglichen.

6.8.2 Bahnhof-Streckentrennungen

Elektrische Trennstellen werden auch zur Isolierung von aneinandergrenzenden Fahrleitungsabschnitten – zwischen Bahnhöfen und den freien Strecken (wie z. B. Bahnhof-Streckentrennungen) – und für Phasentrenn- und Systemtrennstellen angeordnet. Bei Bahnhof-Streckentrennungen muss der elektrische Schutzabstand in Luft eingehalten werden.

Dazu sind die elektrischen (Mindest-) Sicherheits- bzw. die geforderten dauernden elektrischen Schutzabstände zwischen den parallelgeführten Fahrleitungsketten entsprechend den Nennspannungen in der EN 50119 (Schutzabstände zwischen aktiven Teilen von Fahrleitungen und Erde/bahngeerdeten Teilen) vorgegeben. Die Unterteilung in einzelne Schalt- und Speiseabschnitte ermöglicht u. a. ein selektives Abschalten und Bahnerden bei der Instandhaltung und bei außergewöhnlichen Ereignissen.

Bei Bahnhof-Streckentrennungen werden die parallelgeführten Fahrdrähte von den Stromabnehmer-Schleifstücken im Mittelfeld gleichzeitig beschliffen, sodass mit entsprechenden betrieblichen Regelungen eine Überbelastung durch Ausgleichsströme (insbesondere bei außerplanmäßigem Stillstand der Triebfahrzeuge) oder durch Kurzschlussströme vermieden werden muss.

Je nach Funktion sollen Streckentrennungen über Lasttrennschalter überbrückt werden können.

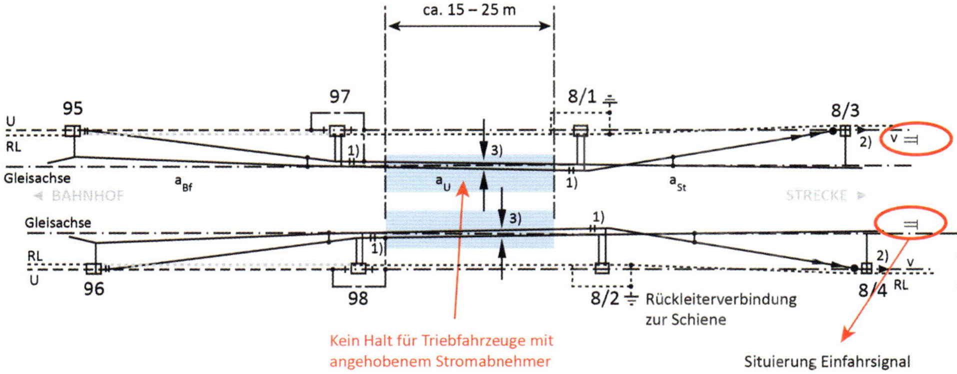

Abb. 6.10: Ausführung von Bahnhof-Streckentrennungen (Darstellung: Autor)

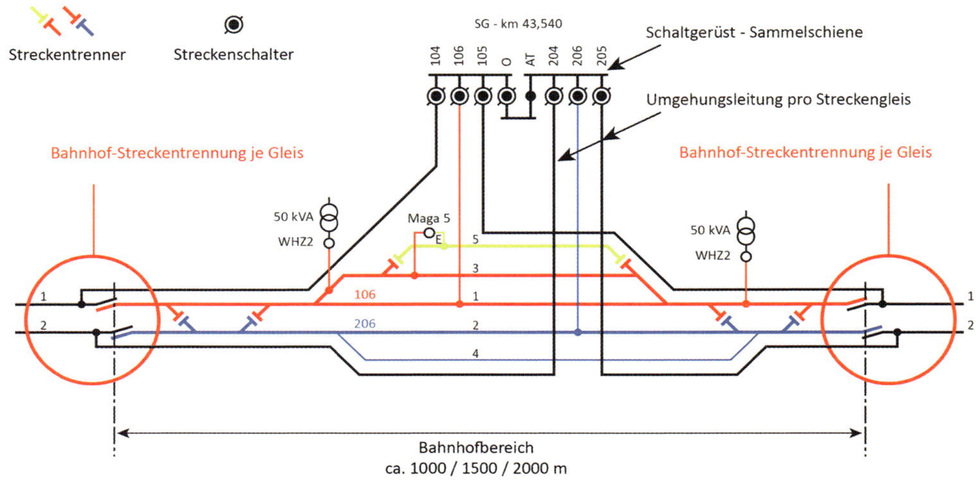

Abb. 6.11: Schaltbild Bahnhof-Streckentrennungen – Variante 1 **(Darstellung: Autor)**

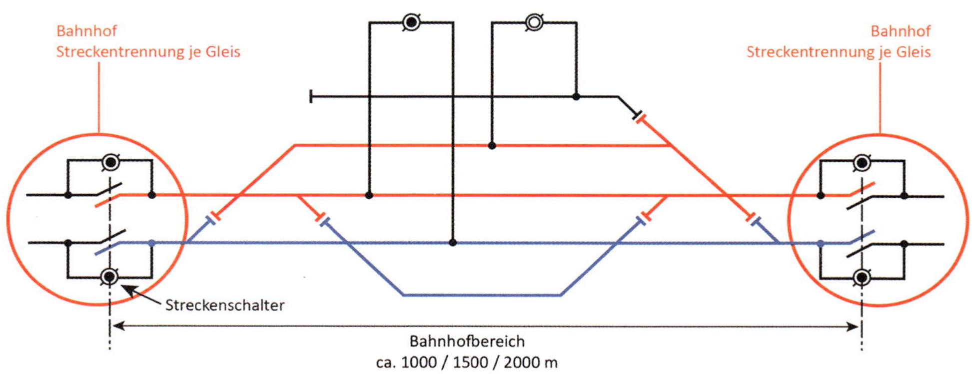

Abb. 6.12: Schaltbild Bahnhof-Streckentrennungen – Variante 2 **(Darstellung: Autor)**

Wegen der Ausführungsvarianten von Bahnhof-Streckentrennungen und Systemtrennstellen sind bei Arbeiten in diesen Systemen besondere Vorsichtsmaßnahmen notwendig, um Gefährdungen zu vermeiden.

6.8.3 Ausführung von Systemtrennstellen

Die TSI Energie (ENE) fordert im Sinne der Interoperabilität, dass Züge während der Fahrt von einer Stromart in eine andere wechseln können, ohne die beiden Stromarten zu überbrücken (z. B. zwischen AC 15 kV und AC 25 kV mit anliegendem Stromabnehmer). Dazu sind Systemtrennstellen auf der freien Strecke angeordnet und werden mit Mehrsystemtriebfahrzeugen befahren.

Diese Systemtrennstellen werden z. B. als elektrische Trennstellen mit mehreren hintereinander angeordneten parallelgeführten Fahrleitungsketten gebaut. Die Ausführung ist analog zu den Sektionstrennstellen, jedoch mit größeren elektrischen Schutzabständen der parallelen Fahrleitungsketten (Luftstrecken sind nach EN 50119 entsprechend der Nennspannung und je nach Phasenlage zu wählen).

Schutzstrecken sind nach der EN 50367 in verschiedenen Ausführungen festgelegt, z. B. lange mit einem mindestens 400 m langen neutralen Abschnitt und kurze Schutzstrecken, wobei der neutrale Abschnitt kleiner als der kleinste Abstand zwischen zwei Stromabnehmern ist. Sie bestehen aus mehreren hintereinander angeordneten elektrischen Trennstellen.

Elektrische Trennstellen können auch durch entsprechende Anordnung von Streckentrennern realisiert werden.

Kurze Schutzstrecken können z. B. auch mit Streckentrennern und geerdetem Mittelteil gebaut werden.

6.9 Einstellung von Streckentrennern

Streckentrenner werden zur Längsunterteilung der Fahrleitungen für schaltbare Fahrleitungsabschnitte z. B. zur Trennung von Schaltgruppen und Speisabschnitten im Fahrleitungsnetz eingesetzt. In Weichenverbindungen isolieren Streckentrenner die unterschiedlichen Schaltgruppen der zu verbindenden Gleise. Die Streckentrennerachse soll möglichst in der Mittelsenkrechten zur Schienenkopfberührenden (Gleismittellinie) liegen. Die Streckentrenner einschließlich der Gleitkufen sollen in Längsrichtung der Fahrdrahtlage (-neigung) folgen, in Querrichtung angepasst an die Gleisquerrichtung (-neigung) montiert sein. Über dem Streckentrenner ist im Tragseil ein Isolator oder Isolierstab zu montieren. Streckentrenner werden über (Dreiecks-)Hänger am Tragseil gehalten und damit gegen Verdrehen gesichert.

Streckentrenner sind Zusatzgewichte im Fahrleitungssystem. Sie verursachen mit ihrer Masse Elastizitätsunterschiede im Kettenwerk und werden daher gegenüber dem Fahrdrahtverlauf etwas erhöht eingebaut. Damit wird auch frühzeitiger Verschleiß an den Gleitkufen vermieden. Um den Mittelwert des Kontaktkraftverlaufes konstant zu halten, kann mit der Aufhängung am Tragseil die Höhenlage exakt eingestellt werden. Die Kontaktkraft zwischen Fahrdraht und Stromabnehmerschleifstücken ist lt. EN 50119 mit 350 N zu begrenzen.

Die elektrischen Mindestabstände im Streckentrenner in Luft, die Schaltgruppen und Speiseabschnitte trennen, sind nach EN 50122-1 z. B. bei 15 kV auf 100 mm reduziert. Die Isolierstäbe in der Fahrdrahtachse im Streckentrenner können befahrbar (z. B. Glasfaserstäbe mit Keramikhülsen) oder nicht befahrbar (Glasfaser mit lichtbogenresistentem Schutz) ausgeführt werden. Bei unbeabsichtigten Fahrten in neutrale oder geerdete Fahrleitungsabschnitte werden leistungsstarke Lichtbögen bzw. Kurzschlüsse an den Lichtbogenhörnern nach oben abgeleitet. Durch die in Längsrichtung zum Isolierstab asymmetrisch versetzten Schleifkufen werden der Kontakt mit den Schleifstücken des Stromabnehmers und die Stromübertragung nicht unterbrochen.

Streckentrennerkonzepte zur elektrischen Längsunterteilung der Fahrleitung werden heute bis 250 km/h eingesetzt. Die Regulierung erfordert hohes Systemwissen.

Abb. 6.13: Variante Streckentrenner mit Druck- und Zugstab (nicht beschliffen) **(Foto: Autor)**

Abb. 6.14: Variante Streckentrenner mit beschliffenen Isolierstäben für Schutzstrecke, Mittelteil geerdet **(Foto: Autor)**

6.10 Einbau und Regulierung von Weichen in Fahrleitungssystemen

Fahrleitungs-Weichenverbindungen sind für die durchgehende elektrische Fahrt zwischen mehreren Gleisen vorzusehen. Die Fahrleitungskettenführung zwischen dem „Stammgleis“ und dem „Zweiggleis“ kann kreuzend oder tangential verlaufen.

Bei kreuzenden Weichenverbindungen wird im befahrenen Bereich der Weiche die Fahrleitungskette des Zweiggleises durch die Stammgleiskette gezogen. Damit sich die Stromabnehmerwippe je nach Fahrtrichtung nicht in einem der Fahrdrähte „einhängen“ kann, werden beide durch Kreuzungsstäbe vertikal und horizontal zueinander fixiert und damit wird ein definierter Fahrdraht-Stromabnehmerübergang gewährleistet. Beim Befahren aus dem Zweiggleis in das Stammgleis hebt der Stromabnehmer den Fahrdraht an, wobei der Fahrdraht des Stammgleises über den Kreuzungsstab mitangehoben wird. Die dadurch gegebene Massenkonzentration an der Weichenverbindung (das sind zwei bis drei Fahrdrähte, Kreuzungsstab,

Klemmen, anteilige Gewichtsentlastung der Tragseile) beeinflussen das Zusammenwirken von Stromabnehmer und Fahrleitung ungünstig, insbesondere bei höheren Geschwindigkeiten (> 120 km/h).

Bei Wechselhängern bei kreuzenden Weichenbespannungen sind die Hängerklemmen am Fahrdraht entsprechend zu formen, sodass keine Berührung (Anschlagen) mit den Stromabnehmerschleifstücken möglich ist. Allgemein gilt, dass im Kernbereich der Weichenbespannung ein klemmenfreier Raum einzuhalten ist. An den Stützpunkten soll daher nur ein Fahrdraht in Kontakt mit dem Stromabnehmer sein, um eine Massenkonzentration und damit erhöhte Kontaktkräfte zu vermeiden. Die Fahrdrahtkreuzung soll so weit wie möglich vom Stützpunkt entfernt liegen.

In der Folge wurde daher eine tangentiale Weichenbespannung entwickelt, dabei werden die Fahrleitungsketten, ähnlich wie bei elektrischen oder mechanischen Trennstellen, im Überlappungsbereich parallel aneinander vorbeigeführt. Sie sind für alle Befahrgeschwindigkeiten geeignet. Im Weichenbereich ist daher keine Kreuzung der Fahrleitungsketten im befahrenen Bereich der parallelen Fahrleitungen vom Stamm- und Zweiggleis vorhanden.

Die Regulierung ist so zu treffen, dass die Fahrdrähte von oben und nicht von der Seite auf die Stromabnehmer-Schleifstücke auflaufen. Wenn das Triebfahrzeug das Stammgleis befährt, ohne in die Weichenverbindung abzubiegen, muss der Stromabnehmer durchgehend am Fahrdraht des Stammgleises schleifen, ohne dass er den Fahrdraht des Zweiggleises berührt.

Bei der Fahrt vom Zweiggleis zum Stammgleis führt die exzentrische Lage des Zweiggleisfahrdrahts zur Neigung (Einfedern und Kippen) und zum Anhub der Schleifleisten auf der Stammgleisseite. Zur Vorsorge legt man den Zweiggleisfahrdraht gegenüber der Nennfahrdrahthöhe etwas tiefer, um einen „stoßfreien“ Auflauf des Stromabnehmerschleifstücks am Stammgleisfahrdraht zu erreichen.

Tangentiale Weichen sind vorzugsweise für eine Stromabnehmerbreite zu konzipieren. Beim Befahren mit Stromabnehmertypen von 1600 mm und 1950 mm bestimmt die breitere Wippe die kinematischen Grenzen in der Infrastruktur (elektrisch- und mechanisch-kinematische Stromabnehmerbegrenzungslinie) für das Stamm- und Zweiggleis. Insbesondere besteht auch keine Wechselwirkung zwischen den parallelen Fahrleitungsketten, weil im Gegensatz zu kreuzenden Weichen keine Wechselhänger einzubauen sind.

Die Fahrleitungsketten sollen sich bei Temperaturänderungen in die gleiche Richtung mit gleicher Längenänderung bewegen. Daher sind die Festpunkte des Stamm- und Zweiggleiskettenwerks ungefähr in gleicher kilometrischer Lage anzuordnen. Die Ablenkungswinkel des Zweiggleisfahrdrahtes ergeben Radialkräfte auf die Seitenhalter, die grundsätzlich im zugelassenen Bereich liegen müssen (80 bis 200 N) und die aber auch das Elastizitätsverhalten verschlechtern. Für die Leistungsübertragung vom Stammgleis auf das Zweiggleis sind Stromverbinder einzubauen, die wiederum Zusatzgewichte einbringen. Zusätzlich begrenzen die Auslenkungen durch den Windabtrieb die möglichen Mastabstände im Weichenbereich. Grundsätzlich sind bei parallel geführten Fahrleitungsketten wie bei elektrischen-mechanischen Trennstellen oder in Weichenbereichen vertikale Bewegungen der Stromabnehmerwippe durch Fahrdraht-Höhenunterschiede zu vermeiden sowie Massenkonzentrationen und die Wirkungen durch stärkere Eckzüge zu beachten. Die finale Regulierung der Seiten- und der Höhenlage des Stamm- und Zweiggleises ist komplex. Daher sind die Planvorgaben einzuhalten und ein umfangreiches Praxiswissen der Monteure ist notwendig.

6.11 Montage von Stromschienen

Stromschienen werden vor allem in Tunneln, aber auch bei Sonderkonstruktionen eingesetzt. Die Stützpunktabstände sind von 8 bis 12 m, die Reguliergenauigkeit muss sehr hoch sein (z. B. Höhenunterschiede von 1 bis 2 mm zwischen benachbarten Stützpunkten). Basierend auf der einheitlichen, einfachen Bauweise der Systeme ist eine mechanisierte Montage möglich. Abb. 6.15 zeigt den Unterschied im Platzbedarf zwischen einer Tunnel-Fahrleitungskette und der Stromschiene. Auf der linken Bildhälfte ist eine Sektionstrennung in der Fahrleitungskette zu sehen. Die Platzverhältnisse in der Tunnelröhre sind beengt, sodass für die Sektionstrennung einige Sonderkonstruktionen bei Auslegern und Seitenhaltern notwendig sind. Zusätzlich sind an den Hängesäulen im Tunnelgewölbe noch Verstärkungsleitungen für die Fahrleitungskette mitgeführt sowie die Rückstromführungsseile durchgehend angeordnet.

Abb. 6.15: Deckenstromschiene (Foto: ÖBB: F. Kurzweil)

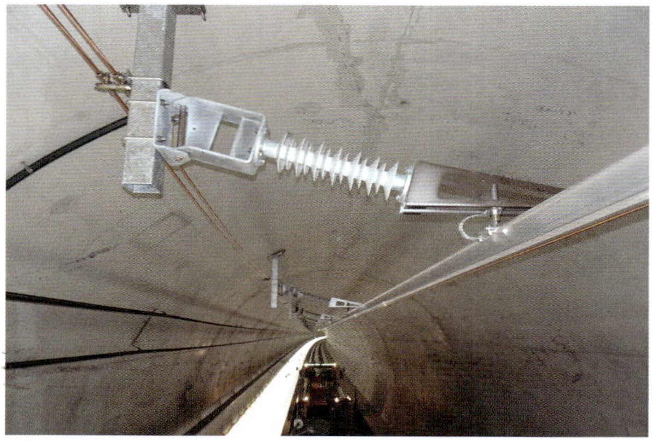

Abb. 6.16: Detail Stromschiene: Schwenkausleger Bogenaußenseite (Foto: Furrer & Frey: U. Wili)

Vorteile von Stromschienen in längeren Tunnelabschnitten sind:

- Großer äquivalenter Cu-Querschnitt (1200–1500 mm^2), damit keine Verstärkungsleitungen nötig, folgend wesentlich kleinere Stromwärmeverluste. Durch die kleineren Realteile der Fahrleitungsimpedanz (für Hin- und Rückleitung) entstehen bei längeren Abschnitten markant geringere Energieverluste.
- Verdoppelung der Lebensdauer Fahrdraht (zulässige Fahrdrahtabnutzung 50 %)
- Robustheit und damit höhere Zuverlässigkeit und Verfügbarkeit
- Weiterbetrieb auch nach Kurzschluss auf Triebfahrzeug
- Längerer Funktionserhalt im Brandfall als bei Kettenwerken
- Richtlinienkonformes Lichtraumprofil wird bei kleinerem Tunnelprofil erreicht (Verringerung der Bauhöhe bei Neubautunnel).
- Kein Raumbedarf für Nachspannvorrichtungen, keine Wartung
- Zertifiziert für 250 km/h (Testfahrten mit 275 km/h)

Abb. 6.17: Tunnelportal – Übergang Stromschiene auf Kettenwerk **(Foto: Furrer & Frey: U. Wili)**

Abb. 6.18: Detail – Übergang Stromschiene auf Kettenwerk
(Vortrag: Fahrstromsymposium Wien 2021)

6.12 Einstellung der Nachspannvorrichtungen (Radspannwerke)

Die Nachspannlänge (Sektionslänge) wird als Länge der Fahrleitungskette zwischen zwei Abspann- oder Nachspannpunkten definiert. Die Fahrleitungsketten werden von einem Festpunktanker ungefähr in der Mitte der Nachspannlänge ausgehend in beiden Richtungen an Nachspannvorrichtungen beweglich nachgespannt. Mit Nachspannvorrichtungen wird selbsttätig eine weitgehend konstante Zugkraft in einer Nachspannlänge (Sektionslänge) bei Längenänderungen der Fahrleitungskette gehalten. Nach EN 50119 ist für Betriebsgeschwindigkeiten über 100 km/h eine bewegliche Nachspannung für Fahrdraht (ggf. auch für das Tragseil) notwendig, um eine zufriedenstellende Stromabnahme sicherzustellen. Aus analogen Gründen werden Fahrdraht und Tragseil im Fernbahnbereich überwiegend getrennt und beweglich nachgespannt. Die EN 50119 gibt vor, dass Fahrdraht und Tragseil für Betriebsgeschwindigkeiten von über 225 km/h unabhängig voneinander beweglich nachgespannt werden müssen.

Die Längen der Nachspannabschnitte bestimmen die Anzahl der Überlappungsbereiche auf dem jeweiligen elektrifizierten Streckenbereich. Überlappungsbereiche sind aufwendiger in der Montage, vom Kontaktkraftverlauf problematischer und aufgrund der Anzahl ein Investitionsfaktor.

Die Nachspannlänge hängt wesentlich von der material- und temperaturspezifischen, der elastischen und unelastischen Längsdehnung der Fahrleitungskette, der Streckenführung (Gerade, kleine Gleisradien, Berg- und Talstrecken usw.) und dem Abstand zum Fixpunkt (Festpunktanker) etwa in der Mitte der Nachspannlänge (Sektionslänge) ab. Arbeitsbereich und Wirkungsgrad von Nachspanneinrichtungen bestimmen ebenso die Nachspannlänge. Der verfügbare Arbeitsbereich der Nachspannvorrichtungen begrenzt die Nachspannlänge. Damit ist auch der Zusammenhang mit dem materialbedingten zulässigen Temperaturbereich (Grenztemperaturen für E-Cu und Cu-Legierungen) und damit insbesondere dem Regulierungsbereich z. B. −30 °C bis +80 °C/+100 °C gegeben. Grenzen sind auch durch die zulässigen Schwankungen der Zugkräfte in Fahrdraht und Tragseil infolge der Rückstellkräfte (Ausleger, Seitenhalter), Hysterese der Nachspannvorrichtungen usw. gesetzt. Die temperatur- und materialbedingten Längenänderungen der Fahrleitungskette, die eine Drehbewegung der Ausleger verursachen, führen auch zu einer seitlichen Versetzung, insbesondere Vergrößerung der Fahrdrahtseitenanlage am Stützpunkt gegenüber der Solllage („Grundstellung"). Die Größe der Drehbewegung ist abhängig vom Abstand zum Festpunkt. Die Abweichung von der horizontalen Solllage hängt dann vom Abstand der Fahrdrahtlage beim Mast zur Gleismittellinie, d. h. von der Auslegerlänge bzw. dem Ausleger-Drehradius, ab.

Ein weiteres Kriterium sind die gegenläufigen Drehbewegungen der Doppelausleger in den Überlappungsbereichen der parallelgeführten Fahrleitungsketten. Zu beachten sind die Rückstellkräfte an Auslegern/Seitenhaltern, insbesondere bei Gleisradien, die zu Zugkraftverlust im Fahrdraht und Tragseil führen und letztlich ebenso die Nachspannlänge verringern.

Gewichtsnachspannungen sind einfach, zuverlässig und kostengünstig. Der Arbeitsbereich von Nachspannvorrichtungen mit Gewichten hängt vom Übersetzungsverhältnis, der Einbauhöhe, der Länge der Gewichtssäule und dem Freiraum über dem Boden, somit auch indirekt von der Fahrdrahthöhe ab. Mit höheren Zugkräften in Fahrdrähten und Tragseilen werden die Gewichtssäulen länger und damit der Spielraum der Nachspannvorrichtungen kleiner, letztlich sind die Nachspannlängen kürzer zu wählen oder geteilte Gewichtssäulen einzusetzen.

Gewichtsnachspannungen sind als Radspanner und Flaschenzüge in Verwendung. Ausführungen als Radspannwerke oder Flaschenzug haben üblich ein Übersetzungsverhältnis von 1:3 oder 1:5. Bei Radspannwerken verhindert eine Einrastvorrichtung (Fallschutzeinrichtung) größere Schäden bei Fahrdraht- und/oder Tragseilriss.

Abb. 6.19: Flaschenzug als Nachspannvorrichtung (Foto: Autor)

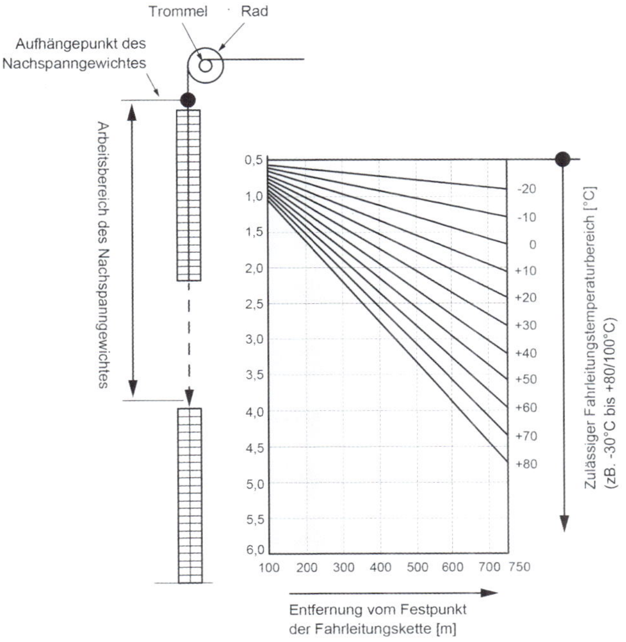

Abb. 6.20: Montagediagramm/Einstelltabelle für Nachspannvorrichtung (Prinzipzeichnung: Autor)

Federnachspanneinrichtungen sind aufgrund des möglichen Federweges nur für kurze Nachspannlängen (z.B. < 150 m) geeignet. Sie werden auch bei Richtseilen in Querseilfeldern eingesetzt.

Bei elektromechanischen Nachspanneinrichtungen werden die Zugkraftänderungen in der Fahrleitungskette über Sensoren gemessen und über den gesteuerten Stellmotor mit Spindel ausgeglichen. Da eine Fremdspannungsversorgung benötigt wird, konzentriert sich das Anwendungsgebiet z.B. auf Tunnelanlagen. Das Platzangebot ist in Tunneln begrenzt, diese Nachspanntechnik benötigt keine zusätzliche Kubatur. Die Längenänderungen des Kettenwerks sind aufgrund der geringen Temperaturänderungen in Tunneln klein.

Ist die endgültige Regulierung der Fahrleitungskette abgeschlossen, müssen die Aufhängepunkte der Gewichtsäulen entsprechend der Entfernung der Nachspannvorrichtung vom Fahrleitungs-Festpunkt und der Montagetemperatur eingestellt werden. Dazu ist die Sperre der Nachspannvorrichtungen, die während der Montage konstante Zugkraftverhältnisse gibt, frei zugeben, um ggf. noch eine Feinregulierung anzuschließen.

Für die Güte der Stromübertragung Fahrdraht zu Stromabnehmerschleifstücken ist u.a. eine konstante Fahrdraht-Nennzugkraft wesentlich. Bei Nachspannvorrichtungen mit Gewichten ist dazu der mechanische Wirkungsgrad der Nachspannvorrichtung im Arbeitsbereich (nach EN 50119 zumindest über ¼ des Bewegungsbereichs) zu prüfen.

Der Wirkungsgrad ist definiert mit $\eta = \frac{H}{W \times r}$ mit H = Leiterzugkraft [N], W = Kraft der Belastungsgewichte [N], r = Übersetzungsverhältnis der Nachspannvorrichtung (Verhältnis der Spannräderdurchmesser, Flaschenzugübersetzung). Die Zugkraftschwankungen, die durch die Rückstellkräfte an der tatsächlichen Fahrleitungsanlage (Streckenführung) berechnet bzw. gemessen werden, sind mitzubeurteilen. Ein analoges Vorgehen ist für Nachspannvorrichtungen für Tragseile vorzusehen. Rollierende Nachprüfungstermine sind entsprechend den Instandhaltungsplänen zu berücksichtigen.

Für Gewichtsnachspanneinrichtungen (Radspannwerke) sind Einstelldiagramme für die Spanngewichte notwendig, damit der Arbeitsbereich optimal genutzt werden kann. Zu berücksichtigen sind die Entfernung vom Festpunkt bzw. der festen Abspannung der Fahrleitungskette, der gewählte Temperaturbereich (z.B. −30 °C bis +100 °C), die Montagehöhe und die Länge der Gewichtssäulen sowie der Einfluss der Streckencharakteristik (Radien).

Die Einstellung der Nachspannvorrichtungen ist mit diesen Kriterien vorauszubestimmen und bei Nennzugkräften zu finalisieren. Bei Montage mit Fahrleitungs-Montagemaschinen mit Nennzugkraft sind keine Nachregulierungen notwendig, bei manueller Montage mit geringen Zugkräften ist die Regulierung ein iterativer Prozess.

6.13 Strombelastbarkeit

Die Strombelastbarkeit von Fahrdrähten und Tragseilen (Verstärkungs- und Rückstromleiterseilen) ist in den TSI-ENE, EN 50119, EN 50163, EN 50317, EN 50367, EN 50318, EN 50388, EN 50149 insbesondere für Fahrdrähte festgelegt und neu für Tragseile in der internationalen Norm IEC CDV 63190. Details zur Strombelastbarkeit von Fahrleitungsanlagen finden sich im Buch „Systemtechnik von HGV-Oberleitungen“, Kap. 8.

An Materialien für Fahrddrähte werden vorrangig (Cu-ETP), CuAg 0,1, CuMg 0,2−0,5, CuSn 0,2, 1,0 und die Neuentwicklung Valthermo CuSn 0,1 eingebaut, für Tragseile sind Bz II, CuAg 0,1, Cu-ETP aktuell.

Verbesserungspotenziale an Fahrleitungen können u. a. erzielt werden durch

- Verringerung der elektrischen Verluste durch Leitfähigkeitssteigerung
- Querschnittsverringerung und Kupfereinsparung (Silber-Volatilität, ...)
- Verbesserung der Qualität der Stromabnahme (Welligkeit, ...)
- Erhöhung der Lebensdauer zugleich mit einer Verringerung des Instandhaltungsaufwandes
- Nachhaltigkeit und Ressourceneinsparung durch Systemoptimierung und Materialauswahl (z. B. Spannungsabfall, Temperaturfestigkeit der Leiter, Stromtragfähigkeit, Längenausdehnung, mechanische Mindestanforderungen wie Zugfestigkeit, Bruchkraft, Härte)
- Gezielte Aufwärts- und Abwärtskompatibilität

6.14 Hänger zwischen Fahrdraht und Tragseil

Übliche Hänger-Nennquerschnitte sind 10 und 16 mm^2. Die Position und Länge der Hänger wird in Rechenprogrammen ermittelt. Die Beanspruchung der Hänger ist mechanisch durch Zug- und Stoßkräfte, zudem durch Biegung und Schwingungen sowie elektrisch durch Ausgleichs- und Kurzschlussströme gegeben. Die mechanischen Anforderungen können in vertikale und horizontale Komponenten zerlegt werden. Die Sicherheitsfaktoren für die senkrechten Belastungen werden mit 2,5 und für die waagerechten Betriebslasten von 1,5 angesetzt. Senkrechte Belastungen sind vor allem das Fahrdrahtgewicht, Eis, Wind, Schwingungen und Montagelasten. Waagerechte Kräfte, die die Fahrdrahtlage verändern können, entstehen bei Schräglage der Hänger, wenn Fahrdraht und Tragseil nicht lotrecht übereinander sind. Bei geringen Abständen zwischen Fahrdraht und Tragseil, z. B. bei Überführungen und in Tunneln, werden Gleithänger verwendet, um Zusatzkräfte und Verspannungen im Fahrleitungssystem zu vermeiden.

Infolge des Ausgleichsstromes zwischen Fahrdraht und Tragseil sind Hänger auch strombelastet. Stromfeste Hänger werden bei hochbelasteten Fahrleitungssystemen (Hochgeschwindigkeitsstrecken, Schwerverkehre) eingesetzt, wobei die definierten Fußpunkte zwischen Fahrdraht und Tragseil entsprechend den Impedanzverhältnissen zu bemessen sind. Es sind die Anschlüsse der Hänger an die Fahrdraht- und Tragseilklemmen mit Presskabelschuhen auszuführen. Bei teilweise bzw. nicht stromführenden (das sind isolierte Hänger) übernehmen Stromausgleichsverbinder in kurzen Abständen diese Ausgleichsströme. Bei Kurzschlüssen wirken zusätzlich Stoßbeanspruchungen auf die Hängerseile und -klemmen durch die elektrodynamischen Kräfte zwischen Fahrdraht und Tragseil.

Ergänzend ist die Wechselbiegefestigkeit der Hänger zu prüfen (Ermüdungsprüfung nach EN 50119). Bei der Schlussregulierung (Feinregulierung) des Fahrleitungskettenwerkes ist die Fahrdrahthöhe über der Gleislage zu prüfen und ggf. sind die vorausgefertigten Hänger in der Länge oder der Lage noch zu optimieren.

6.15 Elektrische Verbinder (Stromausgleichsverbinder)

Elektrische Verbinder werden z. B. bei Sektionstrennungen, zur Stromentlastung der Hänger, in Weichenabschnitten und bei Streckentrennern verwendet, um einen definierten Stromübergang und -Ausgleich sicherzustellen. Sie dürfen keine unzulässigen mechanischen Rückwirkungen auf die Fahrleitungsgeometrie, z. B. auf die Fahrdrahthöhe, die Elastizität oder die Beweglichkeit im Fahrleitungssystem, verursachen. Die Fixierung ist somit erst nach der abgeschlossenen Regulierung der Fahrleitungskette möglich. Die Grenzen für Kurzschlussbelastungen, thermische Lastwechsel und die zulässige Leiterhöchsttemperatur sind u. a. in der EN 50119 vorgegeben, damit können die Querschnitte festgelegt werden. Normen sind im Kapitel 6.13 zitiert.

6.16 Fahrdrahtanhub am Stützpunkt

Parallel zur Kontrolle der Neigung der Seitenhalter ist bei Regulierung der Fahrleitungskette auch der Anhub am Stützpunkt zu kontrollieren. Nach EN 50119 muss für den Anhub am Stützpunkt mindestens das Doppelte des berechneten Anhubs freigehalten werden, bei einer Anhubbegrenzung ist es mindestens das 1,5-Fache. Die Werte orientieren sich nach der zulässigen Betriebsgeschwindigkeit des Fahrleitungssystem, z. B. Anhubfreiraum von 2 x 120 mm = 240 mm. Die Regulierung umfasst die Fahrdrahthöhe, die Seitenhalterneigung und die Stützrohrführung. Zum Fahrdrahtanhub siehe auch Abbildung 6.9 und Kapitel 10.

6.17 Stützpunktbaugruppen – Infrastrukturlichtraum

Die EN 50119, TSI EN und TSI INFRA geben für die Ausführung der Stützpunktbaugruppen (Ausleger) vor, dass sie außerhalb der elektrisch- und mechanisch-kinematischen Stromabnehmerbegrenzungslinie liegen müssen. Erläuterungen zum Lichtraumprofil und den Einflussgrößen finden sich im Buch „Systemtechnik von HGV-Oberleitungen“, Kap. 14. Die Baugruppen müssen die Fahrdrahtseitenlage in Bezug zur Gleismittellinie halten, die temperaturbedingte Längsbewegung der Fahrleitungskette ermöglichen, die Fahrdrahthöhenlage halten, die Berührung der Auslegerkonstruktion auch bei den größtmöglichen Toleranzen der Schleifstücke und beim Fahrdrahtanhub vermeiden sowie die Massen der beweglichen Teile des Auslegers, einschließlich Seitenhalter und Fahrdrahtklemmen, möglichst klein halten, um die Stromabnahmequalität zu sichern. Nach Möglichkeit übernimmt der Seitenhalter die vertikalen Bewegungsabläufe voll, wobei das Auslegertragrohr weitgehend stabil bleibt. In Fahrdrahtlängsachse übernehmen die Auslegerbaugruppen die Verschiebungen über die Drehbewegung an den am Mast befestigten Drehgelenken.

6.18 Fahrdrahthöhe über SOK

Die Nenn-, Mindest- und größte Fahrdrahthöhe bestimmen den „Konstruktionsfreiraum“ für Fahrleitungen und die Infrastruktur sowie den Arbeitsbereich für die Auslegung der Stromabnehmer. Grundsätzlich gilt bei neuen Fahrleitungen eine Nennfahrdrahthöhe von 5200 bis 5300 mm für Streckengeschwindigkeiten v > = 250 km/h (s. EN 50119, EN 50367). Wenn durch örtliche Gegebenheiten wie bei Brücken und beim Tunnelbeginn und -ende eine Änderung der Fahrdrahthöhe erforderlich ist, muss die neue Position mit der kleinstmöglichen Fahrdrahtlängsneigung bzw. dem Neigungswechsel erreicht werden. Geschwindigkeitsabhängige Werte sind in der EN 50119 vorgegeben und bei den finalen Regulierungsarbeiten an die örtlichen Gegebenheiten anzupassen. Für Fahrgeschwindigkeiten größer 250 km/h sind in den Normen keine Fahrdrahtneigung und kein Neigungswechsel zugelassen.

6.19 Querseilfelder

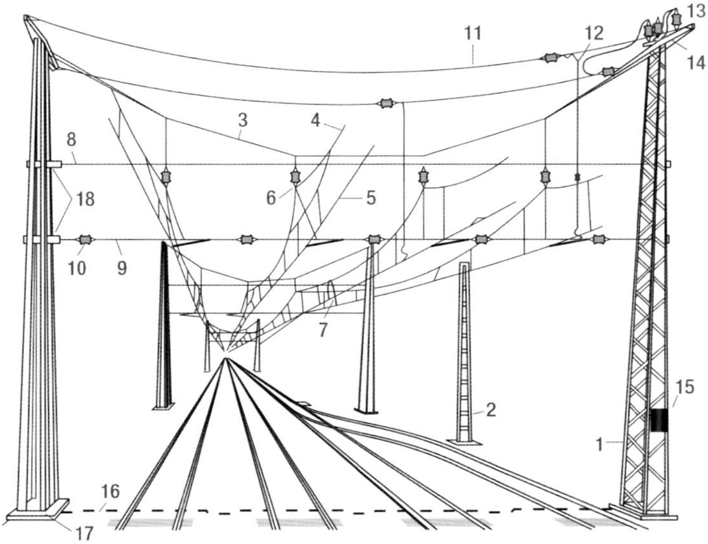

1 Aufsetzgittermast
2 Aufsetzflachmast
3 Quertragseil
4 Tragseil
5 Fahrdraht
6 Quertragstützpunkt
7 Elektrischer Verbinder
8 Oberes Richtseil
9 Unteres Richtseil
10 Isolator
11 Schalterquerungsleitung
12 Einspeiseleitung
13 Oberleitungsschalter
14 Schaltertraverse
15 Schalterantrieb
16 Erdungsleitungen-Bahnerde
17 Mastfundament
18 Richtseilfeder

Abb. 6.21: Querseilfelder **(Grafik: Autor)**

Flexible Querseilfelder sind bei der Bespannung von mehreren Gleisen wirtschaftlich und aus technischer Sicht eine Lösung, wenn bei geringen Gleisabständen der Platz für Mastgassen fehlt. Nachteilig wirkt sich das Schwingungsverhalten auf die Kontaktkräfte zwischen Fahrdraht und Stromabnehmer bei gleichzeitigen Zugfahrten auf mehreren Gleisen aus. Deshalb werden auf Strecken mit höheren Betriebsgeschwindigkeiten auf den durchgehenden Hauptgleisen die Fahrleitungen als Zusatzmaßnahme auf Einzelmasten montiert. Quertragseile nehmen die vertikalen Belastungen von den Fahrleitungen und dem oberen und unteren Richtseil auf. Das obere Richtseil nimmt die horizontalen Kräfte der Tragseilstützpunkte auf, das untere die Seitenrichtkräfte aus den jeweiligen Fahrdrahtlagen. Die Montage der Querseilfelder wird maschinell mit mehreren Fahrleitungs-Montagewagen mit Kran und Montagekorb effizient und vor allem mit Arbeitssicherheit vorgenommen. Die Montage des Tragseiles kann nicht maschinell erfolgen, weil es zwischen den Richtseilen durchgezogen werden muss. Der Fahrdraht kann mit Nennzugkraft maschinell gespannt werden. Die Nachspannlänge (Sektionslänge) wird ebenfalls durch die resultierende Längenänderung entsprechend dem Temperaturbereich und dem Dehnungsverhalten der Fahrleitung, ebenso durch die zulässigen Toleranzen in der Fahrdrahtseitenlage und den Arbeitsbereich und Wirkungsgrad der Nachspannvorrichtungen bestimmt. Die temperaturbedingte Längswanderung der Tragseile kann über Führungsrollen ausgeglichen werden, die Längswanderung des Fahrdrahtes muss mit der Länge der Seitenhalter und der Nachspannlänge (Sektionslänge) abgeglichen werden. Die finale Regulierung der Höhen- und Seitenlagen der Fahrdrähte ist durch die schwingungsfähige Seilkonstruktion aufwendig.

7 Fahrleitungs-Arbeitsmaschinen

7.1 Konzepte und Technik

Mit neuen Montageverfahren sollen Fahrleitungssysteme schneller und mit gleichbleibender richtlinienkonformer Qualität montiert werden können. Grundsätzliche Anforderungen an Fahrleitungsanlagen und deren Montage, insbesondere für Hochgeschwindigkeits- und/oder Hochleistungsstrecken, sind z. B. ein hoher Qualitätsstandard, eine hohe Verfügbarkeit und Zuverlässigkeit, günstige Lebenszykluskosten (LCC, LCM). Es müssen die Interoperabilitätskriterien eingehalten werden. Besondere Ansprüche sind daher hinsichtlich Planung und Ausführung der Systeme, der Arbeitsverfahren und -methoden beim Bau und der Instandhaltung von Anlagen gegeben. Innovative komplexe Maschinentechnologie für die Mechanisierung mit technisch und wirtschaftlich orientierten Arbeits- und Montageverfahren ist ein wesentlicher Beitrag hinsichtlich höherer Arbeitsleistungen, der bestmöglichen Verlegequalität und der Arbeitssicherheit. Mit Installationsmaschinen sollen u. a. Fahrdrähte und Seile mit der endgültigen mechanischen Zugkraft in die richtige Lageposition in der Fahrleitungsanlage gebracht werden können. Für mechanisierte Montageverfahren wurde grundsätzlich die Montage unter Zugkraft entwickelt. Die Maschinentechnologie für Zugkräfte sollte das Spektrum für verschiedene Fahrleitungssysteme abdecken. Zielsetzung ist die kontinuierliche Fahrleitungsmontage mit der Nennzugkraft für Fahrdraht, Tragseil, Verstärkungs- und Rückstromleiterseile. Parallel dazu gibt es auch Verfahren, die mit einfacherer Maschinentechnologie und geringerer Zugkraft arbeiten. Die Entscheidung liegt bei den Infrastrukturverantwortlichen und ist auch bei Aufträgen an die Fahrleitungsfachfirmen vorzugeben. Die Systemtechnik orientiert sich an den Ressourcen und am Umfang der aktuellen bzw. geplanten Vorhaben. Aus technischer Sicht ist der Einsatz der Montagetechnologie auch zum Teil projektabhängig und orientiert sich an der Einstufung nach den Streckenkategorien.

Abb. 7.1: HGV/HL – Fahrleitung (Foto: ÖBB: F. Kurzweil)

7.1.1 Strategien

Im Fahrleitungsbau setzen sich kontinuierlich arbeitende Technologien immer mehr durch. Mit derartigen Verfahren lassen sich nicht nur Betriebsbehinderungen infolge der Fahrleitungsarbeiten reduzieren, sondern auch die Einbauqualität wesentlich steigern. Damit erzielt man eine bessere Verfügbarkeit des Fahrwegs und eine Reduktion der LLC.

Bei Fahrleitungsgroßprojekten bzw. bei großem Elektrifizierungs- und Erneuerungsbedarf versucht man, die Gesamtwirtschaftlichkeit mit kompletten Fahrleitungs-Neubauzügen/Montagezügen für Fundierung, Maststellen und Mastarmierung, Komponentenvorfertigung und -vormontage, Fahrleitungsmontage bzw. zusätzlich Demontage des Bestandes, Fahrleitungsinstandhaltung, mit statischer und dynamischer Messtechnik am Fahrdraht usw. zu verbessern. Die Komponenten werden bei entsprechender Auftragslage bzw. -entwicklung von Fahrleitungsfachfirmen oder bei ausreichendem Eigenleistungsumfang von den Infrastrukturorganisationen beschafft und eingesetzt. Kernstück des Fahrleitungsbauzuges ist die Fahrleitungs-Installationsmaschine mit weiteren Montageschienenfahrzeugen – in modularer Bauweise, grundsätzlich auch mit Zweiwegefahrzeugen. Die zuverlässige Steuerung individuell zusammengestellter Arbeitszugverbände muss über Zugbussystem gesichert sein. Die besondere Verlegetechnologie der Maschine führt den Fahrdraht und die Seile in gerader Linie durch die Maschine, damit Fahrdrähte und Seile nicht verformt werden bzw. die beschliffene Fahrdrahtfläche nicht beschädigt wird. Diese Kriterien gelten insbesondere bei hochfesten Kupferlegierungen. Im Ergebnis sind die Montagegenauigkeit und die Arbeitssicherheit wesentlich höher als bei herkömmlichen Arbeitsverfahren.

7.1.2 Manuelle Montageverfahren

Abb. 7.2: Einfacher MTW – geringe Arbeitssicherheit

Die Arbeiten werden in mehreren Arbeitssequenzen seriell und überwiegend manuell ausgeführt. Fahrleitungsmontagearbeiten erfolgen mit Fahrleitungsteams z. B. mit adaptierten Güterwagen und Leitern. Montagemaschinen sind weitgehend mit einfachen Hebebühnen, kleiner Reichweit und geringer Leistung ausgestattet. Die Arbeitsleistung pro Nachspannlänge ist niedrig, der Mitarbeiterbedarf entsprechend höher, die Arbeitssicherheit gering. Werden Fahrdrähte aus hochfesten Materialien und mit größerem Querschnitt mit herkömmlichen Arbeitsverfahren verlegt, d. h. im Wesentlichen ohne Zugkraft, kann bleibende vertikale und horizontale Welligkeit beobachtet werden. Das führt zu Kontaktkraftspitzen zwischen Fahrdraht und Stromabnehmerschleifstücken, zur Lichtbogenbildung, die Güte der Stromabnahme ist gering und es führt zu einem erhöhten Verschleiß des Fahrdrahtes.

7.1.3 Mechanisierte Arbeitsverfahren (Fließband-Verlegetechnik)

Ziel ist eine gemeinsame Verlegung von Fahrdrähten und Tragseilen (oder Verstärkungsseilen und rückstromführenden Leitern) jeweils mit den – durch die Bauart des Fahrleitungssystems vorgegebenen – mechanischen Nennzugkräften in einem kontinuierlichen Arbeitsverfahren für eine Nachspannlänge. Es wurde nachgewiesen, dass die für die Güte der Stromübertragung zwischen Fahrdraht und Stromabnehmer geforderten Qualitätskriterien sichergestellt werden können, wenn Fahrdrähte mit den durch die Bauart des Fahrleitungssystems vorgegebenen Nennzugkräften und mit besonderen Maschinentechnologien verlegt werden. Das Arbeitsverfahren ist dabei derart zu gestalten, dass diese Nennzugkräfte bei allen Montagesituationen in einem engen Toleranzbereich konstant gehalten werden. Geringe Toleranzen gelten mit ca. ±5 % (bis ±10 %) bei allen Montagesituationen (Start, Stopp und bei der Arbeitsgeschwindigkeit).

7.1.4 Konzepte

Alle Regel- und Steuerelemente werden bei Fahrleitungs-Installationsmaschinen, die nach dem heute zur Verfügung stehenden Stand der Technik gebaut wurden/werden, über einen Zentralrechner gesteuert. Eine Programmsteuerung koordiniert den Maschinenfahrantrieb, das Maschinenbremssystem, das Windensystem, die Kraftmessung, die Zugkraftregelung und die Zulaufsteuerung der Fahrdraht- und Seilspeichertrommeln, die teleskopierbaren Manipulatoren, das gesamte Arbeitssicherheitssystem usw. entsprechend den eingestellten Werten. Der zentrale Rechner übernimmt bei selbstfahrenden Fahrleitungs-Neubaumaschinen die koordinierte Steuerung aller Elemente und hält die Montagzugkräfte und -positionen in allen Montagezuständen in einem engen Bereich konstant. Das erfordert ausgereifte und funktionssichere mechanische, hydraulische und elektrische Komponenten. Bei Fahrleitungs-Installationseinheiten, die von Triebfahrzeugen gezogen werden und z. B. auf Spezialwaggons aufgesetzt sind, kann dies aus steuerungstechnischen Gründen nicht durchgehend erreicht werden. Welches Montageprinzip – vom einfachen manuellen Verfahren bis zum „vollautomatisierten“ Technikkonzept angewendet wird – orientiert sich an dem arbeits- und/oder maschinentechnischen Umfeld, an den Normen- und Qualitätsvorgaben insbesondere im Hochgeschwindigkeitsbereich, an personellen Ressourcen, an mehrjährigen Arbeitsprogrammen, letztlich auch an Kostenstrukturen und Gesamtkosten usw. Eine Gesamtsicht liefert eine Entscheidungshilfe über Investitionen in die Maschinentechnologie. Die neu entwickelten Arbeitsmaschinen und -technologien sind heute wirtschaftlich unverzichtbar.

Grundlagen für neue Techniken sind im UIC-Merkblatt 793 E „Arbeitsverfahren zur mechanisierten Oberleitungsmontage“ erarbeitet, z. B.:

- Zusammenfassung der bei den Bahnunternehmen gebräuchlichen Verfahren, deren Zielsetzungen
- Hinweise auf Montagesituationen für Neubau, Erneuerung der Fahrleitung, Fahrdrahttausch, Verlegen von Spitzenleitungen für die Stromversorgung und die Rückstromführung sowie sonstiger auf den Fahrleitungsmasten mitgeführten Leitungen
- Vergleichs- und Bewertungsmethoden
- Richtwerte, Weg-Zeit-Diagramme

- Kombinationen von Installationsmaschinen und Arbeitsmaschinen (MTW) zu Bauzügen
- Entscheidungshilfen über Investitionen in die Maschinentechnologie und die Auswahl der Verfahren

7.2 Sicherheitstechnische Anforderungen an Fahrleitungs-Installationsmaschinen (FUM)

Vieles ist bereits in den Normen geregelt, Ergänzungen kommen vom Infrastrukturverantwortlichen:

- Gewährleistung des Sichtfeldes gemäß EN 14033-1 (Sicht auf Signale; auch UIC 651)
- Einhaltung der Abgasgrenzwerte lt. Richtlinie 2004/26/EG
- Fahrwegüberwachung gemäß EN 14033-3 (z. B. mit Ultraschalleinrichtung)
- Sicherheit gegen Entgleisen gemäß EN 14033-2
- Not-Aus-Einrichtungen gemäß EN 14033-3
- Maschinenstopp beim Riss eines Fahrdrahts oder Seils
- Verständigungsmöglichkeiten zwischen Arbeitsplätzen gemäß EN 14033-3
- Absturzsicherungen an Arbeits- bzw. Bedienungsstandorten
- Belastungsgrenzen der hydraulischen Komponenten – Hubmaste, Windentische, Friktionswindensystem, Ladekran usw. – müssen mit der Maschine abgestimmt sein hinsichtlich Standsicherheit, Überlastsicherung, Schutz gegen Umkippen und gegen Überlastung von Bauteilen, mit optischer und akustischer Signalisierung der Belastungszustände.

7.2.1 Zielsetzungen der Maschinen- und Montagetechnik

Mit auf die Fahrleitungsbauarten und die Fahrleitungs-Arbeitsmaschinen abgestimmten Montagemethoden können eine hohe und richtlinienkonforme Montage- und Arbeitsqualität und damit Lebensdauer, Verfügbarkeit, Zuverlässigkeit und Güte der Stromabnahme erreicht werden. Zusätzlich wird die Arbeitssicherheit verbessert. Das Kernstück für die mechanisierte Fahrleitungsmontage ist die Fahrleitungs-Installationsmaschine (FUM).

Ziel eines kontinuierlichen Verfahrens ist es, Neubauten, Umbauten und Fahrdrahtwechsel zeit- und kostengünstig durch eine Art Fließbandtechnik mithilfe eines Fahrleitungsbauzuges – mit der FUM als zentraler Einheit – durchzuführen. Für die effiziente Demontage und Montage werden im Fahrleitungsbauzug Motorturmwagen mit innovativer Maschinentechnologie eingereiht.

Die aufeinander abgestimmten Maschinengruppen im Fahrleitungsbauzug werden geringfügig zeit- und/oder wegversetzt gefahren. Für alle Maschinengruppen ist in einem Nachspannabschnitt (= Montageabschnitt) der gleiche Arbeitsfortschritt eingeplant, den die FUM mit kontinuierlich bis zu 7 km/h Montagegeschwindigkeit vorgeben kann. Die nachlaufenden Maschinen zur Herstellung der Befahrbarkeit der neu verlegten Fahrleitung sind entsprechend den Arbeitsaufgaben wie Einklemmen des Fahrdrahtes in den Seitenhaltern, des Tragseiles, Montage aller Bauteile wie Hänger, Einspeisungen, Y-Beiseil, Stromausgleichsverbinder etc. getaktet.

Die Arbeitsfahrten der vorausfahrenden Motorturmwagen zur Demontage aller Bauteile wie Stromausgleichsverbinder etc. erfordern ebenfalls einen getakteten Ablauf. Das Aufspulen des alten Fahrdrahts (Tragseils, von Verstärkungs- und Rückstromführungsseilen) ist weitgehend kontinuierlich möglich.

Die moderne Verlegtechnik und die Organisation der zugehörigen Arbeitsschritte sind ausführlich in Kapitel 2 beschrieben.

Kennzeichnend für diese mechanisierte Fahrleitungsmontagetechnik ist u. a. das kontinuierliche und gleichzeitige Verlegen von zwei bis drei Leitern je nach Aufbau der Fahrleitungsanlage mit den jeweiligen Nennzugkräften. Auf Anforderung der Besteller sind auch technische Lösungen mit bis zu vier Leitern bekannt.

Abb. 7.3: Beispiel – Bauzug mit modifiziertem Windenkonzept **(Foto: Plasser & Theurer)**

Beispielhaft werden im Folgenden konkrete Vorgaben an das Montageverfahren und die Maschinen genannt:

- Die Positionierung der Fahrdrähte und Tragseile muss in der Höhen- und Seitenlage maschinell, mit der jeweiligen Nennzugkraft und stufenlos möglich sein.
- Die Fahrdrähte sind unter Nennzugkraft in der FUM in gerader Linie von den Fahrdraht-Speichertrommeln bis zu den Einbaupunkten an den Auslegern kontrolliert zu führen, damit sie unbeschädigt, nicht verdreht und nicht verformt an den Einbaupunkten positioniert werden können. Bei Tragseilen, V- und R-Leitungen ist die Leiterführung etwas einfacher.
- Die Maschinentechnologie ist dahingehend auszulegen, dass die Nennzugkräfte für Fahrdrähte und Seile durch eine feinfühlige Steuerung über mehrere einzeln angetriebene und rechnergesteuerte Friktionswindenräder aufgebaut werden können.
- Die Nennzugkräfte müssen in engen Toleranzgrenzen bei der Arbeitsfahrt und auch in den sensiblen Arbeitsphasen beim Start und Stopp der FUM eingehalten werden. Bei einem Leiterriss ist ein automatischer Sicherheitsstopp notwendig.
- Dies erfordert zusätzlich eine exakte Steuerung der Fahrdrahtspeichertrommeln hinsichtlich des Drehmoments und der Seitenlage.
- Wesentlich ist auch, dass der Fahrdraht von den Speichertrommeln weg bis zum Montagepunkt immer in derselben Biegerichtung geführt wird, um ein Verdrehen in Achsrichtung – infolge von achsenbezogen unterschiedlichen Widerstandsmomenten – und eine unkontrollierte plastische Umformung zu vermeiden. Der Biegeradius und damit die Durchmesser der Windenräder sind an den Fahrdraht und das Material anzupassen.
- Bei Fahrleitungen für Hochgeschwindigkeits- und/oder Hochleistungsstrecken mit Fahrdrahtquerschnitten von 120 und 150 mm² und mit hochfesten Kupferlegierungen können nach vielfachen Erfahrungen die hohen Qualitätsstandards und die geforderte Verlegequalität nur mit mechanisierten Verfahren und mit der komplexen Arbeitstechnologie der FUM effizient erreicht werden.
- Die Montagearbeiten sollen wegen der im Allgemeinen nur kurzen Gleissperren mit Maschinenunterstützung möglichst rasch und in nur einem Arbeitsdurchgang abgeschlossen werden.
- Auf Basis der mechanischen Analysen des Montagevorgangs mit bestimmten Windensystemen können die Regulierung des Systems und die Fixierung der Komponenten (Seitenhalter, Hänger usw.) in kurzem zeitlichen Abstand zur FUM von 15 bis 30 Minuten begonnen bzw. abgeschlossen werden. Bei Montage der Fahrleitung mit konstanter Nennzugkraft

sollen die elastische und unelastische Längenänderung des Fahrleitungssystems sowie die irreversible Reckung und das „Kriechen" vorweggenommen werden und somit nach Abschluss der Arbeiten zu vernachlässigen sein.

- Entscheidend für die Effizienz- und Kostendarstellung ist, dass die neu montierte Fahrleitung unmittelbar nach dem Arbeitsabschluss mit dem Fahrleitungsbauzug mit der für das Fahrleitungssystem festgelegten Höchstgeschwindigkeit befahren werden kann. Von mechanisierten Verfahren erwartet man, dass die Montagekosten markant gesenkt und Rationalisierungspotenziale umgesetzt werden können. Für die Leistungserbringung und eine hohe Arbeitssicherheit bei der Montage, Demontage, Instandhaltung und Störungsbehebung von Fahrleitungen werden die Fahrleitungsbauzüge mit Motorturmwagen ergänzt, die über Arbeitsplattformen, Fahrdraht- und Tragseilmanipulatoren, Arbeitskran, Messsysteme und dgl. verfügen.

7.2.2 Verwendete Maschinenkonzepte bei Fahrleitungs-Installationsmaschinen

Abb. 7.4: Beispiel – Montage der Spitzenleitungen mit Zweiwegefahrzeug ohne Windensystem mit geringen Zugkräften (Foto: Plasser & Theurer: M. Schnetz)

Für mechanisierte Montageverfahren sind verschiedene technische Systemlösungen für die Erzeugung der notwendigen Zugkräfte entwickelt worden:

- Die Maschinentechnik kann für konstante Nennzugkräfte oder mit einfacheren, kostengünstigeren Systemen für die Montage mit reduzierten sowie nicht konstanten Zugkräften dimensioniert werden.
- Für das System mit konstanten Nennzugkräften benötigt man FUM mit einer speziellen und aufwendigen Arbeits- und Maschinentechnik. Das sind in der Regel Windensysteme („Achterwinden"), wo die Leiter über zwei bis vier Windenräder geführt sind.
- Verwendet man Verfahren mit „geringeren" Anforderungen an die Zugkräfte, so genügt eine einfachere Maschinentechnik, bei der ein Windenrad mit einigen nebeneinander angeordneten Rillen eingesetzt wird, damit eine Mehrfachumschlingung möglich ist.
- Bei Abläufen praktisch ohne Fahrdraht- und Leitervorspannungen genügen Abwickelsysteme direkt von der Speichertrommel.

Abb. 7.5: Beispiel – FUM mit Zugkraftsteuerung über Rollenmodul (FD) und „Achterwinde“ (TS) als kombinierte Montage- und Demontageeinheit (Foto: Autor)

In Kapitel 2 wird ein von Infrastrukturbetreibern und Fahrleitungsfachfirmen verbreitet eingesetztes System für die Montage mit Nennzugkräften vorgestellt und dazu werden beispielhaft die technischen und wirtschaftlichen Vorteile skizziert. Ebenso sind Montagezeiten, Weg-Zeit-Diagramm, Ressourcenbedarf und ein Kostenvergleich von „herkömmlichen/händischen“ zu „mechanisierten“ Methoden angegeben (vgl. Kapitel 3 bis 5).

Die geforderte Technik richtet sich auch nach dem Bedarf aufgrund des Altbaubestandes und der noch geplanten Netzstruktur, den Normenvorgaben für das Fahrleitungssystem sowie den Instandhaltungs- und Erneuerungsstrategien.

7.2.3 Zugkraftsteuerung bei kontinuierlichen Montageverfahren

Die von Infrastrukturbetreibern und Fahrleitungsfachfirmen eingesetzten technischen Lösungen für Montageverfahren mit Nennzugkraft, mit reduzierten sowie nicht konstanten Zugkräften werden beispielhaft aufgeführt und Erfahrungen dazu skizziert.

Zu den beschriebenen Maschinentechniken werden in weiterer Folge Zeichnungen bzw. Fotos von Maschinen eingefügt, ohne Präferenz für die gezeigten Ausführungen bzw. für einzelne Hersteller.

Hinweise zu technischen Maschinenkonzepten:

- Eine aufwendige Maschinentechnik kann die Zugkraft sukzessive bis zur Nennzugkraft steigern, indem man den Fahrdraht über mehrere Friktionswindenräder zieht, die individuell drehmomentgesteuert sind. Dazu müssen die Windenräder entsprechend umschlungen, die Friktionswindenraddurchmesser richtig gewählt und die Reibungszahlen gesichert sein, die Drehmomente passend gesteuert werden, die Abzugskraft von der Speichertrommel eingehalten werden usw. Auf einer FUM können, angepasst an das Fahrleitungssystem, zwei bis drei Windeneinheiten für rationelle Montagen angeordnet sein.
- Es werden auch Module mit zwei horizontal oder vertikal angeordneten und angetriebenen Windenrädern mit mehreren Rillen für die Aufnahme von Fahrdraht bzw. Seilen zur Mehrfachumschlingung gebaut.

- Für „einfachere" Verhältnisse genügt je ein Windenrad mit mehreren Rillen und Mehrfachumschlingung, die getrennt nach Fahrdraht-/Tragseil-/Leitertrommeln auf einem Arbeitsmodul/Trägerfahrzeug montiert sind.
- Bei Mehrfachumschlingung auf einem Windenrad oder zwischen beiden Windenrädern mit Mehrfachumschlingung können sich Zug- und Druckkräfte aufbauen und zu Dehnungen/Stauchungen/Verbiegungen/Verdrehungen des Fahrdrahtes führen. Darum wird u. a. mit geringeren Zugkräften gearbeitet.
- Die Rillen sind mit einer Kunststoffauskleidung zur Schonung der Leiteroberflächen und zur Erhöhung des Reibungskoeffizienten versehen.
- Die Leiter werden mit Vorspannung von der Speichertrommel zugeführt, damit ein entsprechender Reibungskoeffizient bzw. eine Zugkraft aufgebaut werden kann.
- Generell ist zu empfehlen, Platz für mehrere Speichertrommeln hintereinander oder schräg/drehbar auf dem Modul (oder am angekuppelten Trommelwagen) vorzusehen, um die Montage von mehreren Sektionslängen ohne Zwischenmanipulation zu ermöglichen.
- Es sind verschiedene Systeme zur Positionierung der Leiter in der Fahrleitungsanlage in Verwendung, z. B. mit höhenverstellbarem und schwenkbarem Hubmast mit Führungsrollen, mit höhenverstellbarer breiter Rolle (z. B. 1 m) ohne exakte seitliche Positionierung und mit beidseitig angeordneten Begrenzungsrollen, mit Verlegekran und Doppelrollenkopf für Fahrdraht und Tragseil sowie mit Manipulatoren. Die teleskopierbaren Verlege-/Hubmaste positionieren die Leiter in Richtung zu den Montagepunkten der Fahrleitung. Bis zu drei analoge Zugkrafteinheiten können auf einer Fahrleitungs-Installationsmaschine installiert sein. Teleskopierbare Hubmaste sollten mit zwei Führungsrädern (anstelle der üblichen Führungsrolle oder der Rollenklauen) ausgestattet sein, damit der Biegewinkel bei der Umlenkung des Fahrdrahtes – ankommend vom Windenrad, abgehend zur Fahrleitungsanlage – halbiert und keine zusätzliche Welligkeit im Fahrdraht implementiert wird.
- Die Speichertrommeln können am Tiefladewaggon auch gedreht befestigt werden, um Platz in Längsrichtung (Waggonlänge) zu sparen. Damit sind aber mehrere Umlenkrollen notwendig, um die Leiter den Windeneinheiten zuzuführen. Folglich kann insbesondere der Fahrdraht gebogen und gedreht, also bleibend verformt werden, womit im Fahrbetrieb die Qualität der Stromabnahme beeinträchtigt ist.

7.2.4 FUM mit umfassender Arbeits- und Maschinentechnologie

Für diese Maschinentechnik, die mit konstanten Nennzugkräften arbeitet und für einen Arbeitsbereich bis 30 kN (bei besonderem Bedarf für 35 kN und mehr) ausgelegt ist, wird eine spezielle Steuerungstechnik mit Zentralrechner mit Zugriff auf alle Komponenten benötigt. Das Hydrauliksystem, die Zugkraftregelung über die Windenmotoren, die Messung der Zugkräfte, das Fahrzeugantriebs-, das Bremssystem, die Steuerung der Verlegemaste, das Notabschalt- und Sicherheitssystem usw. sind entsprechend den technischen Vorgaben einzubinden.

Diese Generation der FUM hat grundsätzlich einen Eigenantrieb (hydrostatischer Antrieb für die Drehgestelle), also für Arbeitsfahrt und für Überstellfahrt. Die Konzeption kann für das gleichzeitige Verlegen von zwei bis drei Leitern ausgerichtet werden, wie sie bei üblichen Fahrleitungssystemen vorliegen (z. B. FD + TS, FD + FD, TS + TS, SPL + SPL, SPL + RL, RL + RL).

Die gleichzeitige Montage von vier Leitern mit der jeweiligen Nennzugkraft, z. B. für zwei Fahrdrähte und zwei Tragseile, kann realisiert werden, ist aber aus arbeitstechnischer Sicht von den Mitarbeitern schwer zu handhaben. Darüber hinaus kann die notwendige Gesamtzugkraft – Fahrzeugfahrt und Leiterzugkräfte zum Verlegen – die mögliche Reibungszugkraft der FUM übersteigen.

Eine Windeneinheit besteht im Wesentlichen aus einem schwenkbaren Windenrahmen mit Friktionswindensystemen, Speichertrommelmanagement und den höhen- und seitenverstellbaren Hub-/Verlegemasten.

Abb. 7.6: Windensystem mit vier einzeln gesteuerten Windenrädern pro Windentisch (Foto: Plasser & Theurer)

Ausgeführte Einheiten haben z. B. zwei oder drei hintereinander angeordnete, getrennt und unabhängig voneinander schwenkbare Windentische mit folgenden Modulen und Funktionen:

- Pro Windentisch vier Friktionswindenräder (zwei nebeneinander, zwei gegenüber), die eine sukzessive Zugkrafterhöhung bis zur Nennzugkraft steuern.
- Dazu werden der Fahrdraht, das Tragseil bzw. die Seile abwechselnd und systematisch über die gegenüberliegenden Windenräder mit entsprechendem Umschlingungswinkel geführt. Das ist das Prinzip der „Achterwinde" im Hochspannungsleitungsbau.
- Zumindest drei Friktionswindenräder haben für den Zugkraftaufbau einen getrennt regelbaren hydrostatischen Antriebsmotor.
- Der Aufbau des Hydraulikdrucks erfolgt für jeden dieser Antriebsmotoren in Abhängigkeit der aktuellen Zugkraft individuell vom Zentralrechner.
- Die aktuelle Zugkraft wird z. B. durch einen elektronischen Dehnungsmessstreifen am letzten Friktionswindenrad gemessen.
- Entsprechend dem Soll-Ist-Vergleich korrigiert der Zentralrechner.
- Von den Speichertrommeln werden Fahrdrähte und Seile abgezogen und in gerader Linie über die Friktionswindenräder geführt, in Stufen auf die geforderte Nennzugkraft und mit den Rollenköpfen der Hubmasten zu den Montagepositionen gebracht. Fahrdraht und Seile werden beim Durchlaufen der Windeneinheit nur in Leiterlängsrichtung und immer in der gleichen Biegerichtung umgelenkt. Es gibt daher keine seitlichen Verformungen.
- Jede Speichertrommel für Fahrdraht und Tragseil hat eine eigene Antriebseinheit mit der die Abzugskraft/Zulauf-Zugkraft zum Windensystem im Hinblick auf die eingestellte Fahrdraht- bzw. Leiternennzugkraft angepasst werden kann.
- Die Speichertrommeln sind seitenverschiebbar und gesteuert in den Wiegen gelagert, damit der Zulauf zum Windenrad ohne Biegung und Knickbeanspruchung erfolgt.
- Damit die Speichertrommeln im Schwenkrahmen immer in die richtige seitliche Position gebracht werden, steuert sie ein Richtungsgeber am Drahtauslauf der Speichertrommel.
- Im Abgang vom Windensystem sind für jeden Leiter z. B. ein höhenverstellbarer und schwenkbarer Verlegemast (Hubmast) mit Führungsrädern oder Manipulatoren mit Klauenköpfen oder Komponenten mit passender Funktion montiert, um die Leiter an den Montagepunkten der Fahrleitung zu positionieren.

Mit dem gemeinsamen Aufbau von Friktionswindenrädern, Hubmasten und Speichertrommeln auf einem Windentisch werden synchrone Schwenkbewegungen aller Komponenten bei der Installation des Zickzack-Verlaufs oder bei der Anbindung an Abspannmaste bzw. an Nachspannvorrichtungen (Radspannwerke) erreicht. So wird, unabhängig von der Arbeitsstellung, ein Verdrehen oder Verbiegen des Fahrdrahts vermieden.

Abb. 7.7: Windentisch geneigt für Verlegung in Zickzack, bei Abspannungen, in Radien, für Spitzenleitungen (Foto: Plasser & Theurer)

Zugkraftsteuerung der FUM

Mit der technischen Lösung, dass die Zugkraft von den einzeln hydrostatisch angetriebenen Friktionswindenrädern stufenweise hochgefahren wird, können zusätzliche Zug- und Druckbeanspruchungen durch wechselnde Reibungskoeffizienten zwischen Fahrdraht und Friktionswindenrad (ebenso beim Tragseil, bei Verstärkungs- und Rückstromführungsseilen) vermieden werden. Dazu sind die hydraulisch angetriebenen Speichertrommeln für Fahrdrähte und Seile und die vier Friktionswindenräder für die Einstellung der Nennzugkräfte voneinander abhängig über einen Zentralrechner gesteuert. Die Nennzugkraft ist dann stufenlos einstellbar und wird ± wenige Prozentpunkte konstant gehalten. Es sind Schwingungen im Montageablauf zu vermeiden. Die Hubmasten werden abhängig von der geforderten Seitenlage gegenüber der Gleisachse für das Zickzack und bei Ab- oder Nachspannungen der Fahrleitung mit der Drehbewegung der Windentische mitgeschwenkt, um ein Verwinden vor allem des Fahrdrahtes zu vermeiden. Dies ergibt die notwendige Montagegenauigkeit und vermeidet bleibende Verformungen des Fahrdrahtes.

Es sind mindestens folgende montagerelevanten Daten anzuzeigen und aufzuzeichnen: Zugkräfte pro Windeneinheit (Soll-Ist), Fahrgeschwindigkeit, Verortung, Motor- und Antriebsdaten, Unregelmäßigkeiten.

Das Prinzip der Zugkraftregelung zu den vorstehend genannten Funktionen umfasst:

- Die Programmierung des Zentralrechners (Sollwert-Eingabe – Eingabe der gewünschten Zugkraft über den Bordrechner der Maschinensteuerung).
- Der Zentralrechner steuert die Einhaltung der Zugkräfte unabhängig von der Bewegung der Maschine über das Zusammenwirken von hydraulischen und mechanischen Kräften vom Fahrzeugantrieb bis zu den Windenmotoren (Hydraulikmotoren der Friktionswindenräder mit unabhängiger, integrierter Ventilsteuerung).
- Vom Bordrechner der Maschinensteuerung werden, mit Input aus der Kraftmessung, Soll- und Istwert der Zugkraft verglichen.

- Istwert-Erfassung erfolgt über Dehnmess-Streifen als Zugkraftaufnehmer.
- Grenzwerte können dem Zentralrechner vorgegeben werden z. B., um eine Zwangsbremsung der Maschine bei Riss des unter Zugkraft stehenden Fahrdrahtes einzuleiten.

Des Weiteren besitzen diese Maschinen zusätzliche Seilwinden und einen Arbeitskran. Die Seilwinden sind an den Hubmasten angeordnet und werden u. a. zum Abziehen von Fahrdrähten und Seilen von den Speichertrommeln als Unterstützung für das Einfädeln in die Friktionswinden am Beginn des Montagevorganges verwendet.

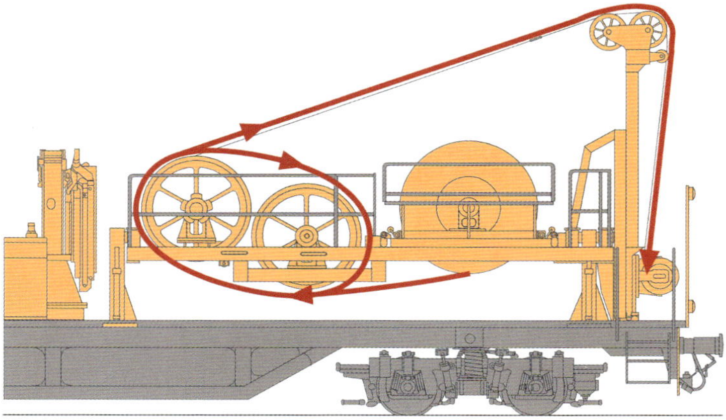

Abb. 7.8: Einziehen des Leiters in das Windensystem **(Darstellung: Autor)**

Der Arbeitskran wird für die Manipulation der Speichertrommeln eingesetzt.

Abb. 7.9: FUM-Konzept mit Eigenantrieb, Windeneinheiten, Speichertrommeln, Verlegemasten, Kran **(Foto: Plasser & Theurer)**

Abb. 7.10: Getrennt angetriebene, individuell zugkraftgesteuerte Windenräder einer Windeneinheit (Foto: Plasser & Theurer)

Anfahr- und Bremssteuerung der FUM

Für eine hohe Montagequalität ist ausschlaggebend, dass die gewählte Nennzugkraft in allen Arbeitssituationen konstant gehalten wird, also wenn die Maschine startet, stoppt oder rückwärtsfährt. Kritisch sind dabei die Übergänge vom Stillstand der FUM auf die Montagegeschwindigkeit und umgekehrt. Damit bei der Anfahrt keine ruckartigen Bewegungen mit Zugkraftspitzen auftreten, wird der Hydraulikdruck des Fahrantriebes der Maschine und bei den Windenmotoren aufgebaut, aber die Bremsen bleiben noch fixiert. Erst dann, wenn die Summe von Anfahrwiderständen der Maschine und der Leiterzugkräfte erreicht ist, werden die Bremsen des Fahrwerks und der Friktionswinden vom Zentralrechner gelöst und die Maschine startet ruckfrei in den Arbeitsmodus.

7.2.5 FUM mit alternativer Technologie zur Zugkraftsteuerung

Mit einer patentierten Systemlösung hat man abweichend vom üblichen Windensystem (Anwendung des Prinzips mit „Achterwinden" aus dem Freileitungsbau) für den Zugkraftaufbau und die Regelung mit einem Rollenmodul eine neue technische Lösung gefunden. Der Fahrdraht wird mit um 90 Grad versetzten Rollenpaaren umfasst. Diese Rollen werden hydraulisch angetrieben und können mit entsprechend gesteuerten Anpressdrücken und der Reibungszahl die notwendigen Zugkräfte aufbauen. Gleichzeitig erfolgt als positiver Effekt eine gewisse Glättung des Fahrdrahtes beim Durchlaufen der Rollenpakete. Der Rollenkopf ist auf einem höhen- und seitenverstellbaren Kran montiert und damit kann der Übergang zum Fahrleitungssystem flexibel gesteuert werden. Somit entfallen auch die Manipulatoren für die Verlegung. Da die Zugkraft im Rollenkopf direkt aufgebaut und keine Vorspannung gebraucht wird, ist das Handling mit den Speichertrommeln einfacher. Die Einheit wird mit MTW oder Dieseltriebfahrzeugen gezogen.

Abb. 7.11: Rollenkopf mit alternativer Zugkraftregelung (Foto: Autor)

Abb. 7.12: Führung Fahrdrahteinzug (Foto: Autor)

Die Zugkraft des Tragseiles wird über ein „Achterwindensystem" erzeugt (vgl. Abb. 7.13).

Abb. 7.13: „Achterwinde“ für Tragseilzugkraft (Foto: Autor)

Abb. 7.14: Alternative FUM bei der Montage (FD, TS), im Vordergrund: Trommelsysteme für „alten“ FD/TS (Foto: Autor)

7.2.6 Beispiele für modifizierte Maschinentechnologien

Es gibt verschiedene Ausführungsvarianten einerseits bei der Anordnung der Windensysteme und der Zuführung der Leiter von den Speichertrommeln, andererseits auch bei der Ausführung der Windensysteme selbst, die die entsprechenden Zugkräfte aufbauen müssen.

Die Modulbauweise dieser Arbeitsmaschinen ermöglicht Containerlösungen. Das kann für den Anwender bei bestimmten Einsatzbedingungen eine wirtschaftliche Alternative gegenüber den Spezialfahrzeugen mit Eigenantrieb sein. Das Trägerfahrzeug kann bei abgenommener Fahrleitungs-Montagekomponente individuell für andere Tätigkeiten ohne kostenträchtige Liegezeiten genutzt werden (z. B. Demontage-, Instandhaltungs- oder Messmodule). Es sind individuelle Konfigurationen eines Arbeitszuges aus mehreren Modulen für rationelle Arbeitsabläufe möglich.

Aus Platzgründen sind Windensysteme in Anwendung, bei denen der Fahrdraht/die Seile über zwei gegenüber oder vertikal übereinander angeordnete Windenräder geführt und auf denen mehrere Rillen nebeneinander angeordnet sind, um die notwendige Zugkraft zu generieren.

Jedes Windenrad kann mit Elektro- oder Hydraulikmotor individuell angetrieben sein oder sie werden meistens über Zahnriemen gekoppelt. Die Leiter werden, je nach der zu erreichenden Zugkraft, mehrmals über die nebeneinanderliegenden Rillen dieser Windenräder gezogen. Damit erhöht man die Zugkraft schrittweise bis zur Nennzugkraft. Es sind bei den nebeneinander in den Rillen der Windenräder geführten Leitern durch spontan variierende Reibungskoeffizienten bzw. Antriebsdifferenzen unkontrollierte Dehnungen, Stauchungen, Verdrehungen möglich, die insbesondere beim Fahrdraht zu Verformungen führen können.

Abb. 7.15: Zugkraftgenerierung mit mehrfach umschlungenen Windenrädern **(Foto: Autor)**

Einfacher aufgebaute Module verwenden nur ein Windenrad mit mehreren Rillen nebeneinander und die Leiter erhalten durch die Mehrfachumschlingung und die Vorspannung von der Speichertrommel her die vorgesehene Zugkraft. Wie beim vorstehend angeführten Modul mit zwei Windenrädern kann es bei den nebeneinander in den Rillen geführten Leitern, durch spontan variierende Reibungskoeffizienten zu ungünstigen Zugkraftschwankungen im Fahrdraht kommen. Der Fahrdraht wird sicherheitshalber gegen „Entgleisen“ durch z. B. vier am Umfang des Windenrades verteilte Druckrollen in den Rillen gehalten (siehe Abb. 7.15, 7.16).

Abb. 7.16: Leiterführung von den Windenrädern zur Umlenkung über Rollenbalken Richtung Fahrleitung

Abb. 7.17: Detail – Rollenbalken mit Zugkraftanzeige (Fotos: Autor)

Die Arbeitstechnik dieser FUM-Variante kann fix auf Drehgestellwagen montiert sein oder sie wird üblicherweise als Containerlösung auf einem Arbeitswagen/Flachwagen aufgesetzt (Twist-Lock-System). Beide Varianten werden von angetriebenen Masterfahrzeugen (Dieseltriebfahrzeugen) gezogen.

Weil keine direkte Abhängigkeit zwischen den Drehmomenten sowohl bei den Speichertrommeln als auch bei den Friktionswindenrädern und der Zugkraft des Masterfahrzeug besteht, ist letztlich die Steuerung der Nennzugkräfte der Leiter nicht in der Qualität, wie unter Kapitel 11 beschrieben, erreichbar. Darüber hinaus ist durch die Zugkraftvorgabe durch das Triebfahrzeug keine Absicherung gegen Zugkraftspitzen und Zugkraft Null möglich.

Die elektrische Energie für die Arbeitstechnik der Windensysteme wird in einem Energiemodul unabhängig vom Masterfahrzeug erzeugt.

Abb. 7.18: Beispiel – Bauzug mit Tfz, FUM als Containerlösung, Arbeitswagen mit Bühne, Materialwagen mit Kran (Foto: Autor)

Abb. 7.19: Drehbare Scherenhebebühne mit großer Plattform (Foto: Autor)

Das Montagekonzept wird ergänzt mit Führungs-/Verlegemasten zur lagerichtigen Übergabe von Fahrdraht und Tragseil an die Ausleger.

Abb. 7.20: Fahrdraht- und Seilführung über höhen- und seitenverstellbare Verlegemaste (Foto: Autor)

Abb. 7.21: Fixierung der Leiter mit Druckrollen gegen „Entgleisen“ (Foto: Autor)

In den Abbildungen 7.22 und 7.23 ist ein Windenkonzept für ein Tragseil mittig angeordnet und beiderseits Winden für zwei Fahrdrähte ausgeführt. Die Windensysteme sind in Längsrichtung versetzt, die Windeneinheiten sind nicht kippbar ausgeführt, der Leiterzulauf zu den Winden von den Speichertrommeln ist geradlinig. Das Fahrzeug ist ohne Motorantrieb, die Windeneinheiten werden von einem Energiemodul am Wagen angetrieben. Die Speichertrommeln haben ebenfalls gesteuerte Antriebe. Die Ausführung ist übersichtlich. Die Zugkraftregelung kann auch bei wechselnden Zugkräften des Zugfahrzeuges über die individuell gesteuerten Antriebe der Windenräder weitgehend konstant gehalten werden.

Abb. 7.22: Windensysteme für drei Leiter – Prinzipdarstellung (Screenshot)

Abb. 7.23: Konzept mit drei teilweise parallel angeordneten Windeneinheiten, Powerpack (Foto: Plasser Española)

7.2.7 Beispiel – FUM mit einfacherer Maschinentechnologie für kleinere Zugkräfte

Werden Fahrdraht und Tragseil mit geringen, undefinierten, nicht konstanten Zugkräften, ggf. „ohne" Zugkraft verlegt, muss der Montagevorgang auf mehrere Sequenzen aufgeteilt werden. Dazu ist die Montagelogistik (Maschinen- und Personalkapazität) abzustimmen. Es genügen „einfachere" Montagemaschinen für den Fahrleitungsbauzug. Aus technischen und Kostengründen werden diese Fahrleitungsinstallationsmodule dann nur für geringere Zugkräfte ausgelegt.

Die Arbeitstechnik dieser FU M kann fix auf Drehgestell-Niederflurwagen montiert sein, oder sie wird üblicherweise als Containerlösung auf Flachwagen aufgesetzt. In der Regel werden hier auch Zweiwege-Montagefahrzeuge herangezogen. Bei Fahrleitungs-Montagemaschinen ohne Eigenantrieb ist die Steuerung der Fahrdraht-/Seilzugkraft oder der notwendigen Nennzugkraft mit dem Windensystem von der Zugkraftregelung des Dieseltriebfahrzeugs nur in einer Bandbreite möglich.

Ein automatisch wirkendes Start-Stopp-Sicherheitssystem kann wegen des fehlenden Eigenantriebes nicht installiert werden, es ist dann die Reaktion des Triebfahrzeugführers notwendig. Ebenso gilt dies bei einem Leiterriss oder sonstigem Defekt an der Maschine.

Abb. 7.24: Montage von FD/TS mit Zweiwegefahrzeug

(Foto: Plasser & Theurer)

Wird ohne Zugkraft (manuell) gearbeitet, so sind die Speichertrommeln auf Arbeitswagen befestigt. Fahrdraht und Seile werden geringfügig gebremst von MTW abgezogen und im System positioniert.

Diese Funktionen werden oftmals von Zweiwege-Montagefahrzeugen abgedeckt. Für geringe Zugkräfte kann die Montage mit Windeneinheiten auch von Zweiwegefahrzeugen kostengünstiger gemacht werden. Das Konzept sieht gebremste Speichertrommeln und Rollenumlenkvorrichtungen zur Positionierung des Fahrleitungssystems vor (siehe Abb. 7.24).

7.2.8 Beispiel – Montagetechnik mit einer nachträglichen Zugkrafterhöhung

Sollen Fahrdraht und Tragseil mit geringen, undefinierten, nicht konstanten Zugkräften verlegt werden, muss der Montagevorgang auf mehrere Sequenzen aufgeteilt werden. Aus technischen und Kostengründen werden diese Fahrleitungs-Installationsmodule dann nur für geringere Zugkräfte ausgelegt.

Daher sind im Nachgang zur Montagesequenz noch ergänzende Arbeiten auszuführen, um die Vorgaben bezüglich elastischer und unelastischer Dehnung, Reckung, Welligkeit usw. zu erreichen. Wesentlich ist, dass mit diesen Korrekturarbeiten auch die normengemäße Fahrleitungsgeometrie (Fahrdrahthöhe, -seitenlage, Gradienten, Fahrdrahtanhub, Y-Beiseilzüge, Fahrdraht-/Tragseilnennzugkräfte usw.) eingestellt wird. Bei diesen anschließenden Arbeitsschritten sind die bei der Verlegung entstandene Verformung und Welligkeit zu minimieren. Mit erhöhten Zugkräften versucht man eine Rückbildung der plastischen Verformungen – also mit Ziehen und Ausrichten – und es sind auch die Dehnungsvorgänge für die Finalisierung der Fahrleitungsgeometrie nachzubilden. Der Montagevorgang wird zeitaufwendiger und teurer, da die verteilten Arbeitsschritte zusätzliche Ressourcen binden, mehrfache und geteilte Gleissperren sowie Zwischenprovisorien erfordern. Durch die mehrfachen Eingriffe kann wiederum wie bei „herkömmlichen händischen" Montagekonzepten die Qualität beeinträchtigt sein.

Konkret wird dieses Montageverfahren folgendermaßen abgewickelt:

Das Verfahren ist in mindestens drei Arbeitsvorgänge geteilt, weil mit einer nachträglichen Zugkrafterhöhung gearbeitet wird. Fahrdraht und Tragseil werden wie üblich gemeinsam verlegt, die Arbeitsgeschwindigkeit wird im Mittel mit 2,5 km/h angesetzt. Die Verlegezugkraft beträgt für Fahrdraht bzw. Tragseil nach Vorgabe des Infrastrukturbetreibers z. B. rd. 10 kN. Das Fahrleitungs-Montagemodul ist ohne Eigenantrieb.

Das kostengünstig aufgebaute Modul verwendet pro Leiter nur ein Windenrad mit etwa fünf Rillen nebeneinander und die Leiter erhalten durch die Mehrfachumschlingung die Zugkraft. Es genügen für die geforderten 10 kN z. B. 2,5 bis 3 Umschlingungen.

Durch das gewählte Maschinenmodul und die machbare Geschwindigkeitsregelung des Triebfahrzeuges sind teilweise Zugkraftschwankungen von bis zu ±2,0 kN möglich. Im Arbeitsablauf werden die Leiter über die Nachspannlänge wegen der nicht endgültig angewählten Nennzugkraft sukzessive auf Hilfsverlegerollen an den Auslegern und mit Hilfshängern pro Spannfeld befestigt. Ebenso werden Fahrdraht und Tragseil provisorisch in die Radspannwerke eingebunden. In der Folge ist eine „Reckpause“ von zumindest 72 Stunden vorzusehen, d. h. die Fahrleitung wird dabei mit erhöhten Zugkräften gespannt. Üblich sind Zusatzgewichte von 30 bis 50 % zu den Nennzugkräften an den Nachspannvorrichtungen. In der „Reckpause“ sollte sich insbesondere der „verformte und wellige“ Fahrdraht „aushängen und ausrichten“. Ebenso wird die elastische und unelastische Dehnung überproportional vorgezogen. Bei Tragseilen ist die Dehnung durch die Verseilung bzw. Verdrillung (Seilkorb) etwas größer.

Abb. 7.25: Einbinden der Nachspannvorrichtungen (Flaschenzug) **(Foto: Autor)**

Abb. 7.26: Einbau von Zusatzgewichten für Nachspannvorrichtung zur Einleitung des Reckvorgangs **(Foto: Autor)**

Die Endmontage der Fahrleitung kann in der Folge mit Fahrleitungs-Montagemaschinen (MTW) oder auch mit Zweiwegefahrzeugen erfolgen. Arbeitsaufgaben sind die Montage der Hänger, Stromverbinder, Einspeisungen, Y-Beiseile, Einstellung der Ausleger und Seitenhalter, das Einrichten von Fahrdrahthöhen- und Seitenlage, Regulierung, Einstellen der Radspannwerke (Gewichte) etc. Abschließend erfolgen die Messung und Dokumentation.

Kommentierung des Verfahrens:

Bei den verteilten Arbeitsschritten über die Nachspannlängen vergleichbar mit den Vorgängen bei „herkömmlichen, händischen“ Montagekonzepten kann die Montagequalität beeinträchtigt sein.

Man versucht die bei der Verlegung entstandene Verformung und Welligkeit durch Ziehen und Ausrichten zu minimieren („Rückbildung“ der plastischen Verformungen).

Da die Zugkräfte beim „Reckvorgang“ das Material nur im elastischen Bereich beanspruchen dürfen, können sich Fahrdraht und Tragseil in der „Reckpause“ nur durch das „Aushängen und Ausrichten“ verlängern.

Im Fahrdraht entstandene Druck- und Zugzonen können durch den zusätzlichen Ziehvorgang nur im „Fließbereich“ minimiert werden. Das stellt einen Risikofaktor dar, da Verdrehungen des Fahrdrahtes in Längsachse (Lauffläche) damit nicht rückgebildet werden können.

7.2.9 Weitere Funktionen und Hinweise zur FUM-Technologie

Alle Funktionen sollten entweder automatisch oder auch manuell über Fernsteuerung gefahren werden können, sodass der Maschinenbediener die FUM auch bei außer der Regel liegenden Montagesituationen einsetzen kann.

Mit Hilfe des Zentralrechners werden alle relevanten Maschinen- und Messdaten aus der Montage, wie die Soll- und Ist-Zugkräfte, der Zustand der Motor-, Maschinen- und Fahrzeugdaten usw. erfasst und als Beleg für die Einhaltung der geforderten Montagekriterien nachweislich und reproduzierbar sichergestellt. Die Nennzugkräfte für den Arbeitsprozess können grundsätzlich bis 30 kN gehen, abhängig vom gewählten Maschinensystem. Für Hochgeschwindigkeitsfahrleitungen werden heute schon Zugkräfte mit 35 kN und mehr gefordert.

Als Arbeitsgeschwindigkeit sind üblich 3 bis 4 km/h gefordert, einige Maschinenkonzepte können Geschwindigkeiten bis 7 km/h leisten. Montagezeiten und Leistungskatalog sind in den Kapiteln 2 bis 4 dargestellt.

Je nach Nutzung können Anhängelasten bei einigen leistungsstarken FUM z. B. bis 40 t auf Steigungsgradienten bis 40 Promille vorgesehen werden. Mit diesem Leistungsvolumen können Arbeitswaggons für zusätzliche Speichertrommeln, Ausleger usw. mitbefördert werden. Bei Komplettierungsarbeiten werden Fahrleitungs-Arbeitsmaschinen aus arbeitstechnischer Sicht auch unmittelbar gekuppelt. Für Überstellfahrten kann eine Eigenfahrgeschwindigkeit von bis zu 100 km/h vom Kunden gefordert sein, für Überstellfahrten im Zugverband ebenfalls 100 km/h.

Alle Systeme sind auch für Verstärkungs- und Rückstromführungsseile geeignet, die Zugkräfte liegen dabei naturgemäß wesentlich niedriger. Dazu ist die FUM aber wegen der notwendigen Reichweiten bis zu den Mastspitzen mit MTW oder Arbeitsbühnenwagen zu unterstützen.

In den Abbildungen 7.22 und 7.23 sind drei Speichertrommeln gezeichnet, sodass bei Bedarf drei Leiter gleichzeig mit drei Windensystemen verlegt werden können. Dazu sind dann drei Windensysteme neben- bzw. hintereinander und drei Verlegemaste notwendig.

Ausgeführte Beispiele zeigen, dass die Windenräder am Arbeitswaggon annähernd parallel oder schräg zur Gleislängsrichtung montiert sein können oder senkrecht übereinander. Die Verlegemaste muss man in der Höhe verstellen und je nach Konstruktion seitlich verschieben oder neigen können, um die Leiter in die richtige Montageposition im Fahrleitungssystem zu bringen.

7.2.10 Beispiel – Messung der Zugkraft in den Windensystemen

Für eine gute Messgenauigkeit ist es zielführend, die Zugkraft ohne Kontakt mit dem Fahrdraht/Leiter zu messen. Die Vorteile sind zuverlässig, wartungsfrei, keine Drahtverformung, Fahrdrahtform und Durchmesser sind ohne Einfluss.

Verschiedene Versionen werden je nach der FUM-Maschinentechnik angewandt, die Messungenauigkeit liegt bei einem geringen Prozentanteil:

Die Zugkraft kann mit einem elektronischen Dehnmessstreifen an der Drehmomentstütze des letzten umschlungenen Windenrades (also am Abgang zu den Verlegemasten und zur Fahrleitungsanlage) gemessen werden.

Abb. 7.27: Messsystem im Fahrdrahtzulauf **(Foto: Plasser & Theurer)**

Mit der Fahrdraht-/Seilführung über eine Rollenumlenkvorrichtung (Balkensystem) wird die Leiterzugkraft mitgemessen. Fahrdraht und Seile laufen mit der endgültigen Zugkraft aus dem Windensystem und werden über die Rollenumlenkvorrichtung zu den Verlegemasten und zur Fahrleitungsanlage geführt. Die Umlenkvorrichtung ist am unteren Ende drehbar gelagert und am oberen Ende über Federn und Kraftmessdosen am Chassis abgespannt. Das System ist in den Abbildungen 7.15 bis 7.17 erfasst. Nach einem ähnlichen Prinzip wird z. B. der Rahmen, der die vertikal angeordneten Windenräder trägt, am unteren Ende drehbar gelagert. Die Drehbewegung des gesamten Windensystems, die als Reaktion von der Krafteinwirkung aus der aktuellen Zugkraft kommt, wird wieder z. B. über den Federweg bzw. Kraftmessdosen gemessen.

7.2.11 Längenänderung und Feinwelligkeit im Montageprozess

Fahrdrähte und Tragseile dürfen bei Zugbelastung nur im elastischen, also reversiblen Dehnungsbereich beansprucht werden. Es sind die Nennzugkraft, dazu die Sicherheitsfaktoren nach EN 50119 und die Materialeigenschaften nach EN 50149 (Spannungs- und Dehnungsverhalten) zu berücksichtigen.

Darüber hinaus schließt nach Abschluss der Montage, die nach herkömmlichen Verfahren durchgeführt wurde, unter der Belastung mit der Nennzugkraft eine unelastische, irreversible Längung (auch „Kriechen, Reckung“ genannt) an. Dieser irreversible Anteil hängt von der Höhe der Zugkraft und der Zeitdauer ihrer Einwirkung ab. Zudem wird dies u. a. vom Fahrdraht-Produktionsprozess, vom Montageverfahren und von den Materialeigenschaften bestimmt.

Bei Tragseilen trägt auch der Seilverbund zur bleibenden Längenänderung bei. Die unelastische Längenänderung hängt von der Belastung, dem Seilproduktionsverfahren und dem Seilaufbau ab.

Die irreversible Längung ist größer als der Beitrag durch die elastische Dehnung. Diese irreversible Längung kann vernachlässigt werden, wenn sie bei mechanisierten Montageverfahren mit der FUM, die mit konstanter Nennzugkraft verlegen, bereits vorweggenommen wird.

Nach den praktischen Erfahrungen der Bahnunternehmen treten bei den mit mechanisierten Verfahren mit Nennzugkraft montierten Fahrleitungen in der Folge nur mehr minimale Längenänderungen auf, die keine Beeinträchtigung des Fahrbetriebs zur Folge haben (vgl. Kapitel 11).

Damit können bei der Verlegung mit Nennzugkräften Ausleger, Seitenhalter, Y-Beiseile, Radspannwerke, Stromverbinder, Einspeisungen, Hänger etc. bereits während des Montageprozesses in ihrer endgültigen Position montiert werden. Es entfallen eine Nachregulierung und zusätzliche, spätere Einstellarbeiten, die mit Kosten verbunden sind und überdies die Betriebsführung behindern.

Werden Tragseile und Fahrdrähte bei herkömmlichen Montageverfahren von den Speichertrommeln bis zu den Einbaupunkten nicht kontrolliert geführt und nur mit einer geringen und nicht konstanten Zugkraft verlegt und im ersten Arbeitsdurchgang zuerst vorübergehend an Hilfshängern befestigt, so können alle Bauteile noch nicht in ihrer endgültigen Lage eingebaut werden.

Zur Beschleunigung der anfänglichen Kriechvorgänge von Fahrdrähten und Tragseilen ist es bei solchen Verfahren üblich, die Zugkräfte für eine beschränkte Zeit bis 50 % über die Nennwerte hinaus zu erhöhen (siehe Abschnitt 7.2.8 und Kapitel 11). Erst nach der Rücknahme der erhöhten Zugkräfte können die Hänger und andere Einrichtungen wie Y-Beiseile und Ausleger endgültig eingebaut werden. Eine Nachkontrolle und gegebenenfalls Nachregulierungen sind zusätzlich erforderlich.

Zusammenfassend zeigen sich aus diesem Grund bei den mechanisierten Montagetechnologien für Fahrleitungen entscheidende technische und wirtschaftliche Vorteile und Einsparungspotenziale gegenüber herkömmlichen Montagemethoden.

Feinwelligkeit

Wie in Kapitel 11 und in der EN 50149 beschrieben, weisen hochfeste Fahrdrähte nach der Montage mit zu geringen Zugkräften vielfach bleibende Verformungen wie vertikale und horizontale Welligkeiten auf, die zu Lichtbogenbildungen beim Befahren und zu einem erhöhten Verschleiß führen.

Bei der Fertigung kommt es auf die Auswahl der Rohlinge, den Fertigungsprozess (Querschnittsreduktion in Stufen, Wärmebehandlung usw.), die Zugkraft, mit der der Fahrdraht auf die Speichertrommel aufgespult wird und mögliche Verdrehungen zwischen dem letzten Ziehstein und der Speichertrommel an. Auch der Kerndurchmesser der Spulen muss ausreichend groß gewählt werden, um plastische Verformungen des Fahrdrahts so gering wie möglich zu halten.

Welligkeiten entstehen bei der Montage, wenn die eingesetzten Geräte und verwendeten Montageverfahren die besonderen Eigenschaften hochfester Fahrdrähte und die Biegesteifigkeit großer Querschnitte nicht ausreichend berücksichtigen. Feinwelligkeiten können nur mit Fahrleitungs-Installationsmaschinen, die mit Nennzugkraft verlegen, auf zulässige Werte reduziert werden.

Mit einer nachträglichen „Glättung" des Fahrdrahtes z. B. mit Rollenrichtgeräten oder mit über die Nennzugkraft hinaus erhöhtem, zeitlich begrenztem Abspannzug kann die Welligkeit nicht dauernd beseitigt werden.

7.3 Fahrleitungs-Montagemaschinen (MTW)

An einigen Beispielen wird die aktuelle Ausführung und Ausstattung moderner Fahrleitungsmaschinen mit innovativer Technik gezeigt, die für den Fahrleitungsneubau oder die Anlagenerneuerung entsprechend den Arbeitseinsätzen punktuell oder verfahrenstechnisch kombiniert eingesetzt werden. Als Interventionsfahrzeuge sind sie auch auf den Bedarf der Bahnunternehmen für die Instandhaltung und für das Störungsmanagement abgestimmt. Diese multifunktionellen schienengebundenen Montagefahrzeuge werden mit entsprechender Arbeits- und Maschinentechnologie konzipiert. Sie sind auch mit Messeinrichtungen ausgestattet. Die heute auf HGV-Strecken notwendigen großen Fahrdrahtquerschnitte (120 mm^2, 150 mm^2) aus hochfesten Fahrdrahtlegierungen (RiMg, RiSn, ...) stellen hohe Ansprüche an die Montagetechnologie und brauchen eine entsprechende Unterstützung.

Motorturmwagen können als universell ausgestattete, leistungsstarke Drehgestellmaschinen für alle Fahrleitungsarbeiten optimal eingesetzt werden. Standard sind an den Bedarf angepasste Arbeitsbühnen, Arbeitskrane, Fahrdraht- und Tragseilmanipulatoren, Fahrdrahtdiagnosesysteme, umfangreiche Sicherheitsfunktionen, Werkstattcontainer, Beleuchtungssysteme, Technikcontainer, Sozialabteile, passendes Plattformdesign etc.

Als Beispiel kann eine frei schwenkbare Hubarbeitsbühne angeführt werden, mit der alle üblichen Arbeitspunkte an einer Fahrleitung, z. B. auch auf dem Nachbargleis, von einem sicheren Standplatz aus erreichbar sind (z. B. Arbeitsbereich bis 16 m über Schienenoberkante und 8 m ab Gleisachse). In allen üblichen Montagesituationen kann ein Fahrdraht- und Tragseilmanipulator die Vertikal- und Querkräfte von Drähten und Seilen übernehmen und diese in einem großen Arbeitsbereich sicher und ohne Belastung für das Montagepersonal in ihrer Lage halten oder in eine neue bringen.

Der Arbeitskran hat noch eine wesentlich größere Reichweite als die Hubarbeitsbühne, er kann ergänzend zu der Manipulation von schweren Lasten wie von Fahrdrahttrommeln und Armaturen auch mit einem Arbeitskorb verwendet werden.

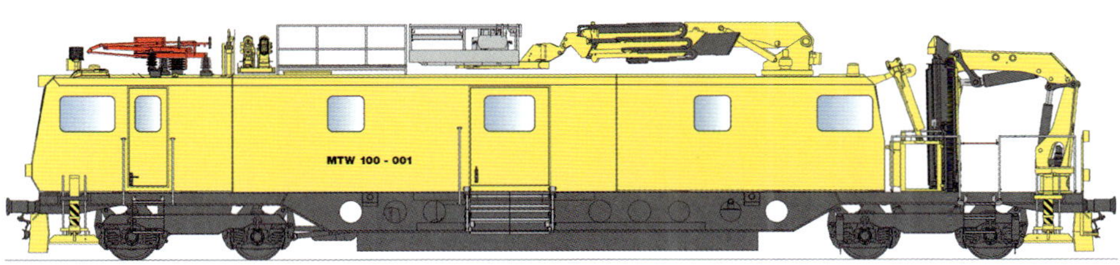

Abb. 7.28: Neues Konzept: Drehgestellmaschine, frei verschwenkbare Hubarbeitsbühne, Kran mit Montagekorb, Manipulator, Mess- und Erdungs-STA (Prinzipdarstellung: ÖBB)

Die Arbeitskomponenten Hubarbeitsbühne, Kran (insbesondere Eisenbahnkran mit Knickarm), Fahrdraht- und Tragseilmanipulatoren, Manipulatoren von Maststellgeräten und die Gleisüberhöhung bringen große Kippmomente auf die Maschinen. Daher sind die sicherheitstechnischen Anforderungen beim Einsatz mit oder ohne Fahrzeugabstützungen für alle Belastungsvarianten zu berechnen und die Standsicherheit durch unabhängige Institute zu prüfen. Abbildung 7.29 zeigt den Belastungsversuch durch den TÜV mit voller Bühnen- und Kranbelastung. Details sind in Kapitel 14 zusammengefasst.

Abb. 7.29: Nachweis der Standfestigkeit bei Kippbelastung (TÜV) **(Foto: Autor)**

MTW sind neuerdings mit einer dreigeteilten Säulenhebebühne ausgestattet, deren Arbeitsplattformen einzeln steuerbar sind. Die Arbeitskörbe sind jeweils gleichzeitig unabhängig höhenverstellbar und ausfahrbar, sie können für den „gleichzeitigen" Zugang zu mehreren Arbeitspunkten genutzt werden. Der Arbeitsbereich der beiden Seitenbühnen kann z. B. bis 9,0 m über Schienenoberkante und seitlich 4,5 m von der Gleismitte ohne zusätzliche Abstützung vorgesehen werden. Die zentrale Arbeitsbühne kann 5 kN, die Seitenbühnen können 2,5 kN tragen. Die Montageturmwagen sind besonders für Arbeiten an Hängern und Stromverbindern in Kettenwerken, an Auslegern, Abspannungen und Erdungen bei Fahrleitungsstützpunkten oder für gleichzeitiges Arbeiten an mehreren Punkten von Querseilfeldern usw. geeignet.

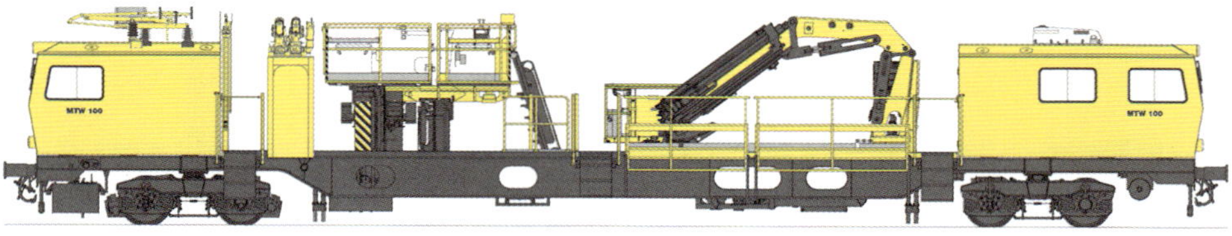

Abb. 7.30: Neues Konzept: Drehgestellmaschine, dreigeteilte Säulenhebebühne, Kran mit Montagekorb, Plattform, Manipulator, Mess- und Erdungs-STA **(Prinzipdarstellung: ÖBB)**

Mit einer integrierten Längenmesseinrichtung können die Hänger an den vorausberechneten Positionen exakt montiert werden. Mit einem Fahrdrahtmesssystem lassen sich die statische Fahrdrahthöhen- und -seitenlage messen.

Wegen der präziseren Geschwindigkeitsregelung – Schrittgeschwindigkeit bis maximale Betriebsgeschwindigkeit – sind für MTW hydrostatische Getriebe üblich. Dieselelektrische Varianten sind weiterhin in Verwendung.

Die Arbeitsmaschinen sind weitgehend mit Sicherheitsfahrschaltung (SIFA) und zusätzlich angepasst an die für die Betriebsführung der Strecken notwendige Infrastruktur mit punktförmiger Zugbeeinflussung, induktiver Zugsicherung (INDUSI) und Zugfunk sowie ETCS ausgerüstet. Für den Fahrleitungsbau werden Materialtransportwaggons mit großer Ladekapazität und speziellem Equipment für den Transport von Masten, Fundamentrohren, Auslegern, Seiltrommeln usw. adaptiert. Arbeitsfahrzeuge können auch mit Ramme, Bohrlafette oder Kran ergänzt werden bzw. man verwendet Transportwaggons zur Aufnahme von Straßenfahrzeugen mit Kran, Ramme, Bohrgerät sowie von Lieferbetonfahrzeugen.

Fahrleitungs-Montagefahrzeuge brauchen Arbeitsplattformen wie Scherenkonstruktionen, Gelenkarbeitsplattformen, frei verschwenkbare Hubarbeitsbühnen (Gelenk- und Teleskopkonstruktionen), Säulenhebebühnen sowie Krane mit Arbeitskorb mit sehr großer Reichweite. Bei Erfordernis in der Montage und Instandhaltung können die Arbeiten auch mit sehr langen Arbeitsbühnen erleichtert werden.

Für die neue Generation an Fahrzeugen ist die Ferndiagosse durch entsprechende Module am Fahrzeug und beim Techniker Standard. Die leistungsstarken MTW können auch für das „Freifahren“ liegengebliebener Züge, für das Räumen von Streckengleisen beim Störungseinsatz oder als „Triebfahrzeug“ bei Arbeitszügen herangezogen werden.

Neuerdings werden aus Sicherheitsgründen Dachaufstiege über eine Dachluke auf die Arbeitsplattform mit klappbarem Sicherheitsgeländer forciert.

Anlege- und fahrbare Leitern sind aus arbeitsrechtlichen und Arbeitssicherheitsgründen heute nur mehr selten in Verwendung.

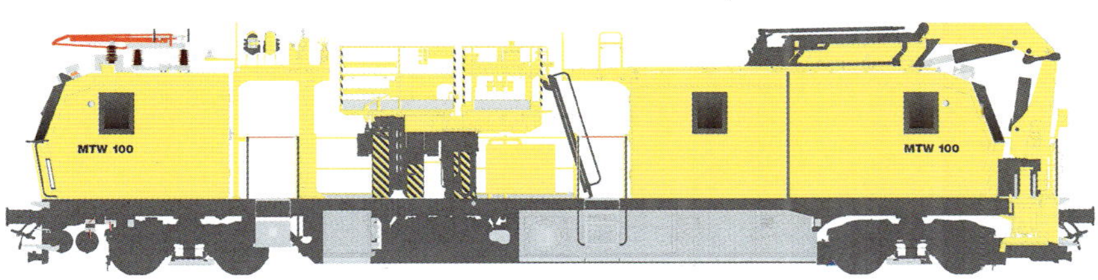

Abb. 7.31: Neues Konzept: Drehgestellmaschine, dreigeteilte Säulenhebebühne, Kran, Manipulator, Mess- und Erdungs-STA, Werkstatt- und Sozialmodul (Prinzipdarstellung: ÖBB)

Blickrichtung Standardisierung – Interoperabilität

Mit multifunktionellen Fahrzeugen für die Netzinstandhaltung wird den Anforderungen an Sicherheit und Interoperabilität des 4. Eisenbahnpakets der EU Rechnung getragen. Mit der Erfüllung dieser Zulassungsbedingungen sind die On-Track-Maschinen für Einsätze in den EU-Mitgliedstaaten bereit. Ein modulares Konzept der Maschinen erleichtert die Ersatzteilhaltung und Wartung und trägt zum wirtschaftlichen Betrieb bei.

Mit einer Maschinenplattform können viele Ausbauvarianten abgedeckt werden, wie mit Kabinen, Kran, Hebebühne oder als Materialwagen usw. Die Anforderungen an MTW sind von Betreiber zu Betreiber sehr unterschiedlich. Auf eine gewählte Basisplattform als Grundfahrzeug können die Arbeitsaggregate modular aufgebaut werden. Erweiterungen aus einer großen Vielfalt an Aufbauten und Ausstattungen bieten viele Möglichkeiten zur Individualisierung. Letztlich können mit diesem Prinzip die Kosten überschaubar bleiben. Aber alle Schlüsselbauteile wie Radsätze, Bremsen, Hydraulik- und Pneumatik-Komponenten sind standardisiert. Bei der Entscheidung für einen modernen Fuhrpark wird auch ein digitales Flottenmanagement gefordert. Es sollen Arbeits- und Maschinendaten in Echtzeit über eine Cloud abrufbar sein. Die Dateneinsicht muss für den Arbeits- bzw. Maschinenverantwortlichen intuitiv, logisch aufgebaut und einfach bedienbar sein. Daher sind die EDV-Systeme eigens für den Zweck des Fahrweg- und Flottenmonitorings zu entwickeln. Zustands- und Einsatzdaten der Instandhaltungsmaschinen in Echtzeit ermöglichen eine präzise Maschinensteuerung und -kontrolle, optimierte Betriebsplanung und ein effizientes und zuverlässiges Störungsmanagement.

7.3.1 Kategorien von Fahrleitungs-Montagemaschinen

Moderne, multifunktionell einsetzbare Fahrleitungs-Arbeitsmaschinen ermöglichen einen großen Einsatz- und Leistungsbereich durch die innovative Arbeitstechnologie und durch die Fahrzeugkonzeption. Der modulare und damit individuelle Aufbau bzw. die Ausstattung richtet sich nach den arbeitstechnischen Erfordernissen und den Vorgaben des Anwenders. Die Anbieter arbeiten heute mit modularen Konzepten. Es können damit die Maschinen mit standardisierten Komponenten bestückt, die Lieferzeiten verkürzt und auch einfachere, preiswertere Alternativen angeboten werden. Die Ersatzteilhaltung und Wartung werden ebenfalls erleichtert.

Folgende Typen haben sich am Markt durchgesetzt:

- Arbeitsbühnenwagen (AW)
- Motorgerüstwagen (FGW)
- Montageturmwagen (MGW)
- Motorturmwagen (MTW)
- Fahrleitungs-Windenwagen (FWW) für die Fahrleitungsdemontage
- Maststellgeräte (MAGE)
- Brückenuntersuchungsfahrzeuge

Für leistungsstarke MTW mit Drehgestellen gibt es standardisierte Maschinenkonzepte (Rahmen, Motorisierung, Sozial-, Werkstättenmodule) mit an den Einsatzzweck angepassten Arbeitskomponenten.

Abb. 7.32: Neue Generation MTW: dreigeteilte Säulenhebebühne, Plattform, Eisenbahnkran mit Knickarm mit Montagekorb, Messtechnik (Foto: Plasser & Theurer)

Abb. 7.33: Standardtyp: MTW mit frei schwenkbarer Hubarbeitsbühne, Kran mit Montagekorb, Werkstatt- und Sozialmodul, Messtechnik (Foto: Plasser & Theurer)

Derartige Fahrleitungs-Arbeitsmaschinen werden primär Stützpunkten in der Flächenorganisation der Infrastruktur zugeordnet, mit Aufgaben für die planbare Instandhaltung, nicht planbare Instandsetzung, Wartung, Kontrolle, Sicherheitsüberprüfung, Störungsbehebung und zur Unterstützung bei Elektrifizierungsvorhaben.

Für Maststellarbeiten können schwere gleisgebundene Geräte (MAGE) mit Manipulatoren auf MTW-Basis eingesetzt werden. Insbesondere auf Großbaustellen werden MAGE auch bei Portalkonstruktionen eingesetzt. Die Konzeption ist auch für sonstige Arbeiten im Gleisbereich einsetzbar. Die Belastbarkeit des Kranarmes ist z. B. mit 750 kNm ausgeführt. Damit die zulässige Achslast eingehalten wird, ist die Maschine 6-achsig ausgeführt.

Abb. 7.34: MAGE mit Manipulator für Betonmaste (Foto: ÖBB: F. Kurzweil)

Die übliche Arbeitsmethode beim Maststellen auf mittelgroßen Baustellen ist mit Fahrleitungs-Montagemaschinen mit aufgebautem Kran und Seilschlinge vom Gleis aus. Dazu sind MTW mit Eisenbahnkränen mit Knickarm und Seilschlaufen, angepasst an die Masttypen, ausgestattet. Die Belastbarkeit des Kranarmes kann z. B. mit > 25 tm ausgewählt werden.

Abb. 7.35: Maststellen mit Eisenbahnkran und Seilschlaufen (Foto: Plasser & Theurer)

Bei mehreren Infrastrukturunternehmen werden nunmehr universell ausgestattete, leistungsstarke Schnellinterventionsfahrzeuge eingesetzt. Die Ausstattung umfasst die gesamte Palette an Arbeits-, Sicherheits- und Messtechnologie, ein großes Werkstatt- und Sozialmodul sowie eine „Volldigitalisierung“. Die Fahrzeuge sind für 160 km/h typisiert. Durch Spezialkonstruktionen und neue Materialien ist die zulässige Achslast eingehalten.

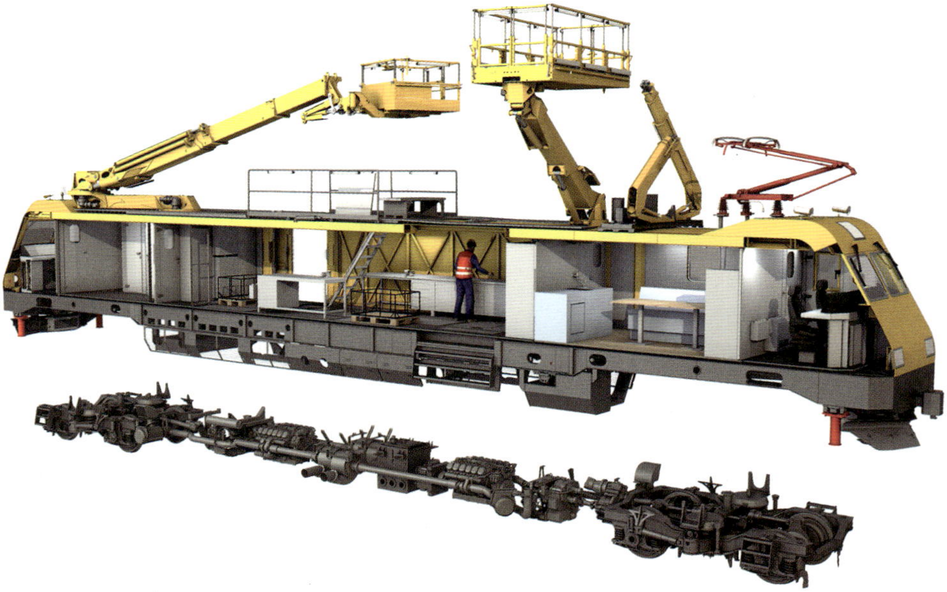

Abb. 7.36: Gesamtkonzept Schnellinterventionsfahrzeug (Schnittzeichnung: Plasser & Theurer)

Abb. 7.37: Schnellinterventionsfahrzeug im Einsatz (Foto: Plasser & Theurer)

Zweiwegefahrzeuge bieten flexible Einsatzmöglichkeiten bei niedrigeren Kosten. Die Straßenfahrzeuge können fast überall eingegleist werden, die Abstellung (Hinterstellung) ist unkompliziert.

Für die Vor- und Nacharbeiten beim Abtragen oder bei der Montage sowie bei der Instandhaltung der Fahrleitungskette haben sich auch zweiachsige und gegenüber den universell ausgestatteten und einsetzbaren Motorturmwagen kostengünstigere Montageturmwagen etabliert. Für Fundierungs- und Maststellarbeiten können z. B. Straßen- und Zweiwegefahrzeuge auf der fertiggestellten Trasse eingesetzt werden.

Abb. 7.38: Straßenfahrzeug mit Bohrlafette für Rohrgründungen (Foto: Autor)

Abb. 7.39: Zweiwegefahrzeug zur Finalisierung der Montage (Foto: Autor)

Allerdings ist die Leistungsfähigkeit von Zweiwegefahrzeugen gegenüber schienengebundenen Arbeitsfahrzeugen geringer. Wegen des geringeren Gewichtes sind die möglichen Reibungszugkräfte kleiner und folglich können nur geringe Zugkräfte bei der Fahrleitungsmontage aufgebracht werden. Aus demselben Grund ist auch die Momentenbelastbarkeit kleiner, also Kippsicherheit und Reichweite beim Einsatz der Arbeitsplattform oder einem Kran sind gesondert zu beachten. Generell sind Vorkehrungen gegen die Überbelastung der Fahrzeuge im Arbeitseinsatz notwendig – z. B. mit rechnergesteuerter Lastbegrenzung oder durch Stützbeine.

In Tunneln sind zahlreiche Sonderlösungen für Gleis- und Zweiwegefahrzeuge gebaut worden. Spezielle Module sind z. B. für das Bohren und Versetzen von Fahrleitungsstützpunkten auf diesen Fahrzeugen aufgebaut. Insbesondere wird das Montieren von Tunnelstützpunkten für Deckenstromschienen z. B. mit Bohrlehren für vier Befestigungslöcher effizient unterstützt. Dazu sind auch Sonderfahrzeuge in Verwendung.

Abb. 7.40: Mini-MTW mit Bohrmodul für Tunnelstützpunkte **(Foto: Autor)**

Mit kleinen Zweiwegefahrzeugen können die Fahrleitungsarbeiten in engen Tunnelquerschnitten effizient unterstützt werden.

Abb. 7.41: Zweiwegefahrzeug mit Hebebühne, Tunneleinsatz **(Foto: Autor)**

7.3.2 Arbeitstechnische Anforderungen an Fahrleitungs-Arbeitsmaschinen

Damit Mitarbeiter rasch und sicher bis zur Arbeitsposition an der Fahrleitungsanlage (ggf. auch mit dem benötigten Material) gebracht werden können, sind (mechanisch), elektrisch oder hydraulisch gesteuerte Arbeitsbühnen oder -plattformen entwickelt worden:

- Heb- und drehbare Arbeitsplattform: Die Bühnen-Oberkante kann maximal auf Fahrdrahthöhe positioniert werden, sodass die Unterstützung bei Fahrleitungsarbeiten eingeschränkt ist.
- Frei verschwenkbare Hubarbeitsbühne mit großer Reichweite und Zugang zu fast allen Fahrleitungs-Arbeitspunkten im Netz.
- Frei heb- und drehbare Arbeitsplattform mit großer Länge mit entsprechender seitlicher Reichweite zu den häufigsten Arbeitspunkten, ebenfalls mit der Begrenzung auf Fahrdrahthöhe.
- Dreigeteilte Arbeitsplattform mit einzeln steuerbaren Bühnen in Höhen- und Seitenlage.
- Zur Ergänzung bzw. für Sonderaufgaben wird auch der Fahrzeugkran mit Montagekorb eingesetzt.

Die Belastungsgrenzen und die Standsicherheit der Maschine müssen in jeder Position abgestimmt sein. Ein Überlastschutz ist zum Schutz gegen Umkippen und gegen die Überlastung der Maschinenkomponenten vorhanden und signalisiert die Belastungszustände optisch und akustisch. Die rechnergesteuerte Lastmomentregelung gewährleistet die Standsicherheit der Maschine auch bei ausgefahrener Hubarbeitsbühne und gleichzeitig aktivem Arbeitskran für die meisten Arbeitssituationen. Ziel ist es, die Arbeiten möglichst ohne zusätzliche Abstützung durchzuführen, um Zeit einzusparen.

Repräsentative Abstände der Leiter in Fahrleitungssystemen

Die Reichweite der Arbeitsbühnen soll für

- Montagesituationen von 0 bis ± ca. 5 m bis 10 m zur Gleisachse
- Montagesituationen von 5,0 m bis 20,0 m über SOK

betragen.

Abstand über SOK	FD ca. 5,0 bis 5,7 m	TS ca. 6,0 bis 7,5 m	Feeder ca. 7,5 bis 10,0 (20,0 m)	Rückleiter ca. 5,5 bis 7,0 m
Abstand zur Gleismittellinie	FD Zickzack ±200 bis ±400 (500) mm	TS – analog (größere Abstände bei „windschiefen" Systemen)	Feeder ca. 2,5 bis 5,0 m	Rückleiter ca. 2,5 bis 5,0 m
Abspannung: Abstand zur Gleismittellinie	FD ca. 2,5 bis 5,0 m	TS – analog		

Tab. 7.1: Repräsentative Koordinaten der Leiter/Armaturen von Standard-Fahrleitungssystemen für Reichweite und Belastbarkeit von Arbeitsbühnen

Die Arbeitsbühnen müssen auch bei den möglichen Reichweiten entsprechend belastbar sein:

- Montagesituationen für MTW beiderseits zur Gleisachse und über SOK
- Rund 95 % aller Arbeitssituationen können mit MTW ohne zusätzliche Abstützung ausgeführt werden.

Reichweite, Belastbarkeit*)	**FD**	**TS**	**Feeder**	**Rückleiter**
Frei bewegliche Hubarbeitsbühne	optimiert für alle üblichen Montagepunkte und Kräfte	optimiert für alle üblichen Montagepunkte und Kräfte	optimiert für alle üblichen Montagepunkte und Kräfte	optimiert für alle üblichen Montagepunkte und Kräfte
Dreigeteilte Säulenhebebühne	Reichweite geringer, keine Querkräfte zugelassen	Reichweite geringer, keine Querkräfte zugelassen	u. U. zu geringe Reichweite, keine Querkräfte zugelassen	Reichweite geringer, keine Querkräfte zugelassen
FD-TS-Drückanlage	Reichweite und Belastbarkeit an übliche OL-Systeme angepasst	Reichweite und Belastbarkeit an übliche OL-Systeme angepasst	–	–
Kran mit Montagekorb	optimiert für alle üblichen Montagepunkte und Kräfte	optimiert für alle üblichen Montagepunkte und Kräfte	optimiert für alle üblichen Montagepunkte und Kräfte	optimiert für alle üblichen Montagepunkte und Kräfte

*) Reichweite über SOK und beiderseits zur Gleisachse, Belastbarkeit mit vertikalen und horizontalen Kräften

Tab. 7.2: Anforderungen an Standard-Maschinenkomponenten

Abb. 7.42: Montagebeginn bei Spitzenleitungen (Foto: Elektrifizierungsprojekt Dänemark)

Anlagensicherheit – Instandhaltung

Die Fahrleitungsanlagen sind entsprechend den Sicherheitsregeln und Instandhaltungsplänen revolvierend zu prüfen (Details siehe Kapitel 15).

Mit Fahrleitungs-Arbeitsfahrzeugen kann die ordnungsgemäße Lage und Funktion der Fahrleitung überprüft werden.

Die nach Streckenkategorie in festen Terminen notwendige dynamische Überprüfung erfolgt mit Messzügen mit Betriebsgeschwindigkeit. Die Fristen sind vom Infrastrukturbetreiber festzulegen, sie richten sich u. a. nach Art und Häufigkeit der elektrisch betriebenen Züge oder der zulässigen Streckengeschwindigkeit.

Die Gewährleistung einer nachhaltigen Gebrauchstauglichkeit der Anlagen ist mit der Schaffung einer einheitlichen und nachvollziehbaren Zustandsbewertung der zu überprüfenden Kennwerte als Grundlage einer zentralen Instandhaltungsplanung notwendig.

Erhöhte Anforderungen an die MTW durch Fahrleitungen für Hochgeschwindigkeit

Gefordert sind:

- Größere Reichweite der Komponenten (Hubarbeitsbühne, Kran, FD-TS-Drückanlage) wegen höherer Masten für Feeder, Rückleiter, Arbeiten an Nachbargleisen usw.
- Komponenten für markant höhere seitliche und vertikale Kräfte wegen größerer Zugkräfte, schwererer Fahrleitungssysteme.
- Rasche Erreichbarkeit aller Montagepunkte (Arbeitspunkte) auf Nachbargleisen, auf Quertragwerken usw.
- Fernsteuerung der Arbeitstechnologie und der Maschinenfunktionen von der Arbeitsbühne aus z. B. auch mit „Gedächtnisfunktion“ des Fernsteuersystems für die „Rückkehr“ auf den MTW.
- Größere Fahrgeschwindigkeit zur Verkürzung der Zu- und Abfahrtszeiten zur Baustelle.

7.3.3 Sicherheitstechnische Optionen je nach Verwendung und Funktionalität

Zeitgemäße Fahrleitungs-Montagemaschinen sind mit vielen Zusatzeinrichtungen zu ergänzen, damit die Arbeitssicherheit erhöht, die Arbeitsbelastung reduziert, die Montage mit Messvorrichtungen unterstützt und präziser wird sowie eine Rundum-Beleuchtung die Nachtarbeit ermöglicht usw.

- Bei stärkeren Maschinen wird ein Eisenbahn-Ladekran (Kranarm mit „Negativknick") mit entsprechender Reichweite und Tragkraft für Arbeiten im Bereich von Fahrleitungen verwendet, um z. B. unter der Fahrleitungskette des Nachbargleises durchzugreifen und dann zu den Armaturen hochzugehen. Hochgelegene Arbeitspositionen können mit Kran und Montagekorb erreicht werden.
- Hebehilfen für Fahrleitungsbauteile bis zur Einbauposition an der Fahrleitungsanlage und gleichzeitig zur Entlastung von schweren manuellen Tätigkeiten z. B. auf den Plattformen.
- Technikunterstützte Positionierung von Seilen und Fahrdraht mit den hydraulischen Tragseil- und Fahrdrahtmanipulatoren.
- Aufnahme von Lotlasten und Querkräften mit den auf Arbeitsbühnen bzw. Arbeitsplattformen angeordneten Führungsrollen oder Greifern für die Positionierung von Fahrleitung, V- und R-Leitern
- Energieversorgung für Werkzeuge auf den Arbeitsbühnen bzw. Arbeitsplattformen und im Werkstattraum mittels Elektro- und Druckluftanschlüssen.
- Fahrleitungs-Mess- und Inspektionssysteme zur Überwachung der Funktionalität, zur Abnahme und Dokumentation.
- Mess-Pantograf am MTW zur Qualitätskontrolle bzw. parallel in der Funktion als Erdungs-Pantograf zum zusätzlichen Erden der Fahrleitung im Arbeitsbereich.
- Statischer Fahrdraht-Richtmessturm zur Montageunterstützung mit digitaler Anzeige.
- Digitales Anzeigegerät für die Fahrdrahthöhenlage auf der Arbeitsplattform.
- Bedienung aller Arbeitskomponenten aus sicherheitstechnischen Gründen von einem Arbeitsplatz aus oder über die Funkfernsteuerung.
- Ruckfreie Steuerung der Montagetechnologie und der Fahrbewegung der Maschine aus Arbeitssicherheitsgründen.
- Windmessanlage zur Abschätzung der Arbeitssicherheit beim Einsatz der Arbeitsplattformen und Montagekörbe bei Starkwind. Bis zu einer Windgeschwindigkeit z. B. von 13,00 m/sec ist die Standsicherheit der Maschine mit einem Sicherheitsfaktor von 1,5 gewährleistet. Darüber ist aber die Sicherheitsgrenze für die Mitarbeiter in Arbeitsplattformen überschritten.
- Abstandmessgerät mit digitaler Anzeige der eingegebenen Hängerentfernung zur Unterstützung bei der Hängermontage plus Warnton.
- Inneneinrichtungen wie Werkstatt-Arbeitsräume, Sozialabteil.
- Nivellierung der Hebehilfen (Arbeitsbühnen, -plattformen, -körbe) – die hydraulisch gesteuerten Hebehilfen sind bis zur Abweichung von ±5° von der Waagrechten automatisch zu nivellieren. Darüber müssen weitere Bewegungen der Hebehilfen gestoppt werden.
- Am Wagendach, insbesondere im Bereich der Aufstiege, wird mit (klappbarem) Sicherheitsgeländer und -bügel die Absturzgefahr verringert.
- Generell sind Absturzsicherungen an Arbeits- bzw. Bedienungsstandorten notwendig.
- Zur „Rundumbeleuchtung" im Bereich der Arbeitsstelle ist eine gute Arbeitsbeleuchtung notwendig.
- Mit genügend Not-Aus-Schaltern außen an der Maschine, auf der Arbeitsbühne, an der Fernsteuereinheit usw. kann die Maschine bei unvorhergesehenen Ereignissen sofort gestoppt werden.

Die Einsatzmöglichkeiten von Arbeitsfahrzeugen sind zu nutzen, sobald das Gleis vorhanden ist.

Ein Zugriff im Montageablauf muss, manuell über Touchscreen oder Funkfernsteuerung jederzeit möglich sein. Grenzwertabweichungen müssen durch den Zentralrechner entweder selbsttätig ausgeregelt werden, oder zu einer Notabschaltung führen. Mit dem Einsatz von modernen MTW wird dann eine hohe Arbeitssicherheit und Montagequalität erreicht.

Die flexible Gestaltung von Arbeitsplattformen bzw. Hebebühnen mit ausreichender Größe, Belastbarkeit und Reichweite für die unterschiedlichsten Montagearbeiten garantiert effiziente Montagemethoden und -leistungen, bei bester Arbeitssicherheit.

Es können ausreichend große Motorleistungen für hohe Zuladung und Anhängelasten sowie für die betrieblich notwendigen Fahrgeschwindigkeiten bis 160 km/h installiert werden, z.B. bei Zufahrten zur und Abfahrten von der Baustelle und bei Überstellfahrten.

7.3.4 Beispiele für Hebehilfen

Motorturmwagen sind als universell ausgestattete, leistungsstarke Drehgestellmaschinen für alle Fahrleitungsarbeiten optimal geeignet. Von den Einsatzmöglichkeiten sind Hebehilfen/Arbeitsplattformen, die als frei schwenkbare Hubarbeitsbühne von einer Endlosdrehsäule getragen ist, optimal. Die Arbeitsbühne ist zusätzlich um ±90° schwenkbar und besitzt eine Niveauregulierung. Mit dem Arbeitsbereich bis 16 m über Schienenoberkante und 8 m seitlich der Gleisachse sind die meisten Arbeitspunkte an der Fahrleitung, z.B. auch auf dem Nachbargleis, von einem sicheren Standplatz aus erreichbar.

Für Arbeiten an der Fahrleitungskette sind meistens große Kräfte notwendig, weil Hoch- und Tiefzüge, Eckzüge in Radien, bei Weichenketten etc. im Verfahren auftreten. In den üblichen Montagesituationen kann der Fahrdraht- und Tragseilmanipulator die Vertikal- und Querkräfte von Drähten und Seilen übernehmen und diese in ihrer Lage halten oder in eine neue bringen, ohne Belastung für das Montagepersonal.

Der Arbeitskran hat noch eine wesentlich größere Reichweite als die Hubarbeitsbühne: Er kann ergänzend zu der Manipulation von schweren Lasten wie von Fahrdrahttrommeln und Armaturen auch mit einem Arbeitskorb verwendet werden.

Zweiachsige Arbeitsfahrzeuge haben sich als kostengünstigere Variante etabliert. Diese Maschinen werden z.B. mit einer dreigeteilten Säulenhebebühne ausgestattet, deren Arbeitsplattformen einzeln steuerbar sind.

Technische Argumente „frei verschwenkbare Hubarbeitsbühne"

Anforderungen in modernen Fahrleitungssystemen

- Hohe Fahrdraht- und Tragseilzugkräfte, große Eckzüge, größere Querschnitte und Gewichte
- Zusätzliche Feeder und Rückstrom-Leiterseile auf den Stützpunkten
- Große Montagehöhen und Abstände der Arbeitspunkte zur Gleisachse
- Kurze Gleissperrzeiten
- Schnelle Zu- und Abfahrt zur/von Arbeitsstelle

Vorteile – Argumente

- Große Reichweite vertikal und seitlich, ausreichend für alle üblichen Arbeitspunkte
- Hubkraft an Anforderungen dimensioniert, Eckzüge können übernommen werden
- Gute, anpassbare Größe der Hubarbeitsbühne
- Sichere Standfläche mit Niveauregulierung für Arbeitssicherheit
- 95 % aller Fahrleitungsarbeiten sind ohne Abstützung des MTW (vorwiegend Drehgestellmaschinen) möglich

Tab. 7.3: Übersicht – Argumente für die frei verschwenkbare Hubarbeitsbühne

Technische Argumente für „dreigeteilte Säulenhebebühne"

Anforderungen in modernen Fahrleitungssystemen

- Hohe Fahrdraht- und Tragseilzugkräfte, große Eckzüge, größere Querschnitte und Gewichte
- Zusätzliche Feeder und Rückstrom-Leiterseile auf den Stützpunkten
- Große Montagehöhen und Abstände der Arbeitspunkte zur Gleisachse
- Kurze Gleissperrzeiten
- Schnelle Zu- und Abfahrt zur/von Arbeitsstelle

Unterschiede im Arbeitsprozess zur „frei verschwenkbaren Hubarbeitsbühne"

- Durch die Dreiteilung kann an mehreren Arbeitspunkten der FL gleichzeitig bzw. unterstützend gearbeitet werden, sichere Standflächen für Arbeitssicherheit
- Reichweite vertikal und seitlich geringer
- Hubkräfte pro Arbeitskorb kleiner, Eckzüge können nicht übernommen werden
- 90 % der in diesen Arbeitsprozessen vorgesehenen Fahrleitungsarbeiten sind ohne Abstützung des MTW (i. a. zweiachsige Maschinen) möglich

Tab. 7.4: Übersicht – Argumente für die dreigeteilte Säulenhebebühne

Abb. 7.43: Fahrdraht-Tragseilmanipulator (Foto: Plasser & Theurer)

7.3.5 Beispiel für eine Maschinentechnologie für das Verlegen von Stromschienen

Eine weitere Herausforderung im modernen Fahrleitungsbau ist die wirtschaftliche Verlegung von Fahrleitungssystemen mit festen Fahrleitungselementen. Im Wesentlichen besteht so ein System aus Querträgern mit Isolatoren und Stromschienen-Längsprofilen. Die Anwendung ist fast ausschließlich für den Tunnelbereich vorgesehen. Mit Bohreinheiten werden die Befestigungslöcher in der Tunneldecke oder-wand für die Stützen und Träger der Stromschienen hergestellt. Für die Stromschienen sind Längen von 8 bis 12 m üblich.

Eine Besonderheit der in Abb. 7.44 dargestellten Arbeitsmaschine ist der Hubtisch mit längs- und querverschiebbarem Förderband. Der Hubtisch ermöglicht eine Übergabe der auf dem Materialwagen vorgelagerten Profile auf die Bühne. Der Fahrdraht wird mithilfe einer Verlegeeinrichtung von der Trommel abgerollt und über den teleskopischen Verlegeturm zur Einbaustelle geführt. In die Längsprofile (etwa U-förmig) wird der Fahrdraht an der Unterseite mittels Rollenvorrichtung eingeklemmt.

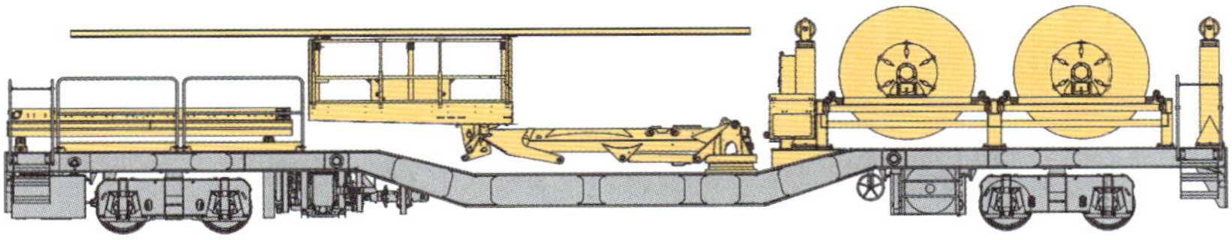

Abb. 7.44: Arbeitsmaschine für das Verlegen von Oberleitungs-Stromschienen und die Montage des Fahrdrahtes (Grafik: Plasser & Theurer)

7.4 Alternative Motortechnologien für Antrieb und Arbeitskomponenten

Aktuell werden Fahrleitungs-Montagemaschinen überwiegend mit Dieselmotoren angetrieben. Die Möglichkeiten mit alternativen Antriebssystemen könnte die Treibhausgasemissionen von Arbeitsmaschinen merkbar reduzieren. Zusätzlich ist die geringe Lärmemisssion im urbanen Bereich und bei Tunnelarbeiten wichtig (Lärmreduktion von > 10 dBA). Als Möglichkeiten für alternative Antriebssysteme sind die Batterie-, die Brennstoff- und die Wasserstofftechnologie in der Diskussion. Weiters ist der elektrische Betrieb mit Fahrleitungsspannung für Überstellfahrten bereits bei Infrastrukturbetreibern im Einsatz.

Nach Studien sind reine Batterietechnologien für Maschinen bis mittlerer Leistung geeignet. Die Wasserstoff-Brennstoffzellen-Technolgie scheint für große Maschinen (Triebfahrzeuge) geeigneter zu sein. Die Implementierung alternativer Lösungen hängt von der parallel notwendigen Energieinfrastrukturversorgung ab. Das Aufladen der Batterein von Hybridmaschinen ist schon heute technisch möglich und logistisch planbar. Die Infrastruktur für Wasserstofftanks müsste erst grundlegend geschaffen werden. Das Potenzial alternativer Flüssigbrennstoffe für Dieselmotoren scheint nach Studien wegen des großen Primärenergiebedarfs eingeschränkt zu sein.

Es ist wie im Automobilbereich eine Entwicklung zu Hybridsystemen – Batterie und Diesel (Benzin) – erkennbar. Parallel dazu ist die Entwicklung bei Gleisbau- und Instandhaltungsmaschinen bei Marktführern mit Maschinen, die die Neulage- und Gleissanierung, den Antrieb der Stopfaggregate usw. mit Strom aus der Fahrleitung machen und parallel dazu auch mit Dieselmotoren arbeiten können, abgeschlossen.

Bei Fahrleitungsarbeitsmaschinen sind Technologien in Umsetzung, bei denen Überstell- und Interventionsfahrten mit Strom aus der Fahrleitung und nach wie vor durch Dieselmotoren (Rückfallebene) Standard sind. Die Fahrleitungsarbeiten sind dann mit Batteriebetrieb vorgesehen. Die Batterieladung kann bei Langsamladung aus dem Stromnetz der öffentlichen Versorgung an den Verkehrsstellen vorgenommen werden. Die Batterieladung ist auch jederzeit vom Dieselmotor über den Generator oder mit Rekuperation beim Bremsen (oder auch über die Fahrleitung, sofern sie eingeschaltet ist) möglich bzw. gegeben.

Die erste Fahrleitungs-Hybridmaschine wurde auf einer Gleisbaumaschinenmesse (Münster) vor ca. 5 Jahren ausgestellt. Ein Prototyp einer Fahrleitungs-Hybridmaschine von der Fa. Plasser & Theurer wurde seit Jahren bei Großbaustellen, insbesondere bei der Stromschienenmontage im Ceneri-Basistunnel, mit Erfolg und ohne technische Probleme eingesetzt.

Abb. 7.45: Fahrleitungs-Hybridmaschine **(Quelle: Plasser & Theurer)**

Abb. 7.46: Prinzipdarstellung des Hybridkonzeptes (Quelle: Plasser & Theurer)

Der Hybridmotorturmwagen ist nach der modernen MTW 100-Serie mit Drehgestelltechnik konzipiert (HTW 100 E³). Überstellfahrten können primär mit hydrostatischem Fahrantrieb über Dieselmotor und Arbeitssequenzen mit Batteriebetrieb gefahren werden. Der Hybridmotorturmwagen hat eine dreigeteilte Säulenhebebühne, eine Eisenbahnladekran ergänzt mit Hebebühne und weitere Komponenten, die ebenfalls mit Batteriebetrieb arbeiten.

Das Fahrzeug trägt das Lithium-Ionen-Paket mit verfügbarer Akkuleistung von mehr als 250 kWh. Die Akkuschränke sind mit ihren Steuerungs- und Überwachungssystemen im Technikcontainer untergebracht. Die Akkuschränke sind elastisch und von Fahrzeugvibrationen entkoppelt auf dem Maschinenrahmen gelagert. Die Akkus verfügen über ein integriertes Thermomanagement und einen internen Brandschutz. Mit Crashsensoren kann die Stoßbelastung bei einem Zusammenstoß – z. B. beim Rangierbetrieb – detektiert werden, um jederzeit Folgen und Sicherheitslücken ausschließen zu können.

Die Kapazität der Batterie ist für zwei Arbeitsturnusse von z. B. je 6 bis 8 Stunden ausgelegt. Dabei ist die Energie für den Fahrbetrieb und alle Arbeitskomponenten (Arbeitsbühnen, Kran usw.) abgedeckt.

Der Fahrantrieb mit Dieselmotor geht über ein hydrodynamisches Wandler-/Wendegetriebe, der Arbeitsfahrantrieb ist elektrisch mit E-Motor am Verteilgetriebe und der Energieversorgung per Akkupack inkl. Umrichtetechnik.

Die Fahrleitungs-Arbeitsmaschinen müssen auch für den Einsatz bei allen Witterungsverhältnissen geeignet sein.

Abb. 7.47: „Kältetest" an der Fahrleitungs-Hybridmaschine (Wien Versuchsanstalt Arsenal) (Foto: Plasser & Theurer)

Im Hinblick auf die generelle Schadstoffbilanz wird von Unternehmen an einer „vollelektrischen" Version gearbeitet (Auslieferungen ab 2023 geplant). Das Fahrzeug kann mit Fahrleitungsspannung fahren werden, die Batterie wird von der Fahrleitungsspannung in den Sequenzen Fahrt/Stillstand iterativ aufgeladen. Die Batterie ist für den Arbeitsbetrieb ausgelegt. Als Rückfallebene dient noch ein kleiner Dieselmotor. Zielsetzung bei dieser Innovation ist es durch den umweltschonenden Betrieb mit Strom aus der Fahrleitung bis zu 80 % CO_2 einzusparen (im Vergleich zu einem dieselhydraulischen System).

Mit einem Großprojekt bei den SBB für den Gotthard- und Ceneri-Basistunnel wurde bei der Neubeschafffung der Flotte an Erhaltungsfahrzeugen auf Hybridtechnologie gesetzt. Die Strategie ist, dass bei den Überstell- und Interventionsfahrten mit Strom aus der Fahrleitung gefahren wird und nach wie vor die Arbeitssequenzen mit Dieselmotoren abgedeckt sind.

Für eine Entscheidung zu neuen Technologien für Fahrleitungsmaschinen kann im Vergabeprozess auf Punkte wie Senkung der Energiekosten, Wirtschaftlichkeit durch höheren Wirkungsgrad der Elektromotoren, vergaberechtliche Vorteile durch Ökobonus bzw. Vermeidung von Ökopönalen, geringere Wartungkosten durch Elektromotoren, Nutzung des „grünen" Bahnstroms, verringerter Schadstoffausstoß, geringere Lärmbelastung usw. verwiesen werden.

Abb. 7.48: Erste Fahrleitungs-Hybridmaschine auf Messe (Münster) ausgestellt **(Foto: Autor)**

8 Mitarbeiterbedarf, Personalstunden und Arbeitszeiten

Im Folgenden werden die Daten von mechanisierten und herkömmlichen Arbeitsverfahren verglichen und grafisch dargestellt. Auf der Basis von ausgeführten Projekten werden Beispiele mit ökonomischen Ergebnissen gezeigt. Abschätzungen über Mitarbeiter- und Zeitbedarf finden sich auch in Kapitel 4.

8.1 Erneuerung von 1 km Fahrleitungskette

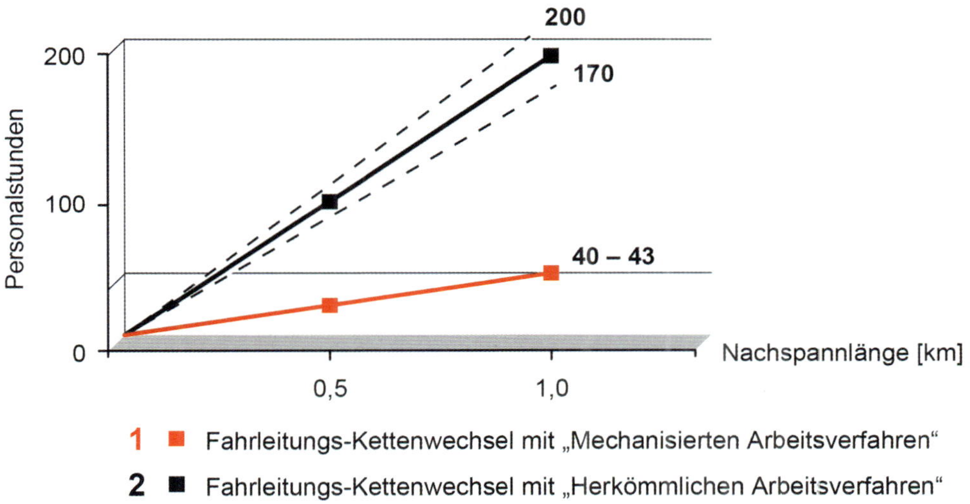

Abb. 8.1: Personalbedarf und Zeitaufwand kumuliert in Personalstunden (Darstellung: Autor)

Die Dauer für den Austausch von 1.500 m Fahrleitungskette, Fahrdraht und Tragseil mit dem mechanisierten Arbeitsverfahren beträgt ca. 7,5 Stunden.

8.2 Fahrdrahtwechsel von 1 km Fahrleitung

Die Gesamtdauer für den Fahrdrahtwechsel nach dem mechanisierten Arbeitsverfahren für die Mustersektion von 1.500 m beträgt ca. 2,5 bis 3,0 Stunden bzw. für 1.000 m ca. 1,8 bis 2,2 Stunden.

Der Fahrdrahtquerschnitt wird dabei 1 : 1 getauscht; Nachspannvorrichtungen, Hänger, Ausleger, Seitenhalter, Y-Beiseile usw. verbleiben 1 : 1. Stromausgleichsverbinder und Pressklemmen sowie ggf. defekte Komponenten sind zu ersetzen.

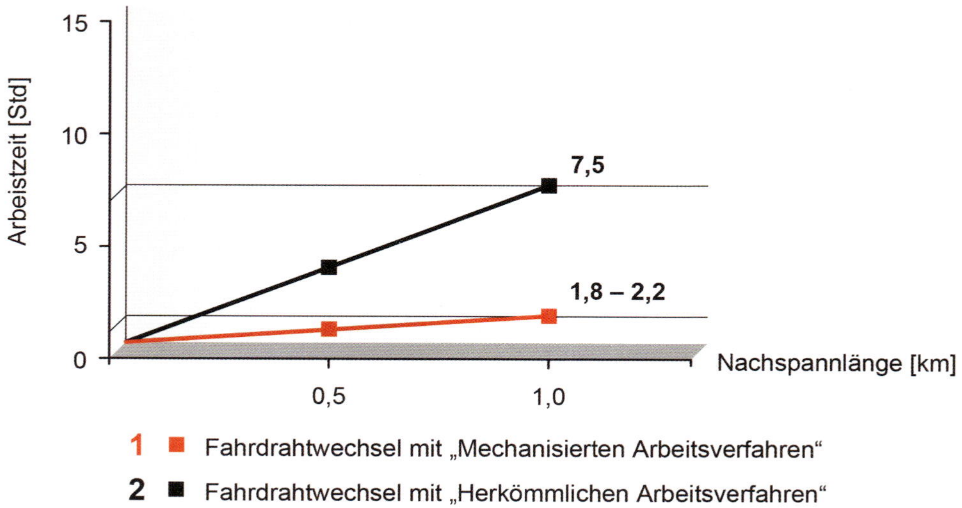

Abb. 8.2: Arbeitszeiten beim Fahrdrahtwechsel (Darstellung: Autor)

9 Kostenstrukturen bei Fahrleitungs-Montageverfahren

Auf Basis von ausgeführten Projekten wird ein Durchschnitt aus den Faktoren der Material-, Personal- und Gesamtkosten zwischen herkömmlichen und mechanisierten Arbeitsverfahren (mit modernen Fahrleitungsmaschinen) grafisch gegenübergestellt.

Für eine eventuelle Neubemessung der Personal-, Flächen- und organisatorischen Strukturen sowie des Mechanisierungsgrades sind auch Beispiele für die Einflussfaktoren für individuelle Bewertungen für den Infrastrukturbetreiber bzw. -verantwortlichen nachstehend genannt. Beim Vergleich sind bei den herkömmlichen Arbeitsverfahren die ältere Maschinentechnologie und der daraus resultierende Personalbedarf, bei den mechanisierten Methoden die Umsetzung mit modernen Fahrleitungsmaschinen mit geringerem Personalbedarf zu beachten. Dazu sind jeweils individuelle Bewertungen notwendig.

9.1 Einsatzplanung

Die Einsatzplanung ist jeweils projektbezogen vorzubereiten. Dazu sind Projektspezifika, Ressourcenverfügbarkeit und Finanzplanung festzulegen.

Z. B. hat man einen Rationalisierungseffekt aus den Einsatzbedingungen für Linienbaustellen auf der freien Strecke mit einer größeren Anzahl von aufeinanderfolgenden Nachspannlängen. Mit den gleichen Arbeitsabfolgen verbessern sich die Kostenstrukturen markant. Auch mit exakt planbaren Arbeitsverfahren und abgestimmten Ressourceneinsatz wird eine Effizienzsteigerung erzielt.

9.2 Bandbreite – weitere Abhängigkeiten

In einer mittel- bis längerfristigen Strategie für die Bewertung von strukturellen Veränderungen im Bereich Fahrleitungsneubau und -betrieb müssen sich Investitionen in eine Fahrleitungs-Installationsmaschine und von zugeordneten Fahrleitungs-Arbeitsmaschinen in einer strategischen Finanzplanung darstellen lassen, jedoch spätestens über den Lebenszyklus rechnen. Konzepte sind auch nach der Jahresauslastung und den Kostenvorteilen daraus und zudem über die Netzgröße und Skaleneffekte zu bewerten. Aus der Betriebsbelastung sind die elektrischen Anlagen insbesondere für hochbelastete Strecken ausreichend zu dimensionieren und damit ergeben sich große Spreizungen im Investitionsbedarf.

9.3 Annahmen für einen Vergleich der Gesamtkosten

Für vergleichbare Montageleistungen ist der Materialkostenanteil von beiden Verfahren etwa gleich, der Personalkostenanteil wird entsprechend dem Mitarbeiterstundenbedarf gewählt.

Der Bedarf und die Kosten an modernen Fahrleitungs-Arbeitsmaschinen (Fahrleitungsbauzug) sind mit den Kapitalkosten (Leasingquoten) für den Maschinenpark, der den mittelfristig geplanten Projekten zugeordnet werden kann, d. i. alt zu neu sowie dem Finanzmanagement für Wertberichtigung und Konsolidierung, aufzunehmen. Dasselbe gilt für den Bedarf und die Kosten an Mitarbeiterressourcen sowie den unterschiedlichen Zeitbedarf für gleiche Montageleistungen.

Der Wechsel (die Erneuerung) der Fahrleitungskette besteht aus den folgenden Modulen:

- Abbau mit Auftrommeln von Fahrdraht und Tragseil
- Aufbau mit Verlegen von Tragseil und Fahrdraht
- Positionierung der Hänger, Ausleger, Fixpunkte, Abspannungen, Y-Beiseile, Stromverbinder, Einspeisungen etc.
- Überwachung der Qualitätskennzahlen (Montagezugkräfte, Fahrleitungsgeometrie etc.)

9.4 Weitere Einflussfaktoren

Von Einfluss sind u. a.: Die Montagekosten steigen mit dem Leistungsanforderungsprofil für Hochleistungsstrecken, -fahrleitungen, mit der technischen Komplexität, bei geringem Mechanisierungsgrad und mit den Forderungen nach hoher Qualität und großer Verfügbarkeit.

Kosten orientieren sich auch an einer fehlenden Kontinuität bei Erneuerungs- und Wartungsprojekten, an einer ungenügenden Mitarbeiterqualifikation bzw. -schulung für die Kernaufgaben sowie ebenso an nicht kontinuierlichem Mitarbeitereinsatz.

Die notwendigen großen Fahrdrahtquerschnitte (120 mm^2, 150 mm^2) und hochfesten Fahrdrahtlegierungen (RiMg, RiSn, ...) stellen hohe Ansprüche an die Montagetechnologie und den Arbeitsvorgang. Bei unsachgemäßer Montage können vertikale und horizontale Welligkeit beobachtet werden, mit dem Effekt einer Lichtbogenbildung zwischen Fahrdraht und Stromabnehmer, mit geringerer Güte der Stromabnahme und mit erhöhtem Verschleiß am Fahrdraht.

Es werden eine wesentlich höhere Montagegenauigkeit und Arbeitssicherheit als bei „herkömmlichen Arbeitsverfahren" gefordert.

Werden z. B. die sehr geringen Toleranzvorgaben bei den Montage-Zugkräften (± 5 %) bei allen Montagesituationen (Start, Stopp und bei der Arbeitsgeschwindigkeit) nicht eingehalten, können Implementierungen am Fahrdraht sowie vertikale und horizontale Welligkeiten verbleiben.

Zwecks Produktivitätssteigerung sind bei mechanisierten Arbeitsverfahren auf Basis des Bestandes vorweg strukturelle Maßnahmen zu überlegen, wie in der Flächenorganisation, bei den Personalressourcen, bei der Mitarbeiterqualifikation und grundlegend beim Umfang der maschinellen Ausrüstung.

Einfluss des Fahrdrahtfertigungsprozesses

Die Eigenschaften des Fahrdrahtes hängen unter anderem davon ab, wie er nach dem Fertigungsprozess auf die Speichertrommel aufgetrommelt wird, z. B. mit geeigneter Zugkraft, Lage an Lage, ohne Dreh- und Biegewinkel zwischen Ziehstein und Speichertrommel, mit entsprechenden Zwischenlagen zur Schonung der Schleiffläche und unter Beachtung des Mindest-Trommelkerndurchmessers (Zug- und Drucklinie im „zulässigen plastischen Bereich").

Zusätzlich stellen die notwendigen großen Fahrdrahtquerschnitte (120 mm^2, 150 mm^2) und hochfesten Fahrdrahtlegierungen (RiMg, RiSn, ...) hohe Ansprüche an die Montagetechnologie und die Fahrleitungsmontage.

In Abbildung 9.1 wird ein Vergleich der Gesamtkosten bei herkömmlichen und mechanisierten Arbeitsverfahren dargestellt. Die Abbildung zeigt die Reduktion der Personalkosten und die Auswirkungen auf die Gesamtkosten und Bandbreiten in ungefährer Relation.

Die Kostenblöcke für Material-, Personal- und Gesamtkosten sowie projektbedingte Bandbreiten sind für beide Montageverfahren abgebildet. Die Blöcke stehen in Relation zur Basis der Gesamtkosten von 100 % für herkömmliche Verfahren. Der Maschineneinsatz zeigt große Unterschiede beim Mitarbeiterbedarf und bei den Einsatzzeiten.

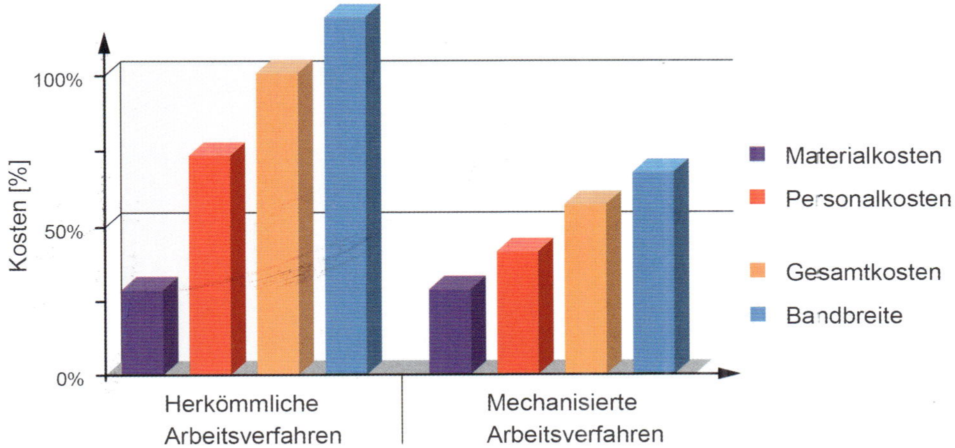

Abb. 9.1: Verhältnis Material- zu Personal- zu Gesamtkosten für die Erstellung von Fahrleitungsanlagen (Darstellung: Autor)

Fazit: Ein ROI (Return on Investment) eines Investitionsprogramms für die flächendeckende Ausrüstung mit modernen Arbeitsmaschinen ist abhängig vom Bestand, von der Technologie, von der Jahresauslastung, von der Netzgröße und den noch nicht elektrifizierten Strecken, von der noch auszustattenden Flächenorganisation (Service-Stützpunkte der Infrastruktur), unter Beachtung der gegebenen Personalstrukturen inklusive der mittelfristig realistischen Veränderungspotenziale.

10 Qualitätsüberwachung mit Messverfahren

10.1 Zielsetzung

Schäden an der Fahrleitung führen fast immer zu erheblichen Betriebsbehinderungen, zu Mehrkosten (Reparaturaufwand, Ersatz- und Umleitungsverkehre, Verspätungspönalen usw.) und zur Kundenunzufriedenheit. Die Kontrolle nach ausgeführten Arbeiten, die laufende Inspektion und präzise Überprüfung mit Messsystemen oder auch die anlassbezogene Prüfung nach Unregelmäßigkeiten sind wesentliche Voraussetzungen für einen gut funktionierenden elektrischen Eisenbahnbetrieb. Für die Feststellung der Montagequalität, Abnahmeprüfung, Validierung, Simulation, Dokumentation, Behördenverfahren und Anlagenüberwachung sind unterschiedliche Anforderungen gegeben und daher Messverfahren notwendig. Die Erfassung der Zustände und die Bewertung der Messergebnisse sind in den Normen und in eisenbahnspezifischen Richtlinien der Infrastrukturverantwortlichen geregelt. Trendanalysen der verschiedenen Qualitätsparameter erlauben gezielte und frühzeitige Rückschlüsse auf sich anbahnende Fehlerstellen im Fahrleitungssystem.

Für Fahrleitungen für Hochgeschwindigkeits (HGV)- bzw. Hochleistungs (HL)-Verkehr sind besondere Verfahren bei der Abnahmeprüfung und der Anlagenüberwachung notwendig. Nach dem Verlegen von hochfesten Fahrdrähten mit herkömmlichen Arbeitsverfahren, d. h. im Wesentlichen ohne Zugkraft, können vertikale und horizontale Welligkeit beobachtet werden. Das führt zu Kontaktkraftspitzen zwischen Fahrdraht und Stromabnehmerschleifstücken, zur Lichtbogenbildung, die Güte der Stromabnahme ist gering und es resultiert ein erhöhter Verschleiß des Fahrdrahtes.

Die für die Stromübertragung zwischen Fahrdraht und Stromabnehmer geforderten Qualitätskriterien können sichergestellt werden, wenn Fahrdrähte und Tragseile mit den durch die Bauart des Fahrleitungssystems vorgegebenen Nennzugkräften kontinuierlich wie am Fließband verlegt werden.

Mit einem besonderen Windensystem und der zugehörigen Verlegetechnologie der Maschine werden Fahrdrähte und Seile nicht verformt bzw. die beschliffene Fahrdrahtfläche nicht beschädigt.

10.2 Messaufgaben

Es sind Fahrdrahtlage, Fahrdrahtneigung, Fahrdrahtstärke, Maststandorte, Mastneigung, Ausleger- und Seitenhaltereinstellung, Leiterzugkräfte, Fahrdrahtanhub, Windauslenkung, Nachspannvorrichtungen, Temperatur, statischer und dynamischer Kontaktkraftverlauf, Fahrleitungselastizität, Verschleißentwicklung, Strombelastung und Erwärmung durch Betriebsströme, usw. zu messen. Darüber hinaus sind Messeinrichtungen an Radspannwerken (z. B. Wippenneigung) zur Kontrolle der Leiterzugkräfte, Lasermesssysteme zur Lagebestimmung relativ zur Gleisinfrastruktur und zur Erfassung des Windabtriebes im Spannfeld (in Abhängigkeit von der Windstärke, -richtung und Temperatur), Bildüberwachungen der Schleifstücke auf Unregelmäßigkeiten oder Bruch usw. im Einsatz.

Die Messergebnisse werden heute digital erfasst und abgelegt. Nutzt man die heute verfügbaren technologischen Möglichkeiten in der Messtechnik, analysiert die Messergebnisse und beobachtet mit Zeitreihen, so kann man die richtigen Maßnahmen zum richtigen Zeitpunkt setzen und dadurch die Zuverlässigkeit der Fahrleitung sicherstellen.

Aus den Zeitreihen kann die weitere Zustandsentwicklung erkannt und die Anlagenverantwortung wahrgenommen werden. Daran orientiert sich auch eine mehrjährige Finanzplanung.

Die Fahrdrahtlage und -neigung sind ein Faktor für die Qualität des Zusammenwirkens von Fahrdraht und Stromabnehmer. Die Kontaktkräfte daraus bestimmen den Fahrdrahtanhub und den Verschleiß am Fahrdraht und an den Stromabnehmerschleifstücken.

Die Messungen werden in regelmäßigen zeitlichen Abständen vorgenommen, je nachdem, ob es sich um Standard- oder Hochgeschwindigkeitsstrecken handelt. Die Messungen müssen einerseits die statische Ruhelage des Fahrdrahtes, das ist die absolute Höhen- und Seitenlage gegenüber der Gleislage ohne Einwirkung einer Kontaktkraft des Stromabnehmers auf den Fahrdraht ermöglichen. Die statische Ruhelage kann mit Laser- oder Ultraschalltechnik bzw. mit dem Stromabnehmer mit minimaler Kontaktkraft gemessen werden. Die dynamische Anhublage (Höhen- und Seitenlage) des Fahrdrahtes ergibt sich aus der Summe der wechselnden Kontaktkraftkomponenten zwischen Fahrdraht und Stromabnehmer. Die Messung ist z. B. mit der in Normen festgelegten, erhöhten Stromabnehmer-Kontaktkraft bei geringen Geschwindigkeiten möglich oder sie wird bei Messfahrten mit Betriebsgeschwindigkeit erfasst.

Diese Messungen sind i. a. bei abgeschalteter Fahrleitung, aber auch bei unter Spannung stehender Fahrleitung mit isoliert aufgesetztem Messbügel bzw. mit Laser- oder Ultraschallsystemen möglich.

Abb. 10.1: Fahrdrahtlage zur Gleisgeometrie **(Foto: Autor)**

10.3 Sicherstellung der Anlagenverfügbarkeit von Fahrleitungen durch ständiges Monitoring

Monitoringsysteme können Fahrdrahtlage, Fahrdrahtanhub, Schleifleistenüberwachung, Fahrdrahtstärkemessung, Radspannwerküberwachung, das dynamische Kontaktkraftverhalten usw. erfassen. Ergänzungen erhält man mit Regelzugmessungen, mit Messzügen und/oder visueller Kontrolle der Anlageteile.

Bei der Fahrdrahtmessung können so die folgenden Messgrößen erfasst werden:

- Seitenlage des Fahrdrahtes/der Fahrdrähte auf den Schleifleisten und zum Gleis
- Höhenlage des Fahrdrahtes über den Gleisen
- Neigung des Fahrdrahtes in Gleislängsrichtung
- Fahrdrahtdurchhang zwischen zwei Aufhängepunkten, Hängern
- Kraftimpulse, die im Fahrbetrieb auf die Schleifkontakte wirken, sind z. B.
  - starke Stöße, die zu Kohleschäden führen können,
  - kleine Stöße, die die Laufruhe der Schleifkontakte beeinflussen (z. B. durch Schädigung der Kontaktfläche in Folge von Lichtbögen)
- Kontaktunterbrechungen mit Lichtbögen zwischen Fahrdraht und Schleifkontakt
- Erfassung der Drahtkontur und dadurch die Berechnung des Fahrdrahtverschleißes
- Bei Fahrdrahtkreuzungen werden die kreuzenden Fahrdrähte und der Kreuzungsstab erfasst.
- Verdrehung der Fahrdrähte in Achsrichtung
- Die Profile von Trennern, Stoßklemmen, Stromschienen und sonstigen Bauteilen werden ebenso erfasst.
- Stromstärke bei der Stromentnahme und Stromrückspeisung (nach Möglichkeit für jede der zwei Schleifleisten einzeln)
- Elektrische Fahrdrahtspannung
- Fahrgeschwindigkeit/Beschleunigung
- Eingabe der Kilometrierung
- Synchrone Videoaufzeichnungen des Bewegungsablaufes Fahrdrähte und Stromabnehmer, Ergänzung mit Gleisumgebungsvideosystemen
- Temperatur am Kontaktpunkt mittels Infrarot-Thermografie
- Umgebungstemperatur

Zu allen Messdaten werden die Ortskoordinaten mitangegeben.

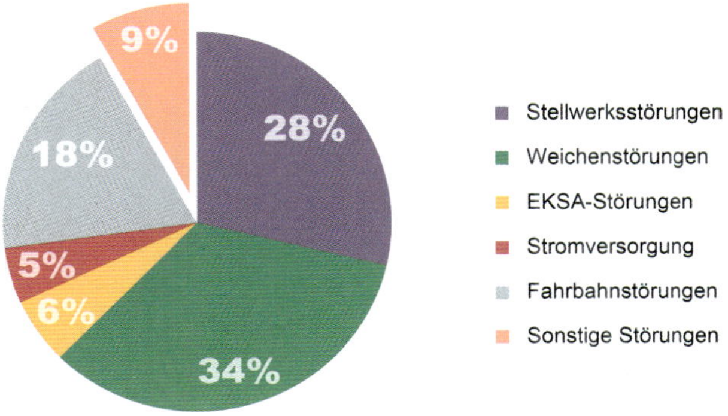

Abb. 10.2: Prozentuale Verteilung der Verspätungsminuten
(Vortrag: ÖVG-Symposium 2018: W. Kapfenberger)

Die Überwachung des Infrastrukturzustandes wird allgemein nach einem Instandhaltungsplan vorgenommen. Folgende Gliederung wird vielfach verwendet:

- Besichtigungen mit Kontrollen, Begehungen und Befahrungen,
- Messfahrten zur Kontrolle des statischen und dynamischen Verhaltens,
- ordentliche und außerordentliche Untersuchungen.

Entsprechend den festgestellten Schwellenwerten können die Arbeiten eingeplant werden, oder es sind Soforteingriffe notwendig (Details siehe Kapitel 15).

Grundsätzlich ist die Lage der Fahrdrähte bei neuen Fahrleitungsanlagen im Rahmen der Abnahme oder Übergabe, bei der Erneuerung und vereinfacht beim Fahrdrahttausch zu messen. Je nach den Messaufgaben können z. B. Motorturmwagen mit Inspektions- und Messeinrichtungen ausgestattet werden, oder es werden Messzüge für eine umfangreiche Diagnose eingesetzt.

Abb. 10.3: Zugkomposition für Fahrleitungs-Messfahrt **(Foto: ÖBB: W. Kapfenberger)**

Man kennt fristenorientierte Instandhaltungskonzepte, weil aber Lebensdauer und Abnützungsgrad der Fahrleitungskomponenten i. a. stark unterschiedlich sein können, muss eine zum Teil „vorgezogene" Instandhaltung erfolgen. Das ist ressourcen- und kostenintensiv. Geht man nach ausfallsbedingten Instandhaltungskonzepten vor, so kann das mit Zuverlässigkeit, Betriebssicherheit und Verfügbarkeit nach den TSI und EN im Eisenbahnbetrieb nicht vereinbar sein. Daher werden zustandsorientierte Instandhaltungskonzepte herangezogen, womit die Messverfahren und -serien unbedingt notwendig sind.

10.4 Messmethoden

10.4.1 Fahrleitungsinspektion mit adaptierten Stromabnehmern

Mit Messstromabnehmern, die üblich auf Fahrleitungs-Arbeitsfahrzeugen (MTW) montiert sind, können Fahrdrahthöhe, -neigung und -seitenlage, Elastizität sowie das Verhalten der Ausleger, Y-Beiseile und Seitenhalter, Weichenverbindungen usw. mit einstellbaren Kontaktkräften z. B. ab 5 bis 10 N (d. i. „quasistatisch") bis 250 N oder maximal 300 N (das entspricht den dynamischen Kräften) gemessen werden. Die Anpresskraft wird über die Druckluftsteuerung der Halbscheren eingestellt.

Um eine Beeinflussung der Fahrdrahthöhenmessung durch unterschiedliche Beladung, Einfederung oder Wankbewegungen des Fahrleitungs-, Arbeits- oder Messfahrzeugs zu kompensieren, werden die Federwege der Primär- und Sekundärfederung der Achsen, der Drehgestelle während der Messungen gegenüber dem Wagenkasten blockiert (Fixieren der Primärfederung). Gleisunregelmäßigkeiten gehen in die Messung der Fahrdrahtlage ein.

Die statische Ruhelage des Fahrdrahtes kann mit einem geregelten Stromabnehmer bei geringen Geschwindigkeiten, der eine Kontaktkraft von 5 bis 10 N konstant hält, geprüft werden. Das entspricht noch einer „berührungslosen" Messung. Für Fahrleitungen bis 200 km/h ist nach EN 50119 ein Neigungswechsel von 1 Promille zulässig, für Anlagen bis 250 km/h nur mehr von 0,5 Promille und darüber sind 0 Promille einzuhalten. Das kann mit diesem Stromabnehmermesssystem nachgeprüft werden.

Die Fahrdrahthöhe kann mechanisch über den Anhubwinkel des Oberholmes des Mess-Pantografen, der über einen hochauflösenden Drehwinkelgeber gemessen wird, erfasst werden.

Eine technische Lösung zur Messung der Fahrdrahtseitenposition gegenüber der Gleislage (Gleismittellinie) arbeitet z. B. mit induktiven Näherungssensoren, die auf einem aktuellen Stromabnehmer montiert sind. Die Sensoren sind auf einer zusätzlichen Wippe angeordnet, die in geringem Abstand unter und zwischen den beiden Schleifleisten eingebaut ist. Zum Schutz gegen äußere Einwirkungen kann das System – induktive Näherungssensoren – in einer Metallbox integriert und mit Isolierplatte abgedeckt werden. Der Messstromabnehmer muss zentriert über dem Drehgestellzapfen (oder über der Einzelachse) positioniert sein.

Abb. 10.4: Messstromabnehmer mit induktiven Näherungssensoren (Foto: Plasser & Theurer)

Diese Lösung ist als Ergänzung des Messbügels zur Fahrdrahthöhenmessung auf dem Fahrleitungs-Arbeits- bzw. Messfahrzeug möglich.

Andere Messsysteme registrieren die außermittige Kraftwirkung durch die Einfederung der Schleifleisten und ein Rechenprogramm ergibt die Seitenlage online.

Um den Stromabnehmerdurchgang im Regelbetrieb insbesondere bei den höheren Betriebsgeschwindigkeiten mit den erhöhten Kontaktkräften nachzubilden und den Fahrdrahtanhub an kritischen Stellen wie Seitenhalter, Ausleger, Weichenverbindungen und Parallelführungen zu prüfen, wird die Kontaktkraft am Mess-Stromabnehmer auf 150 N bis 250 (300) N entsprechend den Vorgaben des Anlagenbetreibers eingestellt. Diese Messung erfasst die „dynamische" Höhen- und Seitenlage bei geringen Geschwindigkeiten. Damit erkennt man die kritischen Positionen des Fahrdrahts, wie sie bei Hochgeschwindigkeitsfahrten auftreten können, z. B.:

- Verbleibt ein ausreichender elektrischer Schutzabstand?
- Welche Neigung haben Seitenhalter beim Fahrdrahtanhub?
- Wie verhält sich die Stromabnehmerwippe bei parallelgeführten Fahrleitungsketten und Weichenverbindungen (Kippen, Einfädeln)?

Die gewählte Anpresskraft der Messeinheit an den Fahrdraht wird üblicherweise über einen Druckluftantrieb am Halbscherenstromabnehmer erzeugt und über einen Regelkreis für die Messung konstant gehalten.

Über Rechenprogramme können über die Messwerte weitere Kennwerte wie Elastizität, Fahrdrahtneigung, Grenzwertüberschreitungen usw. errechnet und als Komplettanalyse digital nach Suchbegriffen abgespeichert werden. Da die Messeinrichtungen auf der Fahrleitungs-Arbeitsmaschine (MTW) fix installiert werden können, ist eine multifunktionelle Verwendung als Arbeits- und Messfahrzeug gegeben. Damit kann unmittelbar nach Abschluss der jeweiligen Tätigkeit die Prüfung angeschlossen werden.

10.4.2 Fahrleitungsinspektion mit berührungslosen Messverfahren (FD-Höhenlage und -Seitenlage)

Für die Nachprüfung der bestellkonformen Ausführung und Qualität sowie für routinemäßige Kontrollmessungen werden kontaktlose Verfahren eingesetzt. Mit berührungslosen Messeinrichtungen wird die Fahrdrahtruhelage nicht beeinflusst.

Für die Messung der seitlichen und vertikalen Position des Fahrdrahtes in Bezug zum Gleis steht auch ein berührungsloses, lasergestütztes optisches Messsystem zur Verfügung.

Dieses Messprinzip mit Lasermess- oder Ultraschallmesseinrichtungen ist Standard auf Diagnosezügen, womit Messgeschwindigkeiten bis 400 km/h möglich werden. Das Equipment kann direkt auf Zügen montiert werden. Die Inspektionsfahrten können damit in den normalen Fahrbetrieb integriert werden.

Die Messeinrichtungen arbeiten nach dem Triangulierungsverfahren (Winkelmessung). Mit diesem Verfahren misst man die statische Ruhelage mit Dieseltriebfahrzeugen und das dynamische Verhalten mit E-Triebfahrzeugen. Die Auswertung basiert auf trigonometrischen Funktionen. Dazu sendet der Messsensor vom Dach des Messfahrzeugs einen hochfrequenzmodulierten, temperaturstabilisierten Laserstrahl in kürzesten Zeitabständen (z. B. 10- bis 100-mal pro Sekunde) über einen gewählten Schwenkwinkel quer zur Fahrtrichtung in Richtung des Fahrdrahtes. Trifft der Laserstrahl auf den Fahrdraht und auf Ausleger wird er reflektiert. Aus der Phasenverschiebung (Zeitdifferenz) zwischen gesendetem und empfangenem Strahl werden die Koordinaten des erfassten Fahrleitungssystems errechnet. Mit mathematischen Beziehungen kann rechentechnisch der Einfluss der Fahrzeugwankbewegungen kompensiert werden. Die Werte für Höhen- und Seitenlage werden des Weiteren um die Messergebnisse des Infrastrukturmesszuges zur Referenzebene der Schienenoberkanten beider Schienen relativiert.

Mit diesen Laser- oder Ultraschallmesseinrichtungen, die auf einem mobilen Rahmen/„Schienenwagen" auf das Gleis aufgesetzt sind, kann die Fahrdrahtlage abhängig von der momentanen Gleislage abgetastet werden. Diese Systeme werden auch auf Fahrleitungs-Arbeitsfahrzeugen oder auch auf Zweiwegefahrzeugen montiert.

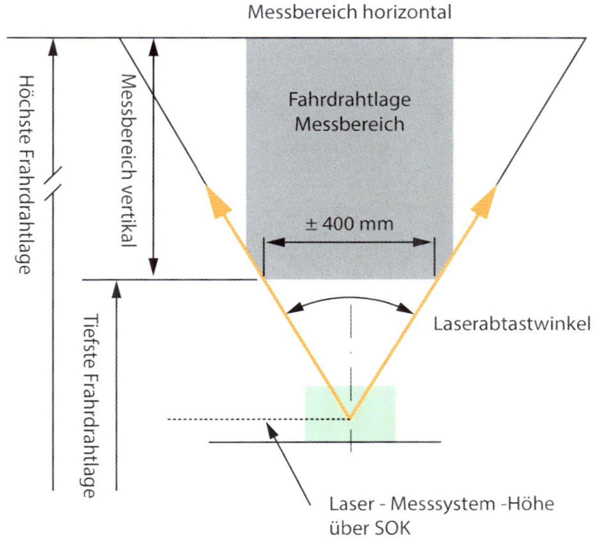

Abb. 10.5: Berührungslose Fahrdrahtlagemessung (Lasersystem) **(Prinzipzeichnung: Autor)**

Es ist eine gleichzeitige Erfassung von bis zu vier Fahrdrähten möglich. Die Messgeschwindigkeiten können bis 300 km/h (400 km/h) betragen. Die Anwendung ist bevorzugt für Fahrleitungs- oder Oberbaumesswagen entwickelt worden.

10.4.3 Messung der Fahrdrahtstärke und des Verschleißes

Ein Langzeitthema ist die Messung der Fahrdrahtstärke. Es sind verschiedene Verfahren in Erprobung bzw. in Anwendung. Von Einfluss sind die unterschiedlichen Querschnittsformen, dass der Fahrdraht nicht immer vertikal ausgerichtet ist, parallel geführte Fahrleitungsketten, Doppelfahrdrähte, Gratbildung an den Schleifflächen, Verschmutzung und Witterungseinflüsse. Derzeit ist noch die manuelle Messung der FD-Stärke an definierten Punkten mit Mikrometer üblich. An Messgenauigkeit bei manueller Messung mit Messlehre sind +/-0,1 mm gefordert, mit Mirkometer +/-0,05 mm. Der Abstand zwischen zwei Messpunkten ist bei erkannten bzw. detektierten „Schwachstellen" mit 2 cm (bei Messung unter Klemmen 5 mm) zu wählen, die Messungenauigkeit soll kleiner 1 % bezogen auf den neuen Fahrdrahtquerschnitt sein.

Mit einem von der DB Netz AG entwickelten Verfahren kann man z. B. von beiden Seiten die Ober- und Unterkante des Fahrdrahtes mit Laserstrahlen abtasten und daraus die Fahrdrahtstärke bzw. Abnützung errechnen. Die Laser sind auf Schleifleisten des Stromabnehmertyps WBL 85 seitlich aufgesetzt und mit der gegenüberliebenden Zeilenkamera wird der „Schatten" ausgezählt (Genauigkeit der Dickenmessung ist +/-0,15 mm). Die technisch mögliche Abtastrate liegt bei Messungen 15000-mal pro Sekunde.

Abb. 10.6: Messstromabnehmer mit Laserscaneinheiten und Stoßsensoren (Foto: Fa. Deutzer)

Erprobt ist das Verfahren nur am Rillenfahrdraht, dabei sind Messfehler bei Schräglage des Fahrdrahtes möglich und in der Auswertung rechentechnisch zu analysieren. Das Verfahren müsste jeweils auf die Fahrdrahttype (Rund-, Flachprofil nach EN 50149) justiert werden. Abbildung 10.6 zeigt einen Messstromabnehmer mit Laserscaneinheiten für die Fahrdrahtseitenlage, -höhenlage und -neigung, die Fahrdrahtkontur (Verschleißberechnung), mit Stoßsensoren für den Kontaktkraftverlauf und mit Seilzugsensoren.

Andere Systeme messen das Höhenprofil mit Licht-/Schattenprojektionen aus.

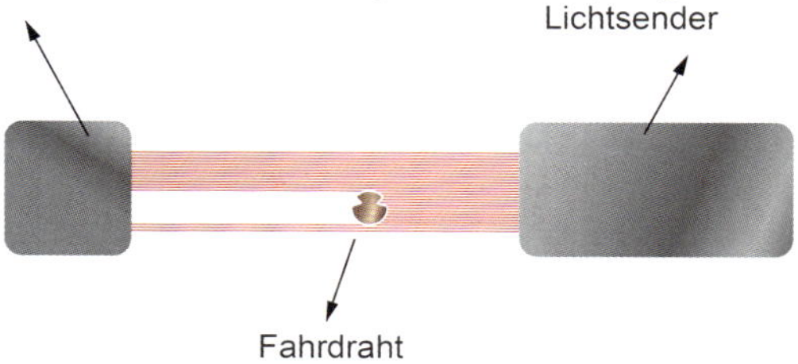

Abb. 10.7: Messprinzip mit Laser oder Licht/Schatten-Auswertung (Zeichnung: Autor)

Der Fokus der Kontrolltätigkeit liegt üblich auf dem Verschleiß bezogen auf den Fahrdrahtquerschnitt. Um eine Gesamtbeurteilung der Komponenten Fahrdraht und Schleifleisten der Stromabnehmer treffen zu können, ist auch das Verschleißbild des Fahrdraht-Schleifspiegels z. B. mit Videosystemen bei Messfahrten fallweise zu prüfen. Fakultativ sind die Schleifleisten zeit- oder kilometerabhängig zu untersuchen (siehe auch Abschnitt 10.4.7). Durch die Verknüpfung der Fahrdrahtseitenlagewerte mit der Stromübertragung können z. B. die Ursachen von Querrillen in den Schleifkohlen ermittelt werden. Riffelbildungen am Fahrdraht und Querrillen auf Schleifleisten beinträchtigen die Stromübertragung (Lichtbögen, Kontaktkraftverlauf) und können zu umfangreichen Fahrleitungs- und Stromabnehmerschäden führen.

Weitere Verfahren messen die aktuelle Breite der Kontaktfläche (Spiegel) und die Ergebnisse beider Messtechniken können noch über mathematische Beziehungen abgeglichen und bestätigt werden. Wird nur der Fahrdraht-Schleifspiegel detektiert, kann es bei Fahrdrahtschrägstellung zu Fehlmessungen kommen. Die bei Verschleiß noch zulässige Mindestfahrdrahthöhe von 10,90 mm beim Profilfahrdraht ÖBB lt. EN 50149 kann bei schräger Abnützung des Fahrdrahtes von 20° erreicht sein, aber die Schleifbreite beträgt dabei trotzdem 13,11 mm wie bei einem neuen Fahrdraht. Der Verschleiß ist aber bereits größer als 20 %, womit eine Messung des Schleifspiegels bei Profilfahrdrähten problematisch wird und zu Fehlinterpretationen führt.

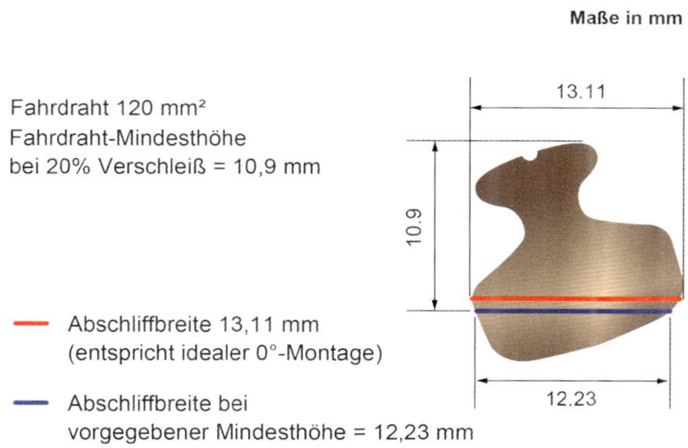

Abb. 10.8: Fehlinterpretation des Verschleißes bei Profilfahrdrähten bei einer Fahrdrahtschrägstellung von 20° **(Zeichnung: Autor)**

10.4.4 Kontaktkraftmesssysteme

Mit Kontaktkraftmessungen wird die Qualität der Stromübertragung vom Fahrdraht zu den Schleifstücken über den Kontaktkraftverlauf bis zur zugelassenen bzw. vereinbarten Systemgeschwindigkeit geprüft. Für die Infrastrukturverantwortlichen ist dies der Nachweis der bestell- und normenkonformen Funktion der Fahrleitung, aber auch eine funktionale Prüfung im Zuge des Instandhaltungsplanes. Die Messungen werden, je nach Wertigkeit der Strecke, in vereinbarten Intervallen wiederholt. Prüfungen sind auch nach einer Erneuerung der Fahrleitungskette oder nach einem Fahrdrahttausch Standard. Am Markt werden von wenigen Anbietern Messstromabnehmer angeboten, die gleichermaßen z. B. die vier Schleifstückreaktionskräfte an beiden Enden der zwei, elastisch gegenüber der Stromabnehmerwippe gelagerten Paletten (bei 15 kV- oder 25 kV-Systemen) erfassen. Üblich werden die Reaktionskräfte z. B. von Kraftmessdosen gemessen oder die Beschleunigungswerte an den Lagerkomponenten. Es kann auch mit passiven Sensoren wie Dehnungsmessstreifen, die indirekt die Scherkräfte an den Lagerpunkten abbilden, gemessen und in das Rechenverfahren übernommen werden. Die Sensoren sind direkt an den Schleifstückauflagern eingebaut. Über mathematische Modelle wird online aus den vier Reaktionskräften und mit Korrektur aus den Massenträgheitskräften der Schleifpaletten, aus der Aerodynamik, aus der Hysterese der Lagerung usw. der Kontaktkraftverlauf errechnet und reproduzierbar digital aufgezeichnet. Für die Beurteilung der Interoperabilität werden aus dem Kontaktkraftverlauf über die Messstrecke die mittlere Kontaktkraft und die Standardabweichung errechnet und der Höchst- und der Kleinstwert angegeben.

Aus dem Verlauf der vier Einzelkräfte kann man zur Ergänzung über Rechenalgorithmen die Fahrdrahtseitenlage ermitteln. Als weiterer Effekt kann die dynamische Elastizität aus dem Kraftverlauf und dem dynamischen Fahrdrahtanhub bzw. der Fahrdrahthöhe errechnet werden.

Die Messung des Kontaktkraftverlaufs wird mit Messzügen bei Betriebsgeschwindigkeit (bzw. mit +10 %) vorgenommen. Mobile Messeinheiten können auch auf Triebfahrzeugen montiert werden. Die Messungen können bei abgeschalteter und geerdeter Fahrleitung vorgenommen werden oder bei eingeschalteter Fahrleitung mittels Hochspannungsübertragungsequipment. Mittels der detektierten Kraftspitzen kann auf Fehler in der Fahrleitungsregulierung zurückgeschlossen werden. Sind die Kontaktkraftmesseinrichtungen auch mit Beschleunigungssensoren ausgestattet, können erhöhte Beschleunigungswerte „harte Stellen" in der Fahrleitung aufzeigen, also Bereiche mit erhöhtem Fahrdrahtverschleiß frühzeitig erkannt werden.

Bei allen Verfahren ist zu beachten, dass Kräfte und Schwingungen, die aus der realen Gleislage kommen und über die Wagenkastenfederung, über das elastische Verhalten des Wagenkastens selbst am Wagendach, also an den Fußpunkten des Stromabnehmers ankommen, die Kontaktkraftmessverfahren mitbeeinflussen. Diese Einflüsse sind im Labor und in Versuchsreihen zu quantifizieren, zu kalibrieren und letztlich als Korrekturfaktoren in die mathematischen Auswertemodelle einzubringen.

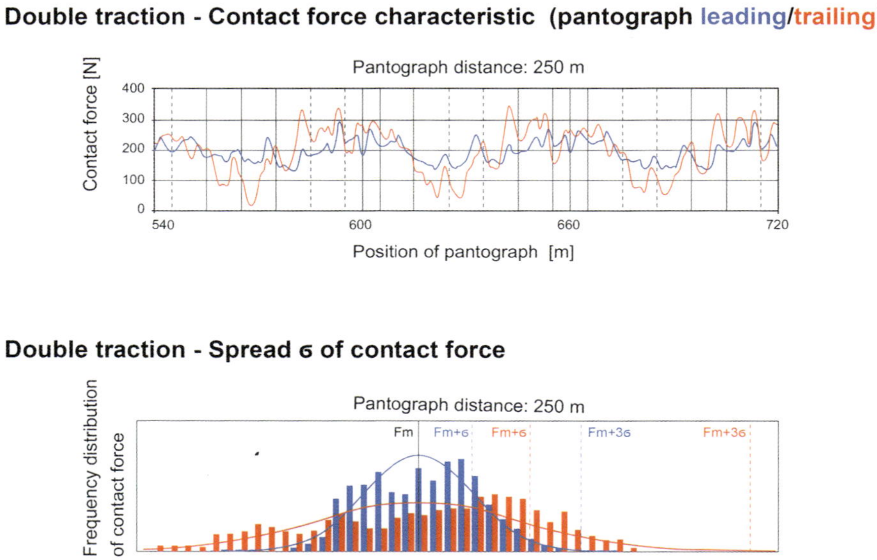

Abb. 10.9: Beispiel – Kontaktkraftverlauf (Doppeltraktion mit Stromabnehmerabstand 250 m) (Quelle: Fachtagung acrps)

Einzelne Infrastrukturverantwortliche lassen zu den vertikalen Kontaktkräften auch die horizontalen Stoßkräfte erfassen. Damit sollen zusätzlich Störstellen und Unstetigkeitsstellen erkannt werden, z. B. falsch gesetzte Klemmen, Riffelbildung, Schmelzperlen und Einschnürungen an der Fahrdrahtschleiffläche sowie Regulierungsfehler an Parallelfeldern (siehe auch Irsigler, Manfred: Systemtechnik von HGV-Oberleitungen, Leverkusen: PMC Media, 1. Auflage 2020).

10.4.5 Verortung

Eine Wegmessung kann über einen auf der Achse montierten Impulsgeber erreicht werden. Ungenauigkeiten können bei Schlupf der Achsen entstehen. Er ist jeweils z. B. über eine kurze Normmessstrecke zu kalibrieren und ggf. mit Ereignismarkierung zu ergänzen.

Eine berührungslose mastbezogene Ortssynchronisation kann implementiert werden. Die Verortung der Messergebnisse mittels „Differential-GPS“ ist üblicherweise z. B. im berührungslosen Gleisgeometriemesssystem der Infrastruktur implementiert (siehe auch Abschnitt 10.4.11).

Eine sichere Methode der Verortung wird auch mit der Codierung der Fahrleitungsmaste erreicht. Die Auslesung von den Arbeits- oder Messfahrzeugen ist bei Geschwindigkeiten von 60 km/h (evtl. bis 100 km/h) möglich.

Eine manuelle Ereignismarkierung wird ergänzend für singuläre Punkte (Streckentrenner, Weichen, …) eingesetzt.

10.4.6 Videoinspektionssysteme

Die Inspektion der Fahrleitungsgeometrie (Auslegergeometrie, Seitenhalterneigung, Maststellung usw.) kann bei Betriebsgeschwindigkeit mit Hochgeschwindigkeitskameras vorgenommen werden. Eine Bilderkennungssoftware ermöglicht dem Fachmann die visuelle Kontrolle am Bildschirm. Eine spezielle Auswertesoftware kann zudem geometrische Abweichungen aus vorangegangenen Messfahrten erkennen und automatisch markieren. Eine exakte Zuordnung der Bilder mittels GPS-Daten (Georeferenzierung, Gleis- und Ortsangaben) ist möglich. Hochqualitative Bilder erhält man bei allen Umgebungslichtbedingungen mit integriertem Beleuchtungssystem. Üblich wird dabei auch der Infrastrukturfreiraum abgetastet. Mit Gleisumgebungsvideosystemen können von der Fahrerkabine aus der Fahrweg, das Gleis, die Infrastrukturkomponenten, die Fahrleitungsanlagen, ergänzt mit einer exakten Zuordnung mittels Georeferenzierung (GPS, …), aufgezeichnet und kontrolliert werden. Damit können zeitaufwendige Begehungen, die auch immer ein Sicherheitsrisiko sind, zum Teil ersetzt werden. Mit Videosystemen kann auch der Interaktionsbereich zwischen Stromabnehmer und Fahrdraht bei Messfahrten überwacht werden. Dazu sind je eine Kamera mit hoher Auflösung (und entsprechendem Beleuchtungssystem) vor und hinter dem Stromabnehmer angeordnet. Die Anwendung ist auf Messwagen und auf MTW möglich.

Eine visuelle Kontrolle kann im Anlassfall als Ergänzung zu den o. a. Messsystemen bei einer detaillierten Nachprüfung angeschlossen werden.

Eine Ergänzung der Videoinspektionssysteme sind Thermografiesysteme, die die Temperatur-Abstrahlung von Gegenständen im Infrarotwellenlängenbereich aufzeichnen. Damit können Schwachstellen bei zu hochbelasteten Fahrleitungen, Klemmen detektiert werden (Darstellung der Oberflächentemperaturen von Gegenständen relativ zueinander). Die Anwendung ist ebenfalls auf Messwagen und auf MTW möglich.

10.4.7 Schleifleistenüberwachung

Der Aufbau ist z. B. bei einem Zuglaufcheckpoint sinnvoll, es sind mehrere Messungen an einem Standort (Temperatur der Achsen, Räder, …) zusammenzufassen.

Die Kontrolle von Schleifleisten kann über Videosysteme bei durchfahrenden Zügen erfolgen. Es ist eine Kontrolle der Stromabnehmer-Schleifstücke und der Stromabnehmer-Fahrdrahtbewegungen möglich. Daraus abgeleitet kann aus der Fahrdrahtbewegung und den Schwingungen die dynamische Kontaktkraft relativ ausgewertet werden. Die Aufzeichnungen können abhängig von der Witterung und den Lichtverhältnissen mangelhaft sein und die Analyse erschweren.

Abb. 10.10: Videomessstelle zur Schleifleistenüberwachung (Vortrag: ÖVG-Symposium: W. Kapfenberger)

Abb. 10.11: Mit Videomessstelle detektierter Stromabnehmerbruch (Foto: ÖBB INFRA)

10.4.8 Messgenauigkeit – Messtoleranzbereiche

Die Messgenauigkeit für FL-Messfahrzeuge ist in den Richlinien (Lastenheften) des jeweiligen Infrastrukturbetreibers festgehalten z. B. zur Fahrdrahtruhelage, statischen Anhublage, FD-Seitenlage.

Die Messgenauigkeit mit Lasermesstechnik wird auch mit den Ergebnissn des „Optischen Lots" verglichen.

Beispiele aus technischer Sicht:

- Maximaler Abstand zwischen zwei Messpunkten ist 0,25 m.
- Der Messbereich des Messsystems muss Fahrdrahthöhen von 4,80 bis 6,20 m über SOK sowie Fahrdrahtseitenlagen von +/-0,60 m umfassen.
- Messgenauigkeit für Fahrleitungs-Messfahrzeuge (Lasermesstechnik):
  - Fahrdrahtruhelage (FD-Höhe) kleiner +/-1,0 cm
  - Statische Anhublage kleiner +/-1,5 cm
  - FD-Seitenlage kleiner +/-1,5 cm
- Zum Vergleich ist die Messgenauigkeit mit „Optischem Lot":
  - Fahrdrahtruhelage (FD-Höhe) +/-1,0 cm
  - FD-Seitenlage +/-2,0 cm

10.4.9 Fernwartung, Digitalisierung

Mittlerweile ist es Standard, dass die Fahrleitungs-Arbeitsmaschinen für die Fernwartung ausgerüstet sind. Probleme an den neueren Installations- und Montagemaschinen können direkt vom Servicetechniker fern abgefragt und bearbeitet werden. Da die Messanlagen in das Ferndiagnosesystem des Fahrzeugs integriert sind, können bei Bedarf technische Unterstützung von der Zentrale angefordert und damit Kosten und Wegzeiten eingespart werden. Bei Messwagen ist die Datenaufbereitung und -auswertung mit einem Onboard-Netzwerk unmittelbar möglich.

Die Datenraten für die Messungen können in einem bestimmten Bereich eingestellt werden. Häufig werden alle 2 cm oder 10 cm der Wegstrecke die Daten gespeichert. Bei mehreren unterschiedlichen Messungen z. B. Gleis, Lichtraumprofil, Fahrkomfort usw. oder Messungen, die mit unterschiedlichen Aufnahmefrequenzen laufen, werden die Daten zusammengefügt und können miteinander verglichen werden.

10.4.10 Darstellung der Messergebnisse

Es wird eine flexible offene Darstellung der Messergebnisse gewünscht. Die Messberichte sind parallel elektronisch und in Papierform mit Strecke, Fahrleitungssystem, Messsystem/Messverfahren, Umweltbedingungen, Betriebsbedingungen usw. abgefasst. Die Messschriebe sind grafisch mit kontinuierlichem Fahrdrahthöhenverlauf, -seitenlageverlauf, Grenzwerte, Stützpunkte, Sektionswechsel usw. darzustellen. Grundsätzlich ist die digitale Anzeige und Speicherung samt Dokumentation und Archivierung für das Betriebsbewilligungsverfahren Standard.

Zur Unterstützung des Messpersonals ist die Kenntnis von länderspezifischen Fahrzeugbegrenzungsprofilen, den Kenndaten des Fahrleitungssystems und den im Einsatzbereich zugelassenen Stromabnehmertypen hilfreich.

Die Dokumentation der Messergebnisse muss unmittelbar für die Überprüfung und Verifizierung durch die Aufsichtsbehörde (z. B. BMVIT, Eisenbahn-Bundesamt, Bundesamt für Verkehr BAV) geeignet und zugelassen sein. Sie wird auch durch die jeweilige bestel ende OE des Bahnunternehmens und des Infrastrukturbetreibers vorgegeben.

10.4.11 Bezug zu Messungen der Infrastruktur – Gleislage

Aus ökonomischer Sicht lassen sich die Messaufgaben – Oberbau, Schiene, Fahrleitung – in einer Messeinheit (einem Messfahrzeug) zusammenfassen, sodass mit einer Messfahrt alle Daten vorliegen.

Als Basis für die Analyse von Fahrleitungsmessungen sollten die Ergebnisse aus der Kontrolle des Gleiszustandes, die mit Gleisgeometriemessfahrzeugen mit dem berührungslosen Gleisgeometriemesssystem erfasst wurden, herangezogen werden.

In der Messtechnik für die Gleisinfrastruktur wurden laserbasierte Systeme entwickelt. Die Gleisinfrastruktur kann damit schnell, digital und hoch präzise vermessen werden. Rotationslaser können zum Beispiel die Abstände vom Gleis zu relevanten Punkten abtasten, also ein virtuelles Abbild des Gleisumfeldes erfassen. Diese relevanten Punkte können die Gleislage, der Abstand zum Nachbargleis, das Schotterprofil, die Bahnsteigkanten, das Lichtraumprofil usw. sein. Darüber hinaus können mit dem auf Gleisfahrzeugen montierten Rotationslaserscanner im räumlichen Abbild der Umgebung auch Fahrdrähte identifiziert werden (Höhe, Seitenlage, Zickzack, Doppelfahrdrähte, Weichenverbindungen, Parallelfelder, evtl. Fahrdrahtverdrehungen). Mit einer hohen Abtastrate können die Messungen mit hohen Geschwindigkeiten (bis 100 km/h) und damit geringen Betriebsbehinderungen vorgenommen werden. Für die punktgenaue Verortung werden dazu an den Fahrleitungsmasten Piktogramme mit QR-Code zur Kennzeichnung versehen und eingelesen.

Da im Zuge der Punktwolken-Analyse im gleichen Scan auch die Schienen detektiert werden, kann direkt ein Bezug zwischen Fahrdrahtlage und genormten Messpunkten wie die Schienenoberkanten (Gleislage, -Querneigung, -Längsneigung) hergestellt und vermessen werden. Die Messergebnisse können in einer webbasierten Plattform zur Bearbeitung von überall aus abgerufen werden. Die Plattform ist leicht und intuitiv bedienbar. Zusätzlich können in der Auswerte-Software weitere Daten wie GPS kombiniert werden, um ein noch umfangreicheres Gesamtbild des Streckenzustandes zu ermitteln.

Abb. 10.12: Rotationslaserscanner am Infrastrukturmessfahrzeug (Foto: Plasser & Theurer)

10.5 Weitere Beispiele

10.5.1 Kontrolle des Fahrdrahtanhubs

Die Überwachung des Fahrdrahtanhubs ist im Betrieb wichtig, um Unregelmäßigkeiten im Kontaktkraftverlauf zwischen Fahrdraht und Stromabnehmerschleifstücken rechtzeig zu erkennen. Es können entlang der Strecke dauernd installierte Messeinrichtungen auf optischer Basis und mit Lasertechnik eingesetzt werden oder eine optische Messung vom Mast aus gesehen zum Fahrdraht, oder es kann am Mast über Isolierseile und Potentiometer gemessen werden.

10.5.2 Fahrdrahtanhubmessung mit Seilzug und Potentiometer

An Checkpoints kann mit einer Kontrolle der Anhubbewegungen der Seitenhalter bei Stromabnehmerdurchgängen im normalen Betrieb über eine einfache Seilzug- und Potentiometer-Kombination das Verhalten der Fahrleitung und der Stromabnehmer(-schleifstücke) auf Regelmäßigkeit oder auf Auffälligkeiten aufgezeichnet werden. Die Fahrdrahtschwingungen sind nach dem Stromabnehmerdurchgang in etwa 30 bis 40 s praktisch abgeklungen.

Im Ergebnis erhält man eine Überprüfung der Anhubwerte, die durch die Stromabnehmer von Triebfahrzeugen verursacht werden, in Abhängigkeit von der Geschwindigkeit. Zusätzlich wird das System auch für die Einstellung der statischen Kontaktkraft am Triebfahrzeug verwendet.

Betriebssicherheit: Anhub am Fahrdrahtseitenhalter nach EN 50367

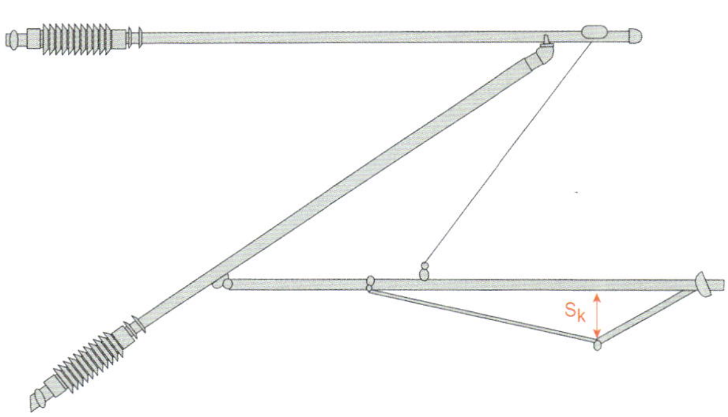

Raum für Seitenhalteranhub $S_{konstruktiv} > 2 \times S_0$ (Simulierter Anhub)

Abb. 10.13: Zulässiger Fahrdrahtanhub (EN 50119, EN 50367) (Normenauszug: Autor)

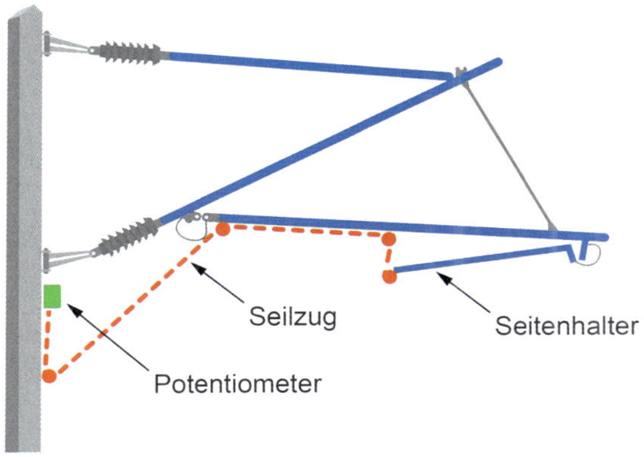

Abb. 10.14: Anhubmessung am Seitenhalter/Ausleger (Darstellung: Autor)

10.5.3 Fahrdrahtanhubmessung mittels Videoaufzeichnung

Zur Messung werden Abstand und Winkel der Kameraposition zur Fahrdrahtlage eingestellt (Höhendifferenz Messpunkt - Fahrdrahtlage, Kalibrierung der Fahrdrahtschwingungsbewegung). Mit der Position können auch zwei Gleise erfasst werden. Mit trigonometrischen Funktionen können die Fahrdrahtlage und die Bewegungsabläufe aufgezeichnet und rückgerechnet werden.

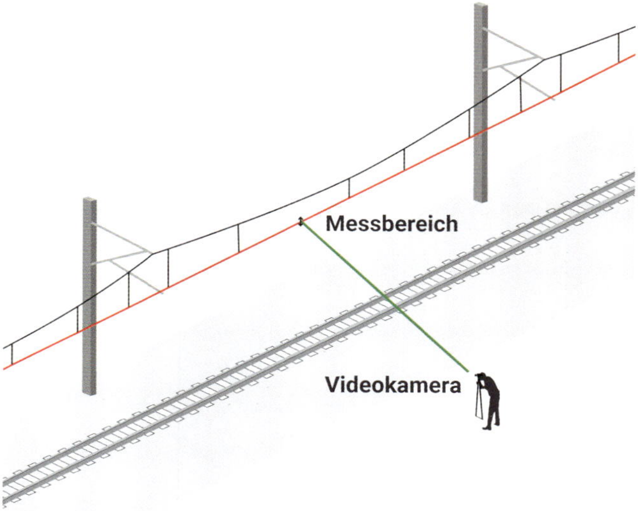

Abb. 10.15: Statische Anhub- und Schwingungsmessung (Prinzipzeichnung: Autor)

Abb. 10.16: Transportable Anhubmessstelle mit Videoaufzeichnung und Datentransfer (Fahrstromsymposium: W. Kapfenberger)

Darüber hinaus ist die Überwachung des Fahrdrahtanhubs im Betrieb wichtig, um Unregelmäßigkeiten im Kontaktkraftverlauf zwischen Fahrdraht und Stromabnehmerschleifstücken rechtzeig zu erkennen. Als weiteres Ergebnis können falsch oder zu hoch eingestellte Stromabnehmer-Kontaktkräfte erkannt werden. Es können entlang der Strecke mobile oder dauernd installierte Messeinrichtungen auf optischer Basis und mit Lasertechnik eingesetzt werden.

10.5.4 Beobachtung des Fahrdrahtverschleißes

Eine Messeinheit kann die Beobachtung des Fahrdraht-Schleifspiegels kontinuierlich über Videokamera aufzeichnen. Die Fahrdrahtseitenlage wird mit einem Laserscanner erfasst. Zur besseren Analyse wird die Fahrdrahtlauffläche mit LED ausgeleuchtet. Im Ergebnis kann man starken Verschleiß, Unstetigkeiten und Schadensbilder durch Stromabnehmer erkennen.

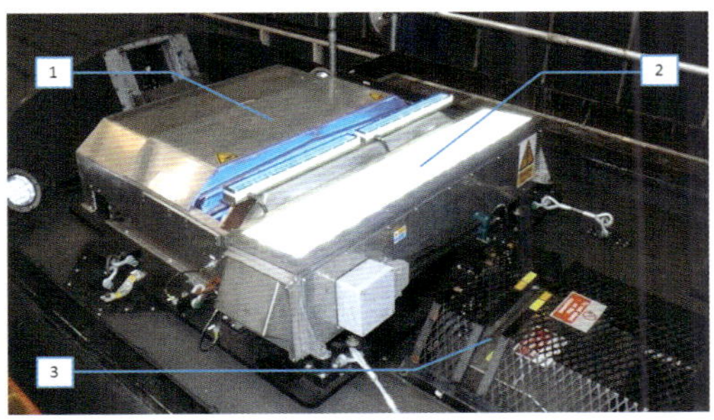

Legende:
1 Betriebssystem für Detektierung der Breite des Fahrdraht-Schleifspiegels
2 LED-Beleuchtung des Fahrdraht-Schleifspiegels
3 Laser-Messsystem zur Detektierung der Fahrdrahtseitenlage

Abb. 10.17: Fahrdrahtverschleiß und Lagemesssystem **(Foto: Plasser American)**

10.5.5 Kontrollen an Nachspannvorrichtungen

Mit der Messung der Abspannzugkräfte an Radspannwerken kann die Nennzugkraft überwacht werden, ebenso der Wirkungsgrad, die Anpassung der Abspannzüge bei Temperaturveränderungen, die mittlere Temperatur in Nachspannlängen, indirekt die Strombelastung und thermische Auslastung des Kettenwerks, der Einfluss der materialspezifischen Längenausdehnung usw. Zusätzlich ist die Stellung der Nachspanngewichte in Korrelation mit den Reguliertabellen pro Sektionslänge, mit der Umgebungstemperatur und soweit möglich mit der aktuellen Fahrleitungsstrombelastung zu prüfen. Die Daten können für die Zeitreihen in der Instandhaltung gespeichert werden, üblich erfolgt pro Woche eine Kontrollsichtung des Zustandes. Die Arbeit kann automatisiert werden, wenn nur Grenzwertüberschreitungen gezeigt werden. Das System erleichtert auch die Fehlerortung, wenn ein Fahrdraht- oder Tragseilriss eintritt.

Abb. 10.18: Messsystem an Radspannwerken (Foto: ÖBB: W. Kapfenberger)

Abb. 10.19: Überwachung beider Radspannwerke und Datentransfer (Foto: ÖBB: W. Kapfenberger)

10.5.6 Visuelle Kontrolle der Anlageteile

Mit der Begehung und Befahrung im Rahmen einer ordentlichen Untersuchung gemäß Instandhaltungsplan können Mängel wie z. B. Hänger- und Stromverbinderdefekte, Veränderungen bei Sektionstrennungen und Weichenverbindungen, schadhafte Isolatoren, Fehleinstellung der Nachspanngewichte, Abnützungen an Streckentrennern, fehlende Erdungsverbindungen usw. erkannt werden. Bei der Befahrung kann die Fahrdrahthöhen- und -seitenlage mit dem Richtmessturm kontinuierlich mitverfolgt werden.

Abb. 10.20: Richtmessturm (Foto: Autor)

10.5.7 Fahrleitungs-Messtechnik – Vorgaben aus den Normen

Die Systeme sind den Normenvorgaben entsprechend auszulegen und zu prüfen sowie zumindest die im Anlagenmanagement vorgesehenen sicherheitsrelevanten Kennwerte in den vorgesehenen Abständen nachzuweisen. Anhand der Vorgaben in den Normen sind die Messtechnik und die Messaufgaben festzulegen. Es wird in den Abschnitten 10.5.8 bis 10.5.13 auf relevante Passagen für Messmethoden und Grenzwerte auszugsweise hingewiesen.

10.5.8 Kennwerte und Zusammenhänge nach EN 50119

Für das Leistungsvermögen von Fahrleitung und Stromabnehmer sind die geometrischen, statischen und dynamischen Kriterien bei der geforderten Geschwindigkeit maßgebend.

Für die mechanische Auslegung von Fahrdrähten und Tragseilen sind die zulässigen Zugkräfte, die höchsten Betriebstemperaturen, das Kriechdehnungsverhalten, der Verschleiß, Wind- und Eislasten, der Wirkungsgrad der Nachspannvorrichtungen, die Klemmenbelastbarkeit, Biegeradien usw. entsprechend den Normendetails zu beachten.

Bei allen Fahrgeschwindigkeiten einschließlich dem Stillstand muss eine qualitätsvolle Stromabnahme sichergestellt werden. Die Lebensdauer der Schleifstücke und Fahrdrähte wird markant vom dynamischen Verhalten der Fahrleitung und des Stromabnehmers, der Fahrgeschwindigkeit und der Strombelastung bestimmt. Die größten fahr- und aerodynamischen Kontaktkräfte sind aus sicherheitsrelevanten Gründen zu begrenzen, die Minimalkräfte müssen positiv bleiben. Der Nachweis ist durch Simulation und Messung zu führen. Die Stromabnehmer-Kontaktkräfte verursachen am Fahrdraht durch den Impuls Wellenbewegungen, die sich nach den physikalischen Regeln mit einer Ausbreitungsgeschwindigkeit in beide Richtungen bewegen. Die Betriebsgeschwindigkeit soll daher kleiner als 70 % der Ausbreitungsgeschwindigkeit gewählt werden. Die Konzeption der Fahrleitung sollte einen möglichst gleichmäßigen Fahrdrahtanhub am Kontaktpunkt über die Längsspannweite ergeben. Der Nachweis des maximalen Fahrdrahtanhubs muss für die höchste Betriebsgeschwindigkeit vorgenommen werden.

Bei der Geometrie der Fahrleitungsanlage sind die mechanischen Toleranzen auch unter den externen Einflüssen einzuhalten, sodass der Fahrdraht innerhalb der Arbeitsbreite der Stromabnehmer bleibt. Das gilt insbesonere für die Fahrdrahtseitenlage, Höhenlage, Veränderung der Fahrdrahthöhe, Anhub, Weichenbespannung usw.

Simulationsprogramme sind nach EN 50318 strukturiert, Messungen nach EN 50317. Als statische Kriterien sind eine geringe Elastizität und Ungleichförmigkeit einzuhalten, die Werte hängen von der Konstruktion und Ausführung der Fahrleitung ab. Einfluss haben die Anzahl und die Zugkräfte der Fahrdrähte und Tragseile, die Längsspannweite, Y-Beiseile, die Stützpunktkonstruktion, Anzahl und Aufteilung der Hänger usw. Die statische Elastizität wird aus dem Anhub bezogen auf die Einwirkung der Kontaktkraft berechnet.

10.5.9 Kennwerte und Zusammenhänge nach EN 50149

In dieser Norm sind die Kennwerte für Rillen- und Profilfahrdrähte aus Kupfer und Kupferlegierungen zusammengefasst. Das sind insbesondere mechanische und elektrische Eigenschaften, Bauformen, Profile, Querschnitte, Grenzmaße sowie Qualitätssicherung.

10.5.10 Kennwerte und Zusammenhänge nach EN 50367

Diese Norm spezifiziert die Anforderungen hinsichtlich des Zusammenwirkens zwischen Fahrleitung und Stromabnehmer, um Interoperabilität zu erreichen. Sie enthält konkrete Vorgaben und Empfehlungen.

Für einen freien Netzzugang müssen mindestens folgende geometrische Parameter der Fahrleitung beachtet werden:

- kinematische Fahrzeug- und Stromabnehmerbegrenzungslinie (Infrastrukturlichtraum)
- Fahrdrahthöhe über SOK und zulässige Fahrdrahtneigungen
- seitliche Abweichung des Fahrdrahts von der Gleismittellinie bei Seitenwind
- freier Fahrdrahtanhub am Stromabnehmer im normenkonformen Rahmen
- Sensibilität bei parallelgeführten Fahrleitungen bei Sektionswechsel, bei Weichen, Bahnhof-Streckentrennungen und Schutzstrecken

Die Fahrzeuge (Profile), die vom Infrastrukturverantwortlichen für den Betrieb für eine Streckenkategorie zugelassen werden, müssen eine geeignete kinematische Fahrzeug- und Stromabnehmerbegrenzungslinie aufweisen. Die maximale seitliche Abweichung des Fahrdrahts ist unter Beachtung der Gesamtbewegung des Stromabnehmers in Bezug auf die Gleisnennlage und den Kontaktbereich (der Arbeitslänge) des Stromabnehmers zu beurteilen. Die Begrenzungslinien in Bezug auf die Fahrdrahtseitenlage berechnen sich nach EN 15273. Hinweise auf zulässige Fahrdrahthöhen und -neigungen sowie auf den Fahrdrahtanhub ergänzen die Kennwerte in der EN 50119. Sind Fahrleitungsstreckenbereiche für verschiedene Stromabnehmerbreiten und -profile ausgelegt, ist ein Übergangsbereich vorzusehen, indem die Stromabnehmer der einen Bauart abzusenken und die der anderen Bauart danach anzuheben sind. Dazu sind konkrete Vorgaben und Berechnungshinweise angeführt.

Wichtige geometrische Parameter des Stromabnehmers für die Güte der Stromabnahme an der Fahrleitung sind:

- das geometrische Profil der Wippe (z. B. Radius)
- der Höhenarbeitsbereich des Stromabnehmers
- die Länge der Schleifleisten
- die Breite der Wippe (Abstand der Schleifleisten)

Die Auslegung des Stromabnehmers muss ein Betriebsverhalten für den vorgesehenen Geschwindigkeitsbereich und die Fahrdrahthöhen abdecken. Die funktionalen Anforderungen für eine unterbrechungsfreie Stromabnahme werden beschrieben und unterliegen einer Konformitätsprüfung. In die Konzeption sind das dynamische Verhalten des Stromabnehmers (effektive dynamische Masse, Steifigkeit, Dämpfung) und mögliche externe Einflüsse (Windauftrieb, dynamisches Fahrzeugverhalten) einzubeziehen. Vorgaben sind u.a. die Strombelastbarkeit, die statische Kontaktkraft, der maximale Strom im Stillstand, der dynamische, mittlere Kontaktkraftverlauf und dessen Geschwindigkeitsabhängigkeit, der kleinste und größte Abstand zwischen den Stromabnehmern im Zugverband, Profile der interoperablen Stromabnehmerwippen 1600 mm und 1950 mm usw.

10.5.11 Kennwerte und Zusammenhänge nach EN 50317

Die Betriebssicherheit und die Qualität des Stromabnahmesystems sind mit Messungen und Validierung zu dokumentieren. Folgende Messwerte sind kontinuierlich aufzuzeichnen – mittlere Kontaktkraft, Fahrdrahtanhub, Messgeschwindigkeit, Position, Fahrdrahtlage usw. – damit die Wiederholbarkeit und Vergleichbarkeit der Messergebnisse gesichert werden. Das Messkonzept muss auch die Messkonfiguration (Eigenschaften und Anordnung der Stromabnehmer, Fahrleitungstype, -system, validiertes Messsystem) zeigen. Von den prüfenden Stellen wird eine Auswerte-Software erwartet, die praktisch online Grenzwertüberschreitungen und Position, unzulässige Änderungsgeschwindigkeiten bei den geometrischen Werten, die dynamische Elastizität, den Verlauf der Standardabweichung u.a. errechnet.

Die Messung der Kontaktkraft wird mit Kraftsensoren, die möglichst nahe an den Kontaktpunkten zu platzieren sind, vorgenommen. Das Messsystem soll die vertikalen Kräfte messen und mögliche horizontale Komponenten (z.B. Reibungskräfte) ausfiltern. Sind mehrere, voneinander unabhängige Schleifstücke pro Stromabnehmer in Aktion, ist jedes Schleifstück getrennt zu messen und die wirksame Kontaktkraft nach den mathematischen Beziehungen online zu errechnen. Die Messsensoren sollen die Masse, Geometrie und Dämpfung des Stromabnehmers nur minimal verändern und aerodynamische Rückwirkungen vermeiden. Die Kalibrierung des Messsystems ist im Labor vorzunehmen und die Genauigkeit der Übertragungsfunktion rechnerisch zu überprüfen. Die Messgenauigkeiten sind pro Verfahren festgelegt.

Die Qualität der Stromübertragung kann auch durch die Messung der Anzahl, Intensität, Dauer und die Verortung eventueller Lichtbögen bei Betriebsgeschwindigkeit nachgewiesen werden. Bewertet werden der Prozentsatz an Lichtbögen bei Stromabnehmerströmen größer als 30 % des Nennstroms für einen Stromabnehmer. Dabei muss die Detektion einen Wellenlängenbereich erfassen, den Fahrdrähte aus Kupfer und Kupferlegierung aussenden. Die Detektoranordnung und Kalibrierung des Messsystems ist in der Norm detailliert beschrieben.

10.5.12 Kennwerte und Zusammenhänge nach EN 50318

Die dynamische Wechselwirkung zwischen Fahrleitung und Stromabnehmer kann durch mathematische Beziehungen erfasst und mit Rechnerunterstützung für die unterschiedlichen Fahrleitungs- und Stromabnehmerbauarten simuliert werden. Damit können Zeit und Kosten für intensive und vielmalige Streckentests eingespart werden. Die Genauigkeit kann durch Vergleiche mit den Ergebnissen der Streckentests und mit anderen Simulationsverfahren sukzessive verbessert werden. Die Schritte der Validierung und die Mindestdaten für die Modellierung der Fahrleitung und des Stromabnehmers sind Kernpunkt der Norm. Das Stromabnehmermodell kann z.B. als diskretes Masse-Feder-Dämpfer-Modell mit Fahrzeugdach, Unter- und

Oberarm und Schleifleiste dargestellt werden. Beim Fahrleitungssystem sind mehrere identische Spannfelder mit Spannfeldlänge, Systemhöhe, Zickzack, Stützpunktkonzept, Anzahl und Position der Hänger, Fahrdraht-Tragseilmassen und -zugkräfte usw. zu definieren und die Simulation ist mit der Finite-Elemente-Methode vorzunehmen.

10.5.13 Kennwerte und Zusammenhänge nach EN 50388

In dieser Norm sind Anforderungen an die Leistungsfähigkeit der Bahnenergieversorgung definiert.

Die Anlagen müssen den höchsten Betriebsbelastungen genügen, also für den am dichtesten belegten Zeitraum im Fahrplan (Spitzenbetrieb). Als Qualitätskennzahl wird die mittlere nutzbare Spannung durch Simulation eines (zu untersuchenden) geografischen Bereichs ermittelt, die alle Züge berücksichtigt, die zur Verkehrsspitze verkehren, und somit die Höchstlast erfasst. Der Nachweis ist durch Spannungsmessreihen und die rechnerische Auswertung zu erbringen.

Des Weiteren sind die höchsten Kurzschlussströme zu berechnen und zu messen und ggf. durch Maßnahmen zu begrenzen.

Um einen stabilen Betrieb in schwachen Bahnenergieversorgungsnetzen oder unter außerordentlichen Betriebsbedingungen zu erleichtern, müssen Züge mit einer automatischen Einrichtung ausgestattet sein, die die Leistungsaufnahme abhängig von der Fahrleitungsspannung anpasst. Die Überprüfungsmessungen sind pro Triebfahrzeugtype und nach Streckenkategorie notwendig.

11 Systemweiterentwicklung für die Montagetechnologie mit Fahrleitungs-Installationsmaschinen

Rudolf Heuer

11.1 Einleitung

Um die Güte der Stromabnahme zwischen den Stromabnehmern und dem Fahrdraht entsprechend der TSI (Technical Standard of Interoperability) und der EN 50119 (Europäische Norm) für das gewählte Fahrleitungssystem sicherzustellen, muss der Fahrdraht im verlegten Endzustand eine definierte konstante Nennzugkraft und Elastizität besitzen. Das Systemdesign hängt von den geforderten höchsten Betriebsgeschwindigkeiten und den elektrischen Leistungsanforderungen ab.
Vertikale Wellen am Fahrdraht können die Güte der Stromabnahme sehr beeinträchtigen. Die aus den Prozessen Fahrdrahtfertigung und Fahrdrahtmontage verbleibende „Fahrdraht-Restwelligkeit" muss so weit wie möglich vermieden bzw. durch den Montageprozess final reduziert werden. In den Fahrleitungssystemen für Hochgeschwindigkeitsstrecken wird die Nennzugkraft stark erhöht, damit die Wellenausbreitungsgeschwindigkeit für die Impulse aus der Kontaktkraft des Stromabnehmers wesentlich höher als die Betriebsgeschwindigkeit wird und sich eine geringe, aber gleichmäßige Elastizität einstellt.

Die Fa. Plasser & Theurer entwickelte eine Fahrleitungs-Installationsmaschine (FUM), bei der die Fahrdrahtverlegung besonders zeiteffizient, unter vorgegebener Nennzugkraft erfolgt. Die Zugkraft wird durch den Einsatz einer Friktionswinde stufenweise bis zur eingestellten Nennzugkraft gesteigert.

In ausführlichen Untersuchungen wurde die zu erwartende Restwelligkeit im Profilfahrdraht der ÖBB, Bauform CF-120 mm² (Legierung CuAg 0,10), Abbildung 11.1a, und in den Rillenfahrdrähten der DB, Bauformen AC-120 mm² (Legierung CuAg 0,50), Abbildung 11.1b, und AC-150 mm² (Legierung CuMg 0,5), Abbildung 11.1c, nach deren Verlegung mit Hilfe der FUM ermittelt. Die dabei gewählten Nennzugkräfte waren beim ÖBB-Fahrdraht N_E = 15,3 kN, bei den DB-Fahrdrähten N_E = 27,0 kN bzw. N_E = 33,75 kN. Die durchgeführten numerischen Simula-tionsrechnungen ergaben in den endgültig verlegten Fahrdrähten eine maximal zu erwartende Restwelligkeit von nur $w_{max} < 0,1$ mm.

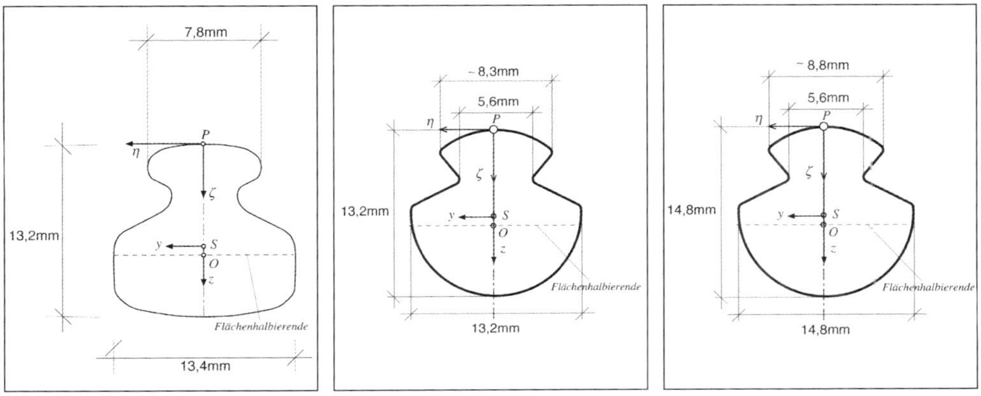

(1a) (1b) (1c)

Abb. 11.1a–c: Querschnitte der untersuchten Fahrdrähte

11.2 Materialparameter der Fahrdrähte

Im Rahmen der von der TÜV AUSTRIA TVFA Prüf- und Forschungs GmbH durchgeführten Zug- und Biegeversuche wurden die Parameter Zugfestigkeit, Bruchdehnung, Bruchkraft und Elastizitätsmodul experimentell bestimmt und die Ergebnisse in einem gesonderten Prüfbericht zusammengefasst. Abbildung 11.2 zeigt exemplarisch den Aufbau des 4-Punkt-Biegeversuchs zur Bestimmung des Elastizitätsmoduls.

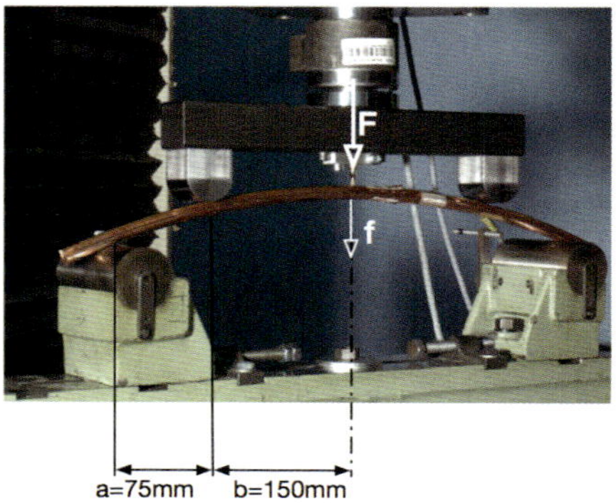

Abb. 11.2: 4-Punktbiegeversuch zur Bestimmung des Elastizitätsmoduls

Materialparameter des ÖBB-Profilfahrdrahts CF-120 mm², CuAg 0,10

Die Ergebnisse sind in folgender Tabelle jenen Werten aus [Technische Lieferbedingungen TLB E521, ÖBB Infrastruktur Bau, 06/2009] gegenübergestellt.

		TVFA	TLB E521
Zugfestigkeit	R_m [N/mm²]	372 ÷ 387	370
Bruchdehnung	A_{200} [%]	5,5	$7 > A_{200} > 2,5$
Bruchkraft	F_{max} [kN]	44 ÷ 46,4	43,5
E-Modul*) *) Tangentenmodul: – gemessen im Anfangsbereich der Belastung – ermittelt im Schwerpunkt der Querschnittsfläche	E_0 [N/mm²]	110000 ÷ 135000	110000

Tab. 11.1: Materialparameter des ÖBB-Profilfahrdrahts CF-120 mm², CuAg 0,10

Materialparameter des DB-Rillenfahrdrahts AC-120 mm², CuMg 0,5

Die Versuchsergebnisse sind in folgender Tabelle jenen Werten aus [European Standard FprEN 50149: Railway applications – Fixed installations – Electric traction – Copper and copper alloy grooved contact wires, 01/2012.] – soweit vorhanden – gegenübergestellt.

	TVFA	FprEN 50149
Zugfestigkeit R_m [N/mm²]	488 ÷ 494	490
Bruchdehnung A_{200} [%]	–	10 > A_{200} > 3
Bruchkraft F_{max} [kN]	58,6 ÷ 59,3	57
E-Modul*) E_0 [N/mm²] *) Tangentenmodul: – gemessen im Anfangsbereich der Belastung – ermittelt im Schwerpunkt der Querschnittsfläche	125 000	– (lt. ehem. DIN 17666: 125 000)

Tab. 11.2: Materialparameter des DB-Rillenfahrdrahts AC-120 mm², CuMg 0,5

Materialparameter des DB-Rillenfahrdrahts AC-150 mm², CuMg 0,5

Die Werte für Zugfestigkeit, Bruchdehnung und Bruchkraft sind dem technischen Regelwerk [ÖVE/ÖNORM EN 50149: Bahnanwendungen – Ortsfeste Anlagen – Elektrischer Zugbetrieb – Rillen-Fahrdrähte aus Kupfer und Kupferlegierung, 12/2012.] entnommen.

	TVFA	EN 50149
Zugfestigkeit R_m [N/mm²]	–	470
Bruchdehnung A_{200} [%]	–	10 > A_{200} > 3
Bruchkraft F_{max} [kN]	–	68,4
E-Modul*) E_0 [N/mm²] *) Tangentenmodul: – gemessen im Anfangsbereich der Belastung – ermittelt im Schwerpunkt der Querschnittsfläche	125 000	120 000

Tab. 11.3: Materialparameter des DB-Rillenfahrdrahts AC-150 mm², CuMg 0,5

11.3 Mögliche Ursachen von Fahrdrahtwelligkeit bei der Montage und Fertigung

11.3.1 Eingeprägte Verzerrungen und Krümmungen während des Herstellungsprozesses

Geometrische Imperfektionen sind vom Fahrdrahthersteller im Rahmen der Genauigkeitsanforderung weitgehend zu vermeiden und müssen durch entsprechende Prüfzeugnisse nachgewiesen werden.

11.3.2 Lokale Instabilitäten während des Aufwickelns auf die Fahrdrahttrommel

Eine Ausprägung der Welligkeit infolge von Kippen wird ausgeschlossen, da es sich beim betrachteten Fahrdrahtquerschnitt um keinen „hohen, schmalen Biegeträger" mit einem Verhältnis der Flächenträgheitsmomente $J_z >> J_y$ bzw. $J_y >> J_z$ handelt. Das kritische Kippmoment für den vorliegenden Lastfall „Reine Biegung" (konstant verteilte Biegemomenten-Beanspruchung, keine Querkraft) würde ca. dem 12-fachen Tragmoment entsprechen.

Eine Ausprägung der Welligkeit infolge von Biegedrillknicken wird ausgeschlossen, da dafür der Fahrdraht in Richtung seiner Stabachse unter hohem Druck belastet werden müsste.

11.3.3 Während des Abwickelvorganges induzierte Imperfektionen

Bei der mechanischen Modellierung gemäß Hertz'scher Flächenpressung berühren sich zwei Fahrdrahtlagen im aufgewickelten Zustand entlang einer (gekrümmten) Linie. Als idealisierte Querschnittsgeometrie werden zwei Kreisquerschnitte mit den Radien $r_1 = r_2 = r$ gewählt. Die Materialien verhalten sich bis zum Erreichen der Zugfestigkeit ideal-elastisch, die Kontaktkräfte werden näherungsweise nur in Richtung der jeweiligen Flächennormalen übertragen. Weiterhin wird vorausgesetzt, dass die Eindrückung δ im Kontaktbereich von zwei übereinenderliegenden Drahtbereichen klein gegenüber dem Radius ist, $\delta << r$.

Die damit ermittelte maximal zulässige Abwickelkraft im Fahrdraht, bei der es zu bleibenden Deformationen (lokale Eindrückungen) kommen würde,

$$F_{max} = R_m^2 \, \pi \, (1 - v^2) \, \frac{r\,R}{E}$$

wird in betrachteten Fahrdrähten nicht erreicht. R_m und E bezeichnen Zugfestigkeit und Elastizitätsmodul, r und R den Radius des Fahrdrahtquerschnittes und jenen der Fahrdrahttrommel.

11.3.4 Bleibende vertikale Deformationen nach dem Abtrommeln und Verlegen

Die folgenden Abschnitte behandeln diese mechanischen Effekte in ausführlicher Weise.

11.4 Mechanische Modellierung des elasto-plastischen Fahrdrahts

Die Voraussetzungen und die Vorgehensweise bei der Aufstellung der grundlegenden Gleichungen für die Bestimmung des Spannungszustandes im Fahrdraht sind – mit Ausnahme des (elasto-plastischen) Werkstoffgesetzes – im Wesentlichen dieselben wie in der elementaren Biegetheorie für elastische, linienförmige Strukturen:

- Die Querschnittsabmessungen seien klein gegenüber den Radien der Fahrdrahttrommel bzw. der Umlenkrollen und über die Länge des Fahrdrahtes konstant.
- Dominante Schnittgrößen seien abschnittsweise konstante Biegemomente und konstante Längskräfte.
- Die Bernoulli-Hypothese soll für die elastischen und die plastizierten Bereiche des Balkens gelten.

Da alle Rollen der FUM (Fahrdrahttrommel, Umlenkrolle, Friktionswinde) kreisförmige Geometrien – und somit jeweils konstante Krümmungen – aufweisen, kann dem gekrümmten Fahrdraht ein Spannungszustand aus dem Lastfall „Reine Biegung" – d. h. konstant verteilte Biegemomentenbeanspruchung, M = const., keine Querkraft – zugewiesen werden. Die in manchen Abschnitt überlagerte Normalkraftbeanspruchung wird iterativ berücksichtigt.

Je nach Verformungsgrad unterscheidet man bei „Reiner Biegung" vier verschiedene Spannungszustände:

11.4.1 Vollständig elastischer Zustand

$$\sigma(\zeta) = \frac{M}{J_y} (\zeta^{(0)} - \zeta_S)$$

Die Spannungsnulllinie geht durch den Flächenschwerpunkt $\zeta^{(0)} = \zeta_S$.

Grenzfall: Beginn der Plastifizierung am oberen Querschnittsrand: $\zeta = 0$

$$M = M_F = R_m = \frac{J_y}{\zeta_S}$$

Der Mindestdurchmesser ohne plastische Verformung wird $d^e_{min} = \frac{2\,E\,J_y}{M_F} = \frac{2\,E\,\zeta_S}{R_m}$.

In allen Gleichungen werden die Koordinaten ζ, ζ_S, $\zeta^{(0)}$ von der Oberseite der Fahrdrähte (Punkt P) gemessen; siehe Abbildung 11.1.

11.4.2 Einseitig plastischer Zustand

Ausbreitung der plastischen Zone im oberen Querschnittsbereich:

$0 \le \zeta \le \zeta_1 : \sigma(\zeta) = R_m$

Im unteren, elastischen Querschnittsbereich, $\zeta_1 \le \zeta$ bleibt $\sigma(\zeta)$ linear verteilt.

Mit der Plastifizierung ist eine Verschiebung der Spannungsnulllinie $\zeta^{(0)}$ in Richtung der Flächenhalbierenden verbunden.

11.4.3 Zweiseitig plastischer Zustand

(Abbildung 11.3: exemplarisch für den Rillenfahrdraht AC-120, CuMg 0,5)

Bei weiterer Steigerung der Belastung dehnen sich die plastifizierten Bereiche unten und oben, in denen die Fließbedingung erfüllt ist, weiter aus und der elastische Restquerschnitt wird kleiner, die Normalspannungen besitzen abschnittsweise folgenden Verlauf:

$0 \le \zeta \le \zeta_1 : \quad \sigma(\zeta) = R_m$

$\zeta_1 \le \zeta \le \zeta_2 : \quad \sigma(\zeta) \ldots$ linear verteilt

$\zeta_2 \le \zeta \le h : \quad \sigma(\zeta) = R_m$

Die Grenze dieses Zustandes ist erreicht, wenn der elastische Restquerschnitt verschwindet, und es tritt der sogenannte vollplastische Zustand ein (vgl. Abschnitt 11.4.4).

Für die beiden Fälle 11.4.2 und 11.4.3 berechnen sich Spannungsnulllinie und das zugehörige Moment (numerisch) aufgrund der Bedingungen für Normalkraft und Biegemoment:

$$N = \int_A \sigma(\zeta)\,dA = 0, \quad M = \int_A \sigma(\zeta)\,\zeta\,dA,$$

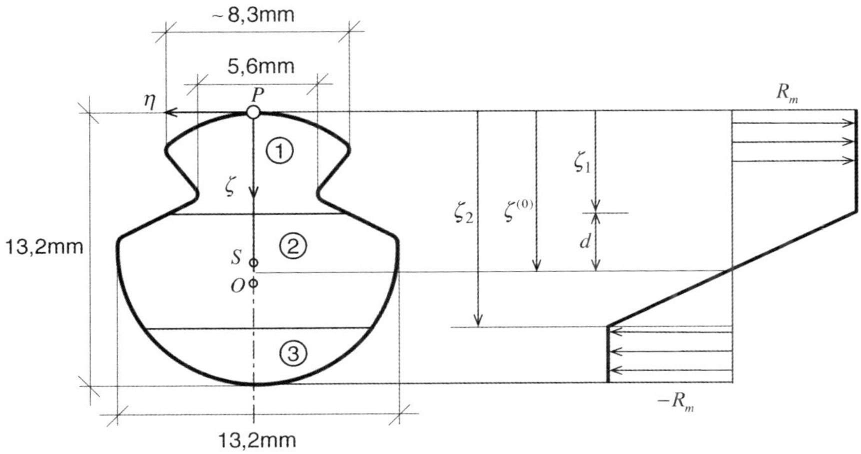

Abb. 11.3: Normalspannungsverlauf im zweiseitig plastifizierten Querschnitt des Rillenfahrdrahtes AC-120, CuMg 0,5

11.4.4 Vollplastischer Zustand

Die Spannungsnulllinie entspricht hier der Flächenhalbierenden, $\zeta^{(0)} = \zeta_0$.

Das Tragmoment errechnet sich zu

$$M_T = R_m \frac{A}{2}(\zeta_{Su} - \zeta_{So})$$

mit den Bezeichnungen ζ_{So}, ζ_{Su} ... Schwerpunkte der oberen und unteren Teilfläche.

Im Bereich der auftretenden Rollendurchmesser von 900 mm ≤ D ≤ 2000 mm zeigen die Berechnungen der Spannungsverläufe zufolge „Reiner Biegung", dass sich der Fahrdrahtquerschnitt immer im Zustand der zweiseitigen Plastifizierung (Fall 11.4.3, Abbildung 11.3) befindet.

11.5 Simulation an einem konkreten Maschinenkonzept

Im folgenden Abschnitt wird die Simulationsmethode exemplarisch anhand des ÖBB-Profilfahrdrahtes CF-120 mm², CuAg 0,10 erläutert. Dabei erfolgte die Ermittlung der Normalspannungen und der Querdeformation abschnittsweise. Abbildung 11.4 zeigt die Anordnung der einzelnen Rollen auf der FUM.

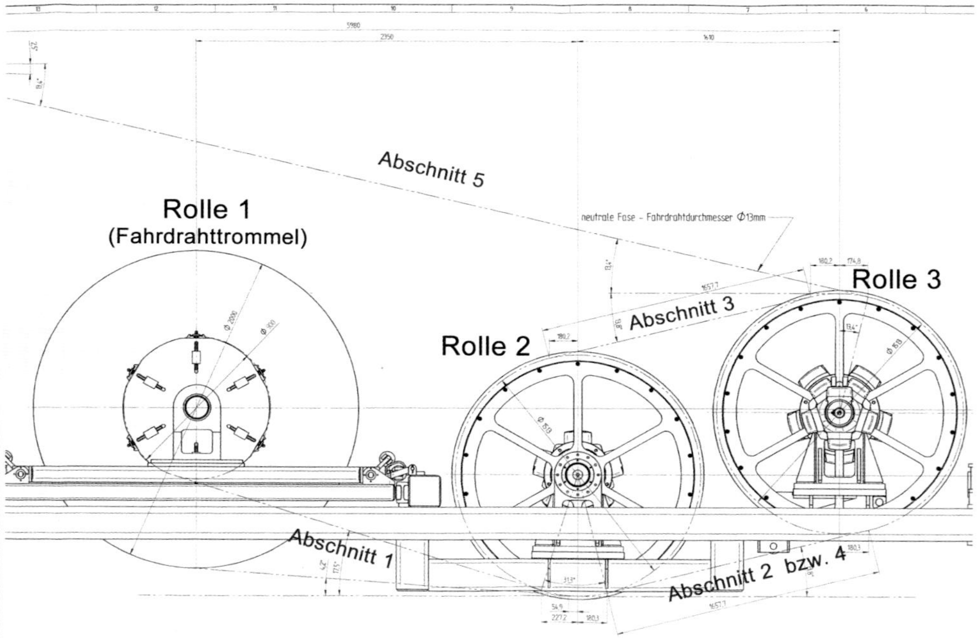

Abb. 11.4: FUM-Rollenpositionen

11.5.1 Normalkräfte

Die einzelnen eingeprägten Normalkräfte wurden gemäß Euler'scher Seilreibungsgleichung

$$N(\varphi) = N(\varphi = 0) \cdot \exp(\mu\ \varphi)$$

mit dem Umschlingungswinkel φ und der Reibungszahl μ = 0,2 abgeschätzt, und zwar beginnend mit der vorgegebenen Endzugkraft des zu verlegenden Fahrdrahtes von $N_5 = N_E$ = 15,3 kN. Die Ergebnisse sind in Tabelle 11.4 zusammengefasst.

Abschnitt		**Reibungszahl: μ = 0,2**
Nr.	**Beschreibung**	**Normalkräfte**
5	ab R3 in Verlegerichtung	$N_5 = N_E$ = 15,3 kN
4	zwischen R2 und R3 „unten"	N_4 = 9,0 kN
3	zwischen R2 und R3 „oben"	$N_3 = N_4$ = 9,0 kN
2	zwischen R2 und R3 „unten"	N_2 = 4,8 kN
1	zwischen R1 und R2	$N_1 = N_2$ = 4,8 kN
R1 ... Fahrdrahttrommel (Rolle 1) R2 ... Umlenkrolle (Rolle 2) R3 ... Friktionswinde (Rolle 3)		

Tab. 11.4: Eingeprägte Normalkräfte in den einzelnen Fahrdrahtabschnitten des ÖBB-Profilfahrdrahtes CF-120 mm², CuAg 0,1

Unter der Voraussetzung, dass die konstant gehaltene Endzugkraft im Fahrdraht (unmittelbar vor der Verlegung im Fahleitungssystem) den Sollwert N_E = 15,3 kN erreicht und gleichzeitig eine Abwickelzugkraft von N_1 = 5,0 kN nicht überschritten wird, wäre mindestens eine Reibungszahl von μ_{erf} = 0,19 zwischen Fahrdraht und allen Trommeln zu gewährleisten. Für den Fall, dass diese Spannungsreserven nach der materialbedingten Zugfestigkeit unter Berücksichtigung eines Sicherheitsfaktors von γ = 1,5 ausgenützt werden (zul $R_m = R_m/1{,}5 = 370/1{,}5 = 247$ N/mm²), ergeben die entsprechenden Neuberechnungen theoretisch folgende in Tabelle 11.5 angeführten maximal zulässigen Zugkräfte während des Abwickelvorganges:

Abschnitt		**Reibungszahl: μ = 0,2**
Nr.	**Beschreibung**	**Normalkräfte**
5	ab R3 in Verlegerichtung	$N_5 = N_E$ = 33,6 kN
4	zwischen R2 und R3 „unten"	N_4 = 19,7 kN
3	zwischen R2 und R3 „oben"	$N_3 = N_4$ = 19,7 kN
2	zwischen R2 und R3 „unten"	N_2 = 10,5 kN
1	zwischen R1 und R2	$N_1 = N_2$ = 10,5 kN
R1 ... Fahrdrahttrommel (Rolle 1) R2 ... Umlenkrolle (Rolle 2) R3 ... Friktionswinde (Rolle 3)		

Tab. 11.5: Eingeprägte Normalkräfte in den einzelnen Fahrdrahtabschnitten des ÖBB-Profilfahrdrahtes CF-120 mm², CuAg 0,1 unter Ausnutzung der Spannungsreserven

Letztlich kann mit der gewählten FUM-Rollenkonstellation eine Fahrdraht-Nennzugkraft von N_E = 33,6 kN bei einer Reibungszahl von μ = 0,2 und einer Abzugskraft von der Speichertrommel von N_1 = 10,5 kN gesichert bereitgestellt werden.

11.5.2 Chronologischer Ablauf der Drahtverlegung mit Hilfe FUM

Zustand 1

Der Fahrdraht auf Rolle 1 (Fahrdrahttrommel) befindet sich in einem elasto-plastischen Spannungszustand. Nach Lösung der Fixierung erfolgt elastische Entlastung, woraus Restspannungen gemäß Abbildung 11.5 entstehen. Deren Verlauf über die Querschnittsfläche weisen keine plastischen Bereiche auf, $\sigma_R(\zeta) < R_m$.

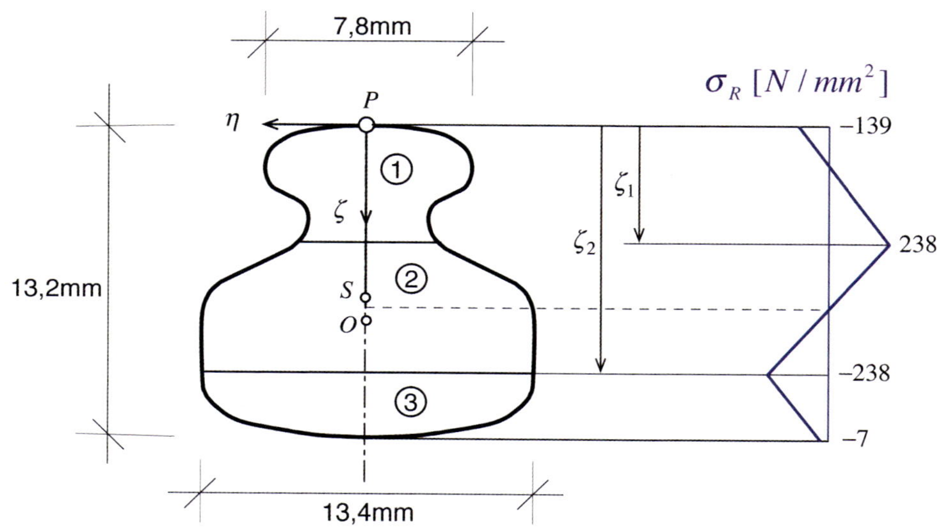

Abb.11.5: Restnormalspannungszustand nach Lösung der Fixierung der Fahrdrahttrommel

Zustand 2

Das freie Fahrdrahtende wird über die Rollen 1 und 2 gezogen und befindet sich somit in einer kreisförmig angenäherten, schwach gekrümmten Anfangskonfiguration, siehe Abbildung 11.6. Die zu diesem Zeitpunkt noch geringe Anfangszugkraft erreicht ihren Endwert, sobald der Fahrdraht den letzten Abschnitt Nr. 5 (vergleiche Abbildung 11.4) erreicht hat. Der im zweiten Abschnitt resultierende Normalspannungsverlauf aus Restspannung und $N_1 = N_2$ = 4,8 kN weist im gesamten Fahrdrahtquerschnitt keine plastischen Bereiche auf; $|\sigma(\zeta)| < R_m$.

Die elastische Restdeformation errechnet sich aus dem Fahrdraht unter eingeprägter Krümmung (Krümmungsradius R_2) bei gleichzeitiger Normalkrafteinwirkung gemäß „Theorie 2. Ordnung". Dieser Restdeformation kann eine neue eingeprägte Krümmung zugeordnet werden. Der Maximalwert der Restdeformation $w_{max}^{(2)}$ ist in Abhängigkeit unterschiedlicher angenommener Anfangswinkel (siehe Abbildung 11.6) in Tabelle 11.6 gelistet.

	β = 5°	β = 10°	β = 15°	β = 20°
$w^{(2)}_{max}$ [mm]	2,5	4,9	7,3	9,7

Tab. 11.6: Maximalwerte der Restdeformation in Abhängigkeit unterschiedlicher Anfangswinkel

Zustand 3

Während der folgenden Umschlingung um die Friktionswinde wird einerseits d e Normalkraft im Fahrdraht auf $N_3 = N_4 = 9{,}0$ kN erhöht, andererseits der Fahrdraht wieder elasto-plastisch verformt, ohne jedoch das Tragmoment (≙ vollplastischer Zustand) zu erreichen. Für die Berechnung der Normalspannungen wurden dabei die Interaktionsbeziehungen zwischen Normalkraft und Biegemoment berücksichtigt, welche die Zustände „rein elastisch" und „vollplastisch" begrenzen.

Für den elastischen Bereich gilt:

$$\frac{|N|}{N_F} + \frac{|M|}{M_F} \leq 1$$

mit

$$N_F = R_m \cdot A, \quad M_F = R_m \frac{J_y}{\zeta_S}$$

Der vollplastische Bereich kann mit Hilfe der Interaktionsbeziehung für einen effektiven Rechtecksquerschnitt mit $M_T^{\square} = 1{,}5 \cdot M_F$ sicher abgeschätzt werden,

$$\left(\frac{N}{N_F}\right)^2 + \frac{|M|}{M_T^{\square}} \geq 1$$

Die Restdurchbiegung im Abschnitt 3 berechnet sich unter Berücksichtigung der Belastungsvorgeschichte, mit modifizierter Anfangskrümmung und erhöhter Normalkraft.

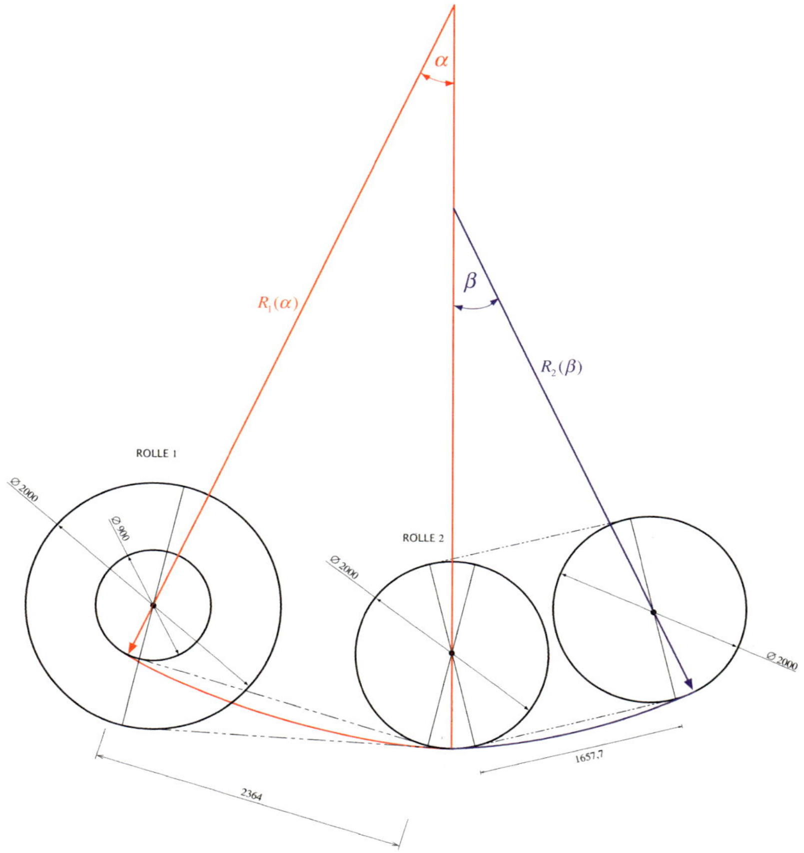

Abb. 11.6: Fahrdrahtkonfiguration in den Abschnitten 1 und 2

Zustand 4

Die weitere Vorgangsweise für die Analyse der Normalspannungen und Restwelligkeit in den beiden letzten Abschnitten 4 und 5 folgt sukzessiv aus analogen Simulationsrechnungen.

In der nachstehenden Tabelle 11.7 sind für die maßgebenden Abschnitte 2, 3 und 5 die zu erwartenden maximalen (Zug) und minimalen (Druck) Normalspannungen, die mittleren Normaldehnungen sowie der Maximalwert der Restwelligkeit gelistet. Dabei wurde der angenommen ungünstigste Anfangswinkel β = 20° im Bereich 2 zugrunde gelegt.

Abschnitt (i)	$_{max}$ [N/mm^2]	$_{min}$ [N/mm^2]	ε [μm/m]	$w^{(i)}_{max}$ [mm]
2	278	-198	485	9,7
3	263	-193	909	0,2
5	246	-140	1545	< 0,1

Tab. 11.7: Extremwerte der Normalspannungen und der zugehörigen kinematischen Größen (Normaldehnungen ε und Restwelligkeit $w^{(i)}_{max}$ in den einzelnen Fahrdrahtabschnitten

Die Simulationsrechnungen ergaben, dass der Fahrdraht im verlegten Zustand keine plastischen Querschnittsbereiche aufweist; $|\sigma(\zeta)| < R_m = 370$ N/mm².

Anmerkung: Analoge Simulationsrechnungen für den DB-Profilfahrdrahtes AC-120, CuMg 0,5 zeigen aufgrund höherer Steifigkeitsparameter eine noch kleinere Restwelligkeit in Abschnitt 5, nämlich $w^{(5)}_{max} < 0{,}05$ mm.

11.6 Reibwertmessungen

Zur Überprüfung der bei den Simulationen angenommenen Reibungszahl von $\mu = 0{,}2$ wurde die TÜV AUSTRIA TVFA Prüf- und Forschungs GmbH beauftragt, entsprechende Versuche durchzuführen. Die dabei verwendeten Materialien waren ein Cu-Fahrdraht mit Nenndurchmesser d = 14,4 mm und Querschnittsfläche A = 150 mm² sowie einem Einlagengummi für die Antriebsscheiben mit dem Profilquerschnitt gemäß SEMPERIT, PROFIL 35 x 40 x 24, 6250c. Der Einlagengummi wurde auf Dicken von 12 mm bzw. 16 mm abgearbeitet, die Berührungsfläche zum Fahrdraht war eben. Die verwendeten Reibklötze waren 200 mm lang. Die Reibkoeffizienten wurden mit Hilfe von Abziehversuche durchgeführt. Dabei wurde für die Ermittlung der Abziehkräfte F_A bei unterschiedlichen Normalkräften F_N (Auflasten) der Gleitschlitten in die Ausgangsstellung verbracht, das der gewünschten Normalkraft entsprechende Gewicht aufgebracht und der Abziehversuch mit einer Abziehgeschwindigkeit von 15 mm/min (0,25 mm/s) gestartet; siehe Abbildung 11.7. Nach einem Übergang in den Gleitzustand wurde abgewartet, bis sich ein einigermaßen stabiler Abziehkraftwert einstellte. Danach wurde die Abziehgeschwindigkeit auf 30 mm/min verdoppelt und wieder die Einstellung einer einigermaßen stabilen Abziehkraft abgewartet. Solcherart wurde bei einem Versuch die Abziehkraftmessung im Regelfall mit den Geschwindigkeiten 15/30/60/120/240 und 480 mm/min durchgeführt. Mit der 12 mm dicken Gummi-Einlage wurden Messungen bei Normalkräften von 2600 N, 5549 N und 7000 N mit der 16 mm dicken Gummi-Einlage bei Normalkräften von 2600 N und 7000 N vorgenommen.

Entsprechend dem Coulomb'schen Reibgesetz gilt für die Reibungszahl:

$\mu = F_A/F_N$ (F_A ... Abziehkraft, F_N ... Normalkraft)

In der Tabelle 11.8 sind die Mittelwerte der Reibungszahlen zusammengestellt. Bemerkenswert dabei sind die recht hohen Werte $\mu > 0{,}8$, sodass die Simulationsergebnisse, ermittelt mit der konservativen Annahme von $\mu > 0{,}2$, einem erhöhten Sicherheitsniveau zugeordnet werden können.

Einlagen-dicke [mm]	Normalkraft [N]	**Mittelwerte der Reibungszahlen**					
		Abzugsgeschwindigkeit [mm/min] bzw.[mm/s]					
		15	30	60	120	240	480
		0,25	0,50	1,00	2,00	4,00	8,00
12	2600	**0,96**	**1,02**	**1,07**	**1,10**	**1,14**	**1,14**
12	5549	**0,88**	**0,93**	**0,97**	**1,00**	**1,02**	**1,06**
12	7000	**0,90**	**0,93**	**0,96**	**0,97**	**1,02**	**1,06**
16	7000	**0,83**	**0,87**	**0,91**	**0,96**	**1,02**	**1,08**
16	2600	**1,16**	**1,21**	**1,26**	**1,32**	**1,38**	**1,40**

Tab. 11.8: Mittelwerte der Reibungszahlen

Abb. 11.7: Versuchseinrichtung zur Bestimmung der Reibungszahl mit eingespanntem CU-Fahrdraht, Gleitschlitten (in der Endlage) und der aus Stahlteilen aufgebrachter Normalkraft von F_N = 7,00 kN

11.7 Kriechverhalten – Kriechprüfungen

Die TÜV AUSTRIA TVFA Prüf- und Forschungs GmbH wurde vorerst beauftragt, am vorliegenden Fahrdrahtquerschnitt Kriechprüfungen mit 30 kN und mit 39 kN jeweils mit einer Dauer von 72 Stunden bei 20 °C durchzuführen. Die Proben wurden vor der Kriechprüfung in einem Belastungsversuch für die Dauer von ca. 1 Minute mit der jeweiligen Prüfkraft der Kriechprüfung vorbelastet.

Gemäß Europäischer Norm EN 61395 wurde aus den im Zeitabstand von 0,01 s registrierten Messdaten eine in der logarithmischen Zeitskala gleichmäßig verteilte Datenreihe extrahiert und dabei 200 Messwerte je zehnfachem Anstieg der Zeit ausgewählt. Die Konstanten ε_0 und b für die hier maßgebende Kriechfunktion $\varepsilon_c = \varepsilon_0\ (t/t_{ref})^b$ wurden mittels linearer Regression für Werte ab einer Stunde Prüfdauer ermittelt (t_{ref} = 1 h). Abbildung 11.8 der Versuchsergebnisse zeigt deutlich, dass der dominante Kriechanteil (blauer Kurvenabschnitt) innerhalb der ersten Stunde auftritt.

Da diese Eigenschaft auch für kleinere Vorspannkräfte zu erwarten ist und in Folge bei der Montage des Fahrleitungssystems (Ausleger, Seitenhalter, Hänger, Y-Beiseile, usw.) berücksichtigt werden sollte, wurde im Rahmen einer weiteren Untersuchung das einstündige (Kurzzeit-) Kriechverhalten des Fahrdrahtes unter 15,3 kN und 22,5 kN experimentell bestimmt. Laut Prüfbericht war das Belastungsprogramm der Prüfmaschine für jede der beiden Kraftstufen (bei Be- und Entlastung) auf eine Haltezeit von 3600 s bei konstanter Prüfkraft eingestellt. Für die Aufbringung der Prüfkraft am Beginn der Prüfung und die Änderung der Prüfkraft von einer Stufe zur nächsten war eine Zeitspanne von 120 s gewählt. Die Kriechdehnung ε_c wurde aus der Gesamtdehnung durch Abzug der elastischen Dehnung ε_e berechnet. Die zur Berechnung der elastischen Dehnung benötigte Nachgiebigkeit des Fahrdrahts wurde aus dem Kraft-Dehnungs-Verlauf bei fallender Prüfkraft am Ende der Kriechprüfung ermittelt.

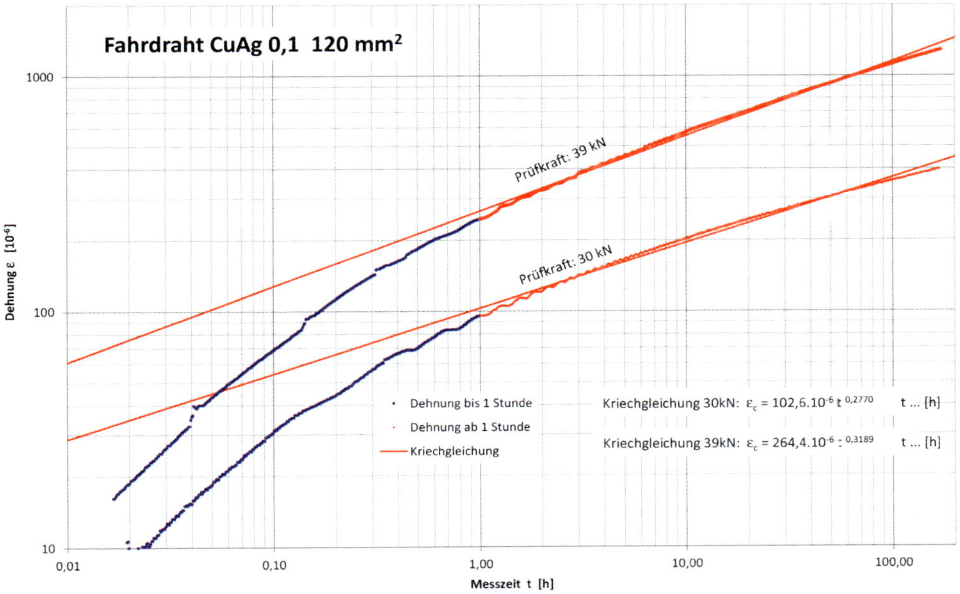

Abb. 11.8: 72-Stunden Kriechversuch

Abbildung 11.9 zeigt das Ergebnis der Kriechprüfung von Probe 1, die zuerst mit 15,3 kN und danach mit 22,5 kN belastet wurde. Beide Bereiche zeigen ein ähnliches Kriechverhalten mit ausgeprägten Dehnungszuwächsen innerhalb der ersten ca. 700 Sekunden.

Abbildung 11.10 zeigt das Ergebnis der Kriechprüfung von Probe 2, die zuerst mit 22,5 kN und nach Entlastung mit 15,3 kN axial belastet wurde. Hier weist der erste Bereich – ähnlich wie bei Probe 1 – ausgeprägte Dehnungszuwächse vor, wobei hingegen nach Entlastung auf 15,3 kN keine zusätzlichen Kriechdehnungen mehr gemessen wurden. Daraus lässt sich ableiten, dass eine höhere Vorbelastung (Zugkraft) im Fahrdraht vor der endgültigen Montage der Fahrdrahtaufhängungen (Ausleger und Nachspannvorrichtungen) die Montagegenauigkeit noch steigern würde. Dieses Verhalten kann bei der Fahrdrahtmontage mit geringen Zugkräften (z. B. manuelle Montage mit einfachem Abziehen von der Speichertrommel) genutzt werden, um den abschließenden Regulierungsvorgang (Einstellen der Ausleger, Seitenhalter, Hänger, Y-Beiseile usw.) bei Nennzukraft abzukürzen. Abschließend sei angemerkt, dass eine zusätzliche Induktion von Feinwelligkeiten im Fahrdraht zufolge Kriechdehnung unter konstanter Zugkraft ausgeschlossen werden kann.

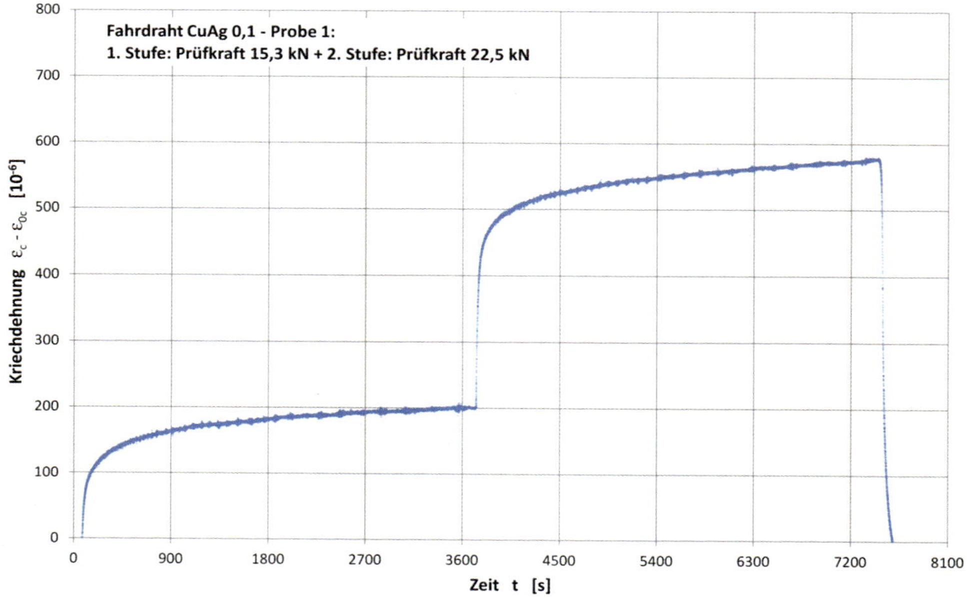

Abb. 11.9: Kriechversuch bei zweistufiger Belastung

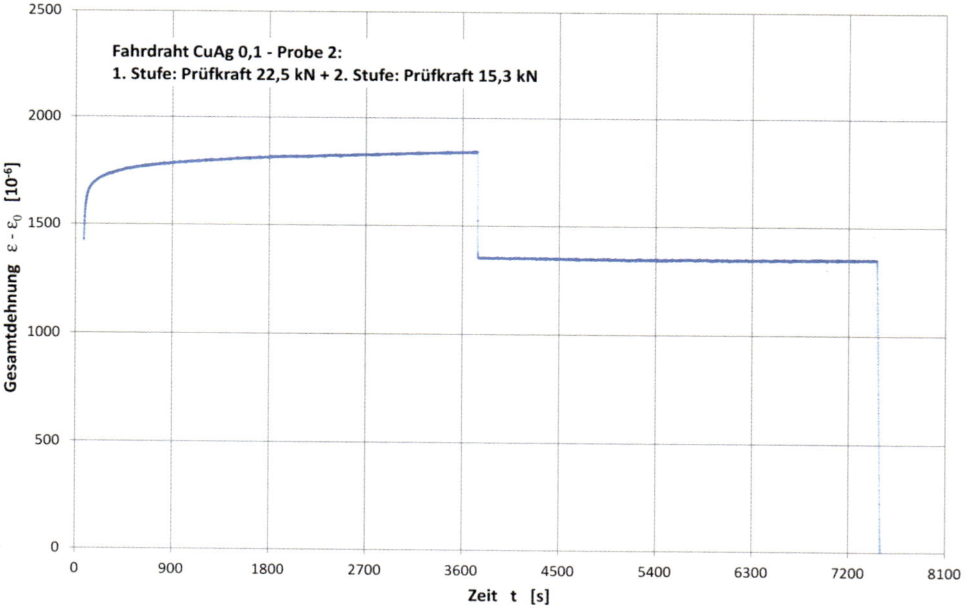

Abb. 11.10: Kriechversuch bei erhöhter Prüfkraft und anschließender Entlastung auf die Nennzugkraft

11.8 Längenänderung des Rillenfahrdrahtes AC-150 mm²

In der folgenden Untersuchung wurde der Längenunterschied berechnet, der sich bei der Fahrdrahtmontage mit geringerer Zugkraft als die Nennzugkraft, $N_{Montage} < N_E = 35$ kN, am Ende unterschiedlicher Nachspannlängen ergibt. Der Längenunterschied des elastischen Fahrdrahtes zwischen den Lastfällen „Montagezugkraft" und „Nennzugkraft" berechnet sich gemäß kontinuumsmechanischer Modellierung zu

$$\Delta l = \frac{l \cdot \Delta N}{E_0 A} = \frac{l \cdot \left(N_E - N_{Montage}\right)}{E_0 A}$$

wobei für den betrachteten Rillenfahrdraht AC-150, CuMg 0,5 gilt:

$N_E = 35$ kN ... Nennzugkraft

E_0 A = 18750 kN ... Dehnsteifigkeit

$N_{Montage} << F_{max} = 68,4$ kN, F_{max}... Bruchkraft

In der folgenden Tabelle 11.9 sind sowohl die Längenänderung Δl [m] für unterschiedliche Nachspannlängen,

l = 650 m, 750 m, 1200 m, 1400 m, 1500 m

und Montagezugkräfte

$N_{Montage}$ = 25 kN; 27 kN; 30 kN; 33,75 kN; 35 kN

als auch der jeweilige prozentuelle Anteil $\left(\frac{\Delta l}{l} \cdot 100\right)[\%]$ ausgewertet.

	Δl [m]				Grenzwert
	$N_{Montage}$ = 25 kN	**$N_{Montage}$ = 27 kN**	**$N_{Montage}$ = 30 kN**	**$N_{Montage}$ = 33,75 kN**	**$N_{Montage}$ = N_E = 35 kN**
l = 650 m	**0,347**	**0,277**	**0,173**	**0,043**	**0,000**
l = 750 m	**0,400**	**0,320**	**0,200**	**0,050**	
l = 1200 m	**0,640**	**0,512**	**0,320**	**0,080**	
l = 1300 m	**0,693**	**0,555**	**0,347**	**0,087**	
l = 1400 m	**0,747**	**0,597**	**0,373**	**0,093**	
l = 1500 m	**0,800**	**0,640**	**0,400**	**0,100**	
$\left(\frac{\Delta l}{l} \cdot 100\right)[\%]$	0,053	0,043	0,027	0,007	0,000

Tab. 11.9: Längenänderungen für unterschiedliche Nennspannlängen und Montagezugkräfte

11.9 Schlussfolgerung

Jene von der Fa. Plasser & Theurer entwickelte Fahrleitungs-Installationsmaschine eignet sich gut für die Verlegung von gängigen Profil- bzw. Rillenfahrdrähten der ÖBB bzw. der DB.

Unter den Voraussetzungen, dass der Fahrdraht präzise hergestellt und aufgewickelt wurde (ohne Einprägung unzulässig großer Verzerrungen und Krümmungen), sind bei ordnungsgemäßer Verlegung unter der vorgegebenen konstanten Nennzugkraft keine Restwelligkeiten von $w_{max} \geq 0{,}1$ mm zu erwarten.

Auftretende Kriechdehnungen erzeugen keine zusätzliche Restwelligkeit. Für die exakte Positionierung der Fahrdrahtaufhängungen bereits während des Montageprozesses mit Nennzugkraft muss jedoch berücksichtigt werden, dass der dominante axiale Kriechanteil innerhalb der ersten 15 bis 30 Minuten auftritt.

12 Traktionsmechanik für Fahrleitungs-Arbeitsmaschinen

Fahrleitungs-Installations- und -Arbeitsmaschinen müssen mit ihrer Motorleistung, den angetriebenen Achsen und ihrem Eigengewicht entsprechende Zugkräfte auf die Schiene bringen.

Die Zugkraft für selbstfahrende oder durch Triebfahrzeuge gezogene Fahrleitungsmontagemaschinen (FUM) muss größer sein als die Summe aller Fahrwiderstände, wie der Bewegungswiderstände (Fahrzeug-, Luft- und Beschleunigungswiderstand) und der Streckenwiderstände (wie Steigungs-, Krümmungs- und Tunnelwiderstände).

Die übertragenen Kräfte zwischen den Antriebsrädern und der Schiene müssen für den Geschwindigkeitsbereich Null bis zur Fahrzeughöchstgeschwindigkeit ausreichen.

Die Fahrleitungs-Installationsmaschine muss zusätzlich die Zugkräfte für Fahrdraht und Tragseil (Verstärkungs- und Rückleiterseile) übernehmen können. Fahrleitungs-Arbeitsmaschinen (MTW) haben ggf. entsprechende Anhängelasten (z. B. Arbeitswagen bei Bauzügen) zu ziehen.

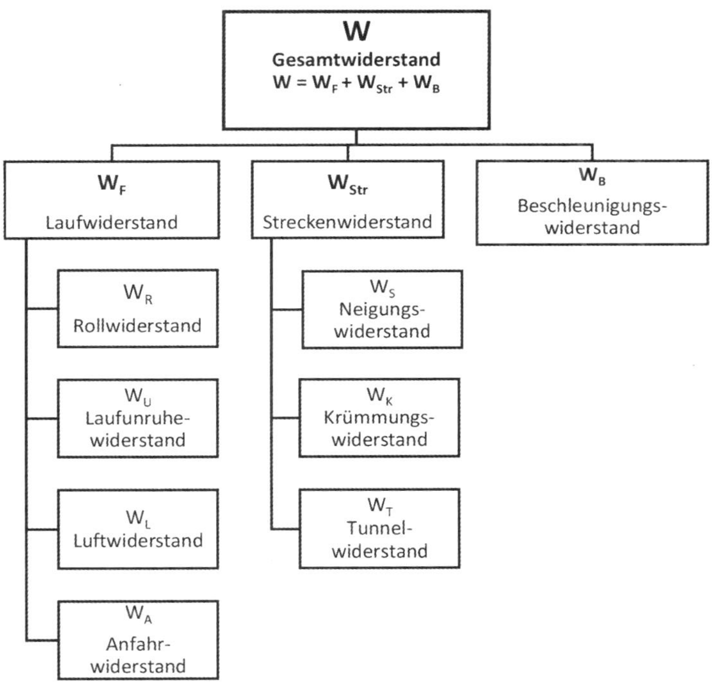

Abb. 12.1: Struktur der Fahrwiderstände **(Darstellung: Autor)**

Die physikalische Grenze für die größte von den Treibachsen erreichbare Zugkraft (Adhäsion) ist proportional der darauf entfallenden Gewichtskraft und dem Reibungskoeffizienten (Haftwert My). Der Reibungskoeffizient hängt stark von Umwelteinflüssen an der Kontaktfläche Rad/Schiene, vom Schienenzustand (Oberfläche) und u. a. auch stark von der Fahrgeschwindigkeit ab. In der Literatur wird bei „mittleren" Verhältnissen ein Bereich von 0,15 bei Geschwindigkeiten >200 km/h und bis zu 0,33 bei rd. 5 km/h genannt. In der Praxis wird mit Reibungszahlen bei geringen Geschwindigkeiten mit My von 0,3 und bei 200 km/h mit etwa 0,2 gerechnet.

An Kraftübertragungseinrichtungen zwischen dem Fahrzeugdieselmotor und den Radsätzen sind dieselelektrische, hydrostatische, hydromechanische und hydrodynamische Systeme üblich.

Damit die technisch nutzbare Anfahr- und Montagezugkraft von der Fahrleitungs-Montagemaschine optimal auf das Gleis gebracht werden kann, werden die Achsen bevorzugt von einer Kombination aus Dieselmotor und hydrostatischem Wandler angetrieben. Das System der hydrostatischen Kraftübertragung hat ein sehr gutes Übertragungsverhalten bzw. eine gute Regelbarkeit.

12.1 Systemrelevante Kennwerte für Fahrleitungen auf Hochgeschwindigkeits- und Hochleistungsstrecken

Querschnitte Rillen-Fahrdraht	allgemein verwendet 120, 150 mm^2
– Fahrdrahtmaterialien	vorrangig (Cu-ETP), CuAg 0,1, CuMg 0,2 bis 0,5, CuSn 0,2, 1,0, Valthermo CuSn 0,1
Querschnitte Tragseil	(50), 70, 95, 120, 150 mm^2
– Tragseilmaterial	Bz II, CuAg 0,1, Cu-ETP
Fahrdrahtzugkräfte	15,0–27,0–31,5–(38) kN für ca. 160 km/h bis 350/400 km/h
Tragseilzugkräfte	10,0–21,0–(30) kN für ca. 160 km/h bis 350 km/h
Y-Beiseil	25, 35 mm2; Y-Zugkraft < 3,5 > kN
Systemhöhe	900–1800 mm (Tunnelbereich – freie Strecke)
Längsspannweite (gerade, freie Strecke) vorrangig	60 bis 65 m (Systeme auch bis 110 m)
Nenn-Fahrdrahthöhe	5300 mm, 5200 mm
Zick-Zack	+/– < 300 mm (+/– < 400 mm)
Stromabnehmer	1600 mm (Europawippe), 1950 mm
Stromversorgungs- und Verstärkungs-, Rückstromführungseile	z. B. 150 mm2 CuAg 0,1, Cu-ETP, Aluminium-Stahl z. B. 260/23 mm^2
Nachspannlängen (Sektionslängen)	ca. 700 m bei Halbsektionen oder ca. 1200–1500 m bei „ganzen Sektionen“

Tab. 12.1: Beispiele für HGV-Fahrleitungen

Die Kennwerte sind in den TSI-ENE, EN 50119, EN 50163, EN 50317, EN 50367, EN 50318, EN 50388, EN 50149 insbesondere für Fahrdrähte und neu in der internationalen Norm für Tragseile IEC CDV 63190 festgelegt.

Nach TSI-ENE und EN werden grundsätzlich Wechselstromsysteme (15 und 25 kV) bei Elektrifizierung von Hochgeschwindigkeitsstrecken vorgeschlagen.

12.2 Nennzugkräfte von neuen Fahrleitungssystemen

Diese Nennzugkräfte müssen beim Montagevorgang mit mechanisierten Arbeitsverfahren (Fließbandtechnik) für selbstfahrende oder bei durch Triebfahrzeuge gezogenen Fahrleitungs-Installationsmaschinen zusätzlich zu den Fahr- und Beschleunigungswiderständen aufgebracht werden.

Fahrleitungssystem	Nennzugkraft Fahrdraht	Nennzugkraft Tragseil
DB Re 330 und SICAT H 1.0	27 kN	21 kN
Beijing–Shanghai	38 kN	23 kN
EAC 350 Madrid–Lerida	31,5 kN	16 kN
Dänemark	15 kN	30 kN

Tab. 12.2: Repräsentative Fahrleitungszugkräfte

12.3 Fahrzeuggewichte von selbstfahrenden Montagemaschinen

Die bei Fahrleitungsprojekten eingesetzten und bewährten Fahrleitungs-Installationsmaschinen mit Drehgestellen und Eigenantrieb haben, je nach Anzahl und Konstruktion der Windensysteme etwa zwischen 65 und 88 t Gesamtgewicht. Dazu sind Motoren mit z. B. rd. 600 PS/ >400 kW eingebaut. Mit Eigenantrieb fahren diese Maschinen mit v_{max} = 40 km/h, gezogen sind max. 100 km/h zugelassen. Fahrleitungs-Arbeitsmaschinen (MTW) haben Gesamtgewichte von 40 bis 80 t (zweiachsige Versionen, Drehgestellmaschinen); sie sind teilweise bis 160 km/h typisiert.

12.4 Fahrzeuggewichte von Triebfahrzeugen für gezogene Fahrleitungsmontageeinheiten

Diese Fahrleitungsmontageeinheiten (Containerlösungen) sind üblicherweise auf Arbeitswaggons aufgesetzt und werden von Dieseltriebfahrzeugen mit einem Gesamtgewicht je nach Type von 50 bis 80 t gezogen.Bei einem je nach Type geringen Gesamtgewicht der Dieseltriebfahrzeuge könnte die Anfahr- und Montagezugkraft entsprechend dem Beispiel nach Punkt 12.5 nicht ausreichend gesichert sein. Das kann bei ungünstigen Reibungszahlen oder abhängig von der Antriebssteuerung des Triebfahrzeuges zum Rädergleiten führen Es besteht zudem keine Abhängigkeit zwischen der notwendigen Zugkraft (insbesondere zu den Nennzugkräften von Fahrdraht und Tragseil) und der eingestellten Antriebskraft des Triebfahrzeuges.

12.5 Abschätzung der notwendigen Zugkräfte

Berechnungsannahmen:

- Montage von Fahrdrähten mit bis zu 35 kN Nennzugkraft und Tragseilen mit maximal 30 kN Nennzugkraft gemeinsam in einer Montagesequenz als Anforderungsprofil an die Leistung der Fahrleitungs-Montagemaschinen.
- In der Praxis wird bei den hohen Fahrdrahtnennzugkräften bei den bekannten eingesetzten Fahrleitungssystemen eine geringere Tragseilnennzugkraft (z. B. 21, 23 kN) genommen.
- Diese Zugkraftanforderungen sollen um Zugkraftschwankungen von zumindest ± 5 %, die sich infolge der Maschinenregelung ergeben können und weil die in der ersten Phase noch provisorisch aufgehängten Fahrleitungsketten schwingen, noch um 5 % erhöht werden.
- Zusätzlich muss die Anfahr- und Montagezugkraft auch auf Bergstrecken (Steigungswiderstände) von z. B. 25 Promille (40 Promille) gehalten werden.
- Das Gesamtgewicht für selbstfahrende Fahrleitungsmontagemaschinen kann üblich zwischen 65 und 88 t für die „Reibungs-Zugkraft“ angenommen werden (siehe 12.3).

- Ein „gesicherter“ Reibungskoeffizient zwischen Rad-Schiene kann bei ca. 5 bis 7 km/h für den Arbeitsgang bei guten Witterungsbedingungen und Schienenzuständen mit 0,3 (0,35) angenommen werden.
- Für Überstellfahrten wird bei Fahrleitungs-Installationsmaschinen mit Eigenantrieb bei Eigenfahrt 40 km/h gefordert, gezogen ist eine Geschwindigkeit 80 bis 100 km/h üblich (ist mit Zugtrassen – Gleisbesetzung begründet).
- Im Beschleunigungswiderstand ist neben der Translationsbeschleunigung der Gesamtmasse auch eine Rotationsbeschleunigung aller rotierenden Massen (Räder, Getriebe, Rotoranteil) abzudecken.

Je nach Belastbarkeit einer Schieneninfrastruktur kann eine Gewichtskraft auf eine Treibachse mit =/< 20 t (z. B. FUM mit 80 t mit zwei Drehgestellen oder analog bei Dieseltriebfahrzeugen) angenommen werden:

$20 \times 10^3 \times 9{,}81 = 196200$ N = 196,2 kN pro angetriebener Achse

Nimmt man eine „gesicherte“ Reibungszahl My = (0,15)/0,3 an, entwickelt eine Treibachse eine nutzbare Zugkraft am Radumfang (nutzbare Anfahr- und Montagezugkraft) von

(196200 x 0,15 = 29430 N = 29,43 kN)
196200 x 0,30 = 58860 N = 58,86 kN

auf die Schiene.

Im Hochgeschwindigkeitsverkehr werden aufgrund der höheren vertikalen und horizontalen Beschleunigungskomponenten kleinere Gewichtskräfte auf die Schieneninfrastruktur zugelassen. Auf eine Treibachse können z. B. =/< 15 t (z. B. bei FUM mit 60 t, zwei Drehgestelle, ein Drehgestell angetrieben) entfallen:

$15 \times 10^3 \times 9{,}81 = 147150$ N = 147,15 kN

Nimmt man eine „gesicherte“ Reibungszahl My = (0,15)/0,3 an, entwickelt eine Treibachse eine nutzbare Zugkraft am Radumfang (nutzbare Anfahr- und Montagezugkraft) von

(147150 x 0,15 = 22072,5 N = 22,07 kN)
147150 x 0,30 = 44145,0 N = 44,15 kN

auf die Schiene.

Soll die selbstfahrende Fahrleitungsmontagemaschine eine Fahrleitung mit einer Fahrdrahtnennzugkraft von 35 kN und einer Tragseilnennzugkraft von 30 kN in einem Arbeitsgang verlegen, so ergibt dies aus diesem Titel eine erforderliche Anfahr- und Montagezugkraft von rd. 65 kN am ebenen Gleis.

Zusätzlich muss die Anfahr- und Montagezugkraft auch auf Steigungen gehalten werden. Für 1 Promille Steigung benötigt man 1 N Neigungswiderstand W_1 pro 1 kN Maschinengewicht G. Somit entspricht der Neigungswiderstand W_1[N] der Steigung in Promille.

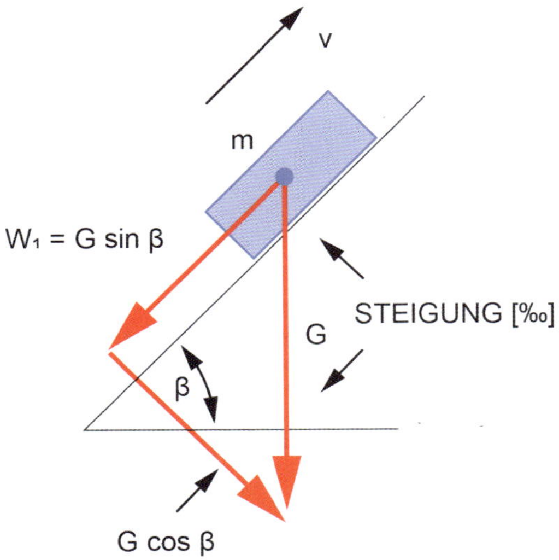

$G = m \cdot g$ in kN

$W_1 = m \cdot g (\sin \beta) \cdot 10^3$ in N

= STEIGUNGSWIDERSTAND FÜR FAHRZEUGE

Abb. 12.2: Zusammenhang Gewichtskraft und Neigungswiderstand zur rechnerischen Ermittlung (Darstellung: Autor)

Der Neigungswiderstand W_1[N] errechnet sich für z. B. G = 80 t und bei 25 Promille mit 20 kN. Damit benötigt man bei Fahrleitungssystemen für Hochgeschwindigkeitsstrecken für die genannten Zugkraftkomponenten für die maschinelle Montage eine Anfahr- und Montagezugkraft von 65 + 20 = 85 kN.

Berücksichtigt man Zugkraftschwankungen von ±5 % bei der Zugkraftanforderung an die Fahrleitungsmontagemaschine, so müssen gesichert etwa =/< 90 kN aufgebracht werden.

Je nach den punktuellen, momentanen und variierenden Reibungszahlen jeder Treibachse muss bereits beim beginnenden Schlupf (Beginn des Rädergleitens) eingegriffen werden, damit diese hohe Zugkraft in Summe von den angetriebenen Treibachsen aufgebracht werden kann. Es ist eine „schlupfabhängige" exakte Steuerung des Antriebsmomentes, d. h. der Motorleistung von jeder Treibachse über einen Zentralrechner notwendig – Antriebsschlupfregelung (ASR).

12.6 Berechnung der Antriebsleistung

Für den Montagevorgang mit bis zu 7 km/h der selbstfahrenden oder durch Triebfahrzeuge gezogenen Fahrleitungsmontagemaschinen (FUM) muss mindestens eine Maschinenleistung

P = Z x v/3,6 x Wirkungsgrad = 90 kN x 7 km/h/3,6 x 0,85 = 205,9 kW, also =/> 250 kW

installiert sein.

Z = Zugkraft, v = Arbeitsgeschwindigkeit

Die für den Transport (zwischen Baustellenabschnitten, Überstellung) der selbstfahrenden Fahrleitungsmontagemaschinen (FUM) benötigte Leistung beträgt für den Fahrzeug-Laufwiderstand der Maschinen und die Streckenwiderstände mit Steigungen von 25 Promille und einer Fahrgeschwindigkeit von 40 km/h nach Literaturangaben etwa 3–4 kW/t.

3–4 kW/t x 88 t = 264–352 kW. Der Beschleunigungswiderstand ist dabei nur minimal berücksichtigt.

Wird die Fahrleitungsmontagemaschine von einem Dieseltriebfahrzeug mit 100 km/h auf 25 Promille Steigung überstellt, sind nach Literaturangaben etwa 6–8 kW/t x (88 + 60) t = 888–1184 kW bei minimalem Beschleunigungsanteil notwendig.

12.7 Analyse und Ergebnis

Mit der FUM mit zwei Drehgestellen, 88 t Gesamtgewicht und vier angetriebenen Achsen ist die gemeinsame Montage von Fahrdraht und Tragseil bei den üblichen Reibungszahlen gesichert.

Mit der FUM mit zwei Drehgestellen, 60 t Gesamtgewicht, aber nur zwei angetriebenen Achsen kann die Anfahr- und Montagezugkraft für die gemeinsame Montage von Fahrdraht und Tragseil ausreichend sein, jedoch bei ungünstigen Reibungszahlen zum Rädergleiten führen.

Die von Herstellern angegebenen Nennleistungen der Fahrleitungsmontagemaschinen sind ausreichend.

12.8 Abschätzung der erforderlichen Anfahr- und Montagezugkraft beim Montagevorgang mit gezogenen Fahrleitungsmontageeinheiten

Fahrleitungsmontageeinheiten sind üblicherweise auf Arbeitswaggons aufgesetzt und die Einheiten werden mit Dieseltriebfahrzeugen gezogen.

Bei einem Gesamtgewicht der Dieseltriebfahrzeuge je nach Type von 50 bis 80 t und zwei angetriebenen Achsen wäre die Anfahr- und Montagezugkraft für die gemeinsame Montage von Fahrdraht und Tragseil entsprechend dem Beispiel unter Punkt 12.5 von rd. 90 kN nicht ausreichend gesichert. Daher sind nur geringere Anfahr- und Montagezugkräfte möglich oder Fahrdraht und Tragseil müssen getrennt, in zwei Montagegängen, verlegt werden.

12.9 Notwendige Zugkräfte beim Montagevorgang für selbstfahrende Zweiwegefahrzeuge

Zweiwegefahrzeuge können mit angetriebenen Achsen oder mit einem Antrieb über die Lkw-Reifen betrieben werden.

- Das Gewicht von Zweiwegefahrzeugen und die Antriebsleistung sind für hohe Anfahr- und Montagezugkräfte nicht ausreichend.
- Der Einsatzbereich ist eher für Nahverkehrsfahrleitungen mit geringeren Abspann-Zugkräften gegeben.
- Auf Fernbahnen ist die Verlegung von Fahrdraht- und Tragseilen nur mit geringen Zugkräften vorgesehen und in der Folge muss in weiteren Arbeitsgängen auf die Nennzugkräfte nachgespannt werden.
- Des Weiteren wird praktiziert, die Montage des Fahrleitungssystems seriell vorzunehmen, d. h. Fahrdraht und Tragseil mit begrenzten Zugkräften in aufeinanderfolgenden Sequenzen.

13 Elektrotechnische Personen- und Arbeitssicherheit

13.1 Grundlagen

Bei Arbeiten in Fahrleitungsanlagen kann eine Gefährdung durch die Fahrleitungsnennspannung und durch unzulässige Berührungsspannungen bestehen. Für Nennspannungen von 15 und 25 kV Wechselstrom für Fahrleitungen gelten in der TSI ENE und den EN 50119, EN 50122-1 sowie in den Betriebsanweisungen der Infrastrukturbetreiber strenge Vorgaben für das Arbeiten im Nahbereich von spannungsführenden Anlagen.

Direktes Berühren von unter Spannung stehenden Anlageteilen in Fahrleitungsanlagen muss nach EN 50122-1 durch Abstand oder durch Hindernisse vermieden werden. Indirektes Berühren von Körpern elektrischer Betriebsmittel liegt vor, wenn diese infolge eines Fehlerzustandes unter Spannung stehen.

Abb. 13.1: Fahrleitung, Verstärkungsleitung, Rückstromführungsseile im „Handbereich" auf einem Fahrleitungsmast (Foto: Autor)

Abb. 13.2: Komplexe Situationen für elektrotechnische Personensicherheit (Foto: Autor)

13.2 Elektrotechnische Personensicherheit

In der EN 50122-1 sind die Mindestabstände zu berührbaren aktiven Teilen an der Außenseite von Fahrzeugen sowie zu aktiven Teilen von Fahrleitungsanlagen von Standflächen aus, die von Personen betreten werden dürfen, bei Hochspannung festgelegt. Damit ist auch dieser Abstand von z. B. Stromabnehmern und Triebfahrzeug-Dachleitungen einzuhalten.

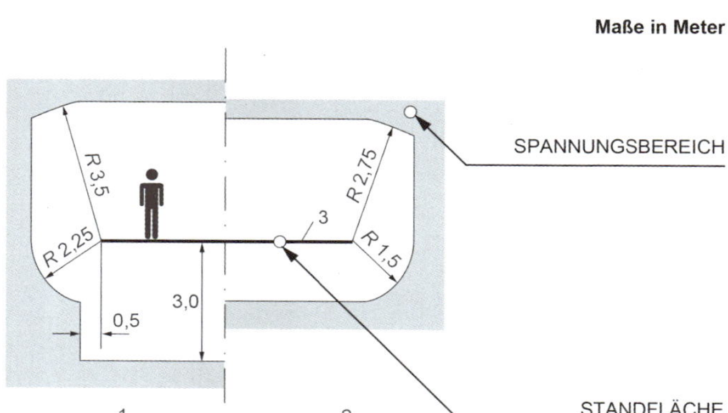

Legende:
1 Öffentlicher Bereich
2 Nichtöffentlicher Bereich

Abb. 13.3: Mindestabstände zu berührbaren spannungsführenden Anlageteilen (Eigendarstellung nach EN 50122-1, Auszug)

Folgende Ausnahme für arbeitende Personen in Fahrleitungsanlagen ist in der Norm angeführt: Die Abstände, die durch Personen einzuhalten sind, die in der Nähe von unter Spannung stehenden Fahrleitungsanlagen arbeiten, müssen in den Betriebsbestimmungen festgelegt werden. Ausnahmen sind nach der EN 50122-1 u.a. für Arbeiten aus Arbeitskörben von Hubarbeitsbühnen oder von Arbeitsbühnen von Turmwagen möglich.

Für Nennspannungen über 1 kV bis 110 kV ist eine Annäherung an Hochspannungsanlagen bis 3 m (Gefahrenbereich) zulässig. Im Zweifelsfall ist ein Abstand von 5 m einzuhalten.

Bei Arbeiten außerhalb des Gefahrenbereiches dürfen die Sicherheitsabstände von 3 m bei Arbeiten unterhalb oder seitlich von unter Spannung stehenden Teilen bei 1 kV bis 110 kV AC nicht erreicht bzw. nicht unterschritten werden. Bei Arbeiten oberhalb von unter Spannung stehenden Teilen bei 1 kV bis 110 kV AC gelten 4 m.

Bei Arbeiten im Gefahrenbereich von Fahrleitungsanlagen unterhalb oder seitlich von unter Spannung stehenden Teilen gilt für über 1 kV bis 30 kV AC ein Sicherheitsabstand von 1,5 m, bei Arbeiten oberhalb von unter Spannung stehenden Teilen über 1 kV bis 30 kV AC gelten 2 m. Somit sind die Arbeitsgrenzen für Fahrleitungsanlagen enger definiert und bilden die Erfordernisse aus der Praxis ab. Allerdings ist die Voraussetzung, dass die Arbeiten von Elektrofachkräften oder Elektrotechnisch Unterwiesenen Personen vorgenommen werden und dass die geforderten Sicherheitsabstände durch unbeabsichtigte und unbewusste Bewegungen sowie unkontrollierte Bewegungen mit Werkzeugen und Material nicht erreicht bzw. unterschritten werden. Der Arbeitsbereich und die Tätigkeiten sind durch den örtlich Aufsichtführenden genau vorzugeben und die Arbeiten sind vor Ort zu überwachen.

Abb. 13.4: Arbeiten mit dem Arbeitskorb im Nahbereich der Hochspannungsanlage (Foto: Autor)

In den Fahrschienen bewirkt z.B. der Bahnrückstrom eine Potentialerhöhung, die an allen angeschlossenen, berührbaren Anlageteilen als Schienenpotential ansteht. Das orts- und zeitabhängige Schienenpotential ist die Hauptursache für Berührungsspannungen unter Betriebsbedingungen und im Fehlerfall. Die zulässige Berührungsspannung ist in Langzeitwerte für den Betrieb und Kurzzeitwerte für Fehlerfälle, die auch spezielle kurzzeitige Betriebssituationen einschließen, unterteilt.

Beispiele für Grenzwerte für die Berührungsspannung sind:

Zulässige Berührungsspannungen – Abhängigkeit von der Einwirkungsdauer t [s]	U_{max} Langzeit [V]	U_{max} Kurzzeit [V]
300	65	
1	75	
0,1		785
0,05		835

Tab. 13.1: Zulässige Berührungsspannungen nach Einwirkungsdauer (Eigendarstellung nach EN 50122-1, Auszug)

Maßnahmen zur Verringerung der Gefahren durch Berührungsspannungen und zum Schutz gegen die Gefahr vom Schienenpotential können eine Verringerung des Gleis-Bettungswiderstands z. B. durch verbesserte oder zusätzliche Erder, Potentialausgleichsmaßnahmen, eine Verbesserung der Rückstromführung durch Rückstromleiterseile usw. sein.

Nach EN 50119 und EN 50122-1 sind empfohlene elektrische Schutzabstände in Luft zwischen Erde (geerdeten Komponenten der Fahrleitungsanlage sowie bei Bauwerken) und aktiven Teilen der Fahrleitungsanlage entsprechend der Fahrleitungs-Nennspannung einzuhalten. Bei der Montage der Fahrleitungskomponenten für 15 kV-Anlagen ist darauf zu achten, dass Schutzabstände von mindestens 150 mm eingehalten und nachkontrolliert werden. Die Überprüfung des Abstands zwischen spannungsführenden Komponenten und geerdeten erfolgt dann wiederholt im Rahmen der Instandhaltung. Die Abbildungen 13.5 und 13.6 zeigen die knappen Platzverhältnisse in der Tunnelwölbung und die möglichen Schutzabstände für die Hochspannungs-Einspeisekabel, die Feederleitungen, die Rückstromführungsseile und Armaturenerdungen.

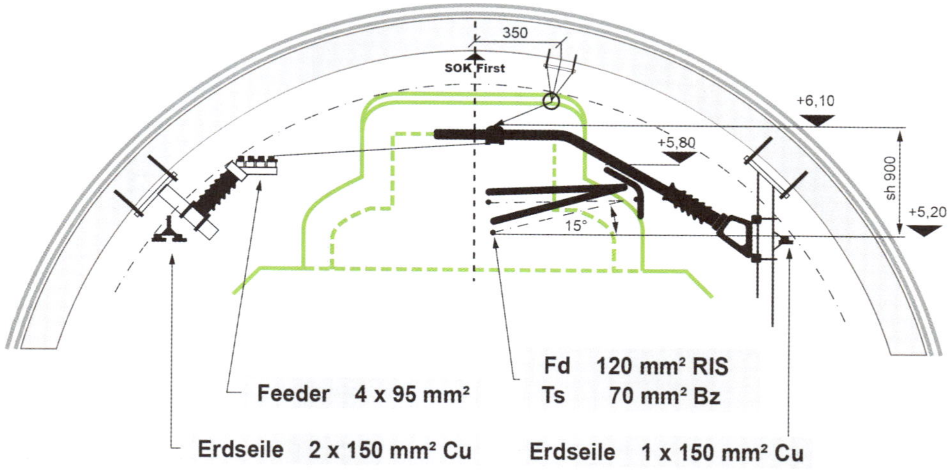

Abb. 13.5: Konzept Tunnelfahrleitung **(Eigendarstellung – Quelle: GBT)**

Abb. 13.6: Energieeinspeisung mit Kabeln in Verstärkungsleitungen mit Trennschalter sowie Rückstromführungsseilen im Tunnel (Foto: Autor)

Die Mindestabstände zu geerdeten Teilen sind in Ergänzung zur EN 50119 und EN 50122-1 auch mit der EN 50124-1+A1+A2/AC und EN 50163/AC2 abzugleichen. Man unterscheidet zusätzlich zwischen dem statischen und mit der Reaktion auf die Stromabnehmerkräfte einem dynamischen Abstand. Beim statischen elektrischen Abstand orientiert man sich nach der höchsten betrieblich erlaubten Spannung und ev. Schaltüberspannungen bzw. Blitzstoßspannungen. Der dynamische Abstand richtet sich nur nach der dauernd zulässigen, höchsten betrieblich erlaubten Spannung. Somit können die Abstände nach EN 50119 und EN 50122-1 noch relativiert, d. h. auch kleiner ausgelegt werden.

13.2.1 Einsatz von Arbeits-/Baumaschinen auf elektrisch betriebenen Strecken

Von den Infrastrukturverantwortlichen sind für die Zulassung von Arbeiten mit Arbeits-/Baumaschinen unter, neben oder über Fahrleitungsanlagen in Richtlinien die notwendigen Maßnahmen für die elektrische Sicherheit geregelt. Diese Regelwerke gelten für gleisfahrbare Baumaschinen und Fahrleitungs-Arbeitsmaschinen, Krane usw., aber auch für Zweiwegefahrzeuge und sonstige nicht schienengebundene Baumaschinen.

Wird mit Arbeits-/Baumaschinen im Bereich von Fahrleitungen gearbeitet, wobei die unter 13.2 genannten Schutzabstände nicht eingehalten werden können, so müssen die Fahrleitungsanlagen grundsätzlich ausgeschaltet und bahngeerdet werden. Schienenfahrzeuge sind durch den Rad/Schiene-Kontakt bahngeerdet. Schienengebundene Arbeits-/Baumaschinen gelten daher als bahngeerdet, wenn mindestens ein Rad auf einer mit der Rückstromführung verbundenen Schiene steht. Nicht schienengebundene Baumaschinen gelten auch als bahngeerdet, wenn sie über eine Erdungsleitung mit einem bahngeerdeten Schienenfahrzeug oder einer zur Bahnerdung benutzten Schiene verbunden sind.

Schienengebundene Arbeits-/Baumaschinen mit festen, elektrisch leitenden und geerdeten Fahrzeugdächern ohne Hebeeinrichtungen wie frei schwenkbaren Arbeitsbühnen (z. B. Stopfmaschinen, Umbauzüge) dürfen bei Einhaltung des entsprechenden elektrischen Schutzabstandes unter eingeschalteten Fahrleitungsanlagen eingesetzt werden.

Im Rahmen der Gefährdungsanalyse von elektrotechnischen und nichtelektrotechnischen Arbeiten muss beurteilt werden, ob die elektrischen Schutzabstände eingehalten werden. Ist dies nicht möglich, ist über besondere Bestimmungen und Sicherheitsauflagen zu entscheiden.

Der Arbeitsverantwortliche/Aufsichtführende/die elektrotechnische Fachkraft (eine Elektrotechnisch Unterwiesene Person) hat im Rahmen einer Unterweisung vor Beginn der Arbeiten die Arbeitskräfte über Art und Umfang der Arbeiten sowie die vorgesehenen Sicherheitsmaßnahmen gegen die Gefahren vom spannungsführenden Fahrleitungssystem zu informieren. Er ist während der Durchführung der Arbeiten vor Ort für die Beaufsichtigung der Arbeitskräfte und für die Einhaltung der Sicherheitsmaßnahmen gegen die Gefahren aus der Fahrleitung verantwortlich. Bei elektrotechnischen Arbeiten an der Fahrleitung muss der Arbeitsverantwortliche/Aufsichtführende eine Elektrofachkraft für Fahrleitungsanlagen sein; bei einfachen Verhältnissen darf es auch eine Elektrotechnisch Unterwiesene Person sein.

13.2.2 Gefahrensituation bei gerissenen Hochspannungsleitungen

Abgerissene und herabhängende Fahrdrähte, Tragseile, Verstärkungs- und Verbindungsleitungen sind, auch wenn sie den Boden berühren, lebensgefährlich.

Berühren die Leitungen die Schiene, Erdungsleitungen, Bahnerdeverbindungen, das geerdete Fahrzeugdach von Arbeits-/Baumaschinen, so wird der Fehler durch die Kurzschlussschnellauslösung vom speisenden Unterwerk unmittelbar abgeschaltet. Durch den Fehlerortungsprozess vom Unterwerk aus können diese Leitungen aber in der Folge noch mehrmals kurzzeitig unter Spannung gesetzt werden.

Berühren die gerissenen Leiter jedoch den Gleisschotter, das umgebende Erdreich usw., so kann die Spannungsabschaltung verzögert werden oder auch nicht möglich sein. Dann treten im Umkreis lebensgefährliche Berührungs- und Schrittspannungen auf. Es sind hier in Richtlinien Distanzen von mindestens 10 bis 20 m für 15 bzw. 25 kV-Fahrleitungsspannungen angeführt.

Auch durch das Berühren von Hochspannungsleitungen mit Kranen, Betonpumpen, Leitern und anderen leitfähigen Gegenständen kommt es zur Ableitung der Spannung zur Erde. Das Betreten der Umgebung solcher Ableitstellen ist ebenfalls lebensgefährlich (Schrittspannung). D. h. alle Bahnstromanlagen sind so lange als unter Spannung stehend zu betrachten, solange nicht der spannungsfreie und der geerdete und kurzgeschlossene Zustand durch eine Elektrofachkraft oder eine Elektrotechnisch Unterwiesene Person oder vom Aufsichtsführenden einwandfrei festgestellt wurde und somit die Fehlerstelle freigegeben wird. Anlagen, die zwar freigeschaltet (d. h. allpolig und allseitig abgeschaltet), aber nicht geerdet und kurzgeschlossen sind, sind als unter Spannung stehend anzusehen. Es ist besonders zu beachten, dass nach dem Leiterriss über oder im näheren Umfeld der Arbeits-/Baumaschine von dieser nicht heruntergestiegen werden darf, weil man dadurch in den Bereich von lebensgefährlichen Berührungs- und Schrittspannungen kommen kann.

Hinweis: Es ist lebensgefährlich, Verunglückte zu berühren, solange sie mit der elektrischen Leitung in Verbindung stehen und nicht eindeutig erkennbar ist bzw. bestätigt ist, dass diese ausgeschaltet und bahngeerdet ist.

13.3 Technik der Rückstromführung

Für die Sicherheit von Personen und Sachen gegen elektrischen Schlag, d. h. bei Potentialerhöhungen durch Fehler in der Isolation von spannungsführenden Fahrleitungsanlagen, bei Erhöhung des Schienenpotentials über die Grenzwerte in der Norm oder bei unzulässigen Potentialdifferenzen zwischen berührbaren metallischen Teilen als Folge der Bahnrückströme oder von Isolationsdefekten, sind Schutzerde-, Betriebserde- und Potentialausgleichsverbindungen notwendig.

Beim Herstellen der Fundamente oder von Tunnelarmierungen ist das Bahnerde- und Rückleitungssystem entsprechend den Normvorgaben und betreiberspezifischen Richtlinien zu berücksichtigen. Die Erdungsleitungen und Verschraubungen sind so zu gestalten, dass unbefugte Manipulationen sicher erkannt werden können oder durch Verschweißungen unbefugtes Lösen erschwert werden. Die Verbindungen der Erdungsleitungen von den Masten an die Schienen sind gegen Beschädigungen durch Gleisstopfmaschinen durch Abdeckungen zu sichern und im Fahrweg entsprechend zu kennzeichnen.

Entlang der Strecke werden parallel zu den Gleisen Rückstromführungsseile an den Fahrleitungsmasten geführt, die einerseits rückstromführend sind und andererseits als Schutzerdung für die nicht spannungsführenden Fahrleitungskomponenten zusammen mit den Fahrschienen dienen.

Rückstromführungsseile auf Ebene der Fahrleitung oder an der Mastspitze können einen großen Anteil des Rück- und Kurzschlussstroms übernehmen und bieten auch Schutz gegen unzulässig hohe Berührungsspannungen, wenn die Erdungsverbindung zu den Gleisen (Bahnerde) unterbrochen wurde.

Bei Betonmasten und -fundamenten sind alle Erdungsleitungen und die Bewehrungseisen für das Erdungskonzept miteinander durch Schraubklemmen oder Verschweißung stromtragfähig und kurzschlussfest zu verbinden. Die Kurzschlussfestigkeit wird durch zusätzliche an Betonmasten außen geführte Erdungsleitungen verbessert bzw. sichergestellt. Eisenmaste sind ausreichend strombelastbar. Die „Bahnerdung“ der Komponenten erfolgt durch Verbinden mit dem Gleis und den zusätzlichen Rückstromführungsseilen am Mast (vgl. auch Irsigler, Manfred (2020): „Systemtechnik von HGV-Oberleitungen“).

In den Abbildungen 13.7 bis 13.12 sind Beispiele von Bahnerdungsmaßnahmen herausgegriffen, die zeigen, welche umfassenden Konzepte für die Sicherheit von Mitarbeitern und bahnfremden Personen zu treffen sind, um Gefährdungen nach den Satzungen der EN 50122-1 auszuschließen. Mit den „Bahnerdungsmaßnahmen“ müssen Gefährdungen durch unzulässige Berührungsspannungen verhindert und eine sichere Rückstromführung zur Entlastung der bahneigenen Infrastruktur und vom umliegenden Erdreich, von Kabelmänteln, von Rohrleitungen, von EDV-Systemen im Nahbereich usw. gewährleistet werden. Des Weiteren haben die Maßnahmen für die Rückstromführung eine umfassende Kurzschlussstrombelastbarkeit und in der Folge die nach TSI ENE vorgegebene Abschaltung der Kurzschlussströme sicherzustellen.

In den Abbildungen 13.7 und 13.8 ist eine nach den Erdungsnormen ausgeführte Bewehrung (Armierung) in gebohrten Tunnel mit den elektrischen Verbindungen zwischen allen Bewehrungseisen und zusätzlich mit den in Tunnellängsachse verlegten Erdungsseilen sowie den Ringverbindern ersichtlich. In Abbildung 13.7 ist die Bewehrung der Sohlplatte im Detail gezeichnet mit

Längs- und Querbanderdern, des Weiteren Erdungsanschlüsse für Handlauf, Nischen, Teilung in Blockfugen ca. alle 12 m (hängt vom Konzept der Tunnelbohrmaschine ab). Die Ausführung wird pro Projekt jeweils auf die aktuellen Erdungsrichtlinien und die Tunnelsituation abgestimmt.

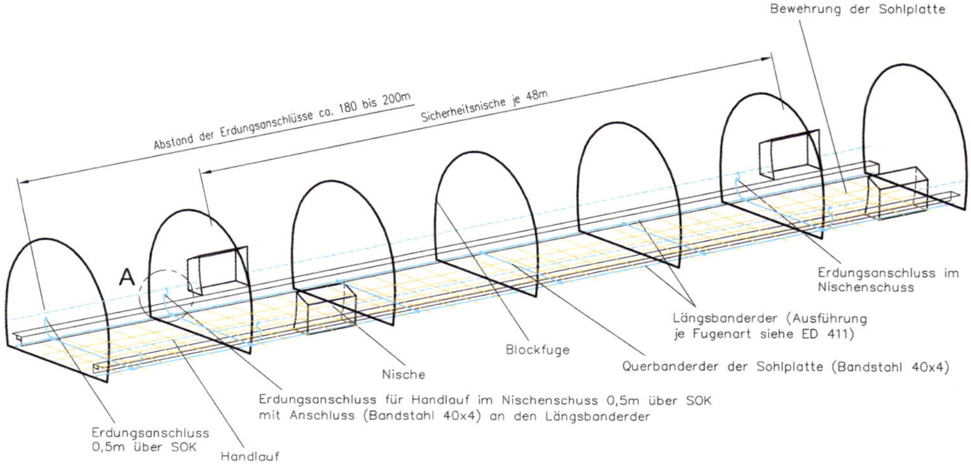

Abb. 13.7: Erdungskonzept Bereich Sohlplatte **(Prinzipdarstellung nach ÖBB – Erdungsrichtlinie)**

In Abbildung 13.8 wird die Bewehrung der Innenschale in das Erdungskonzept integriert. Die Ausführung der Tunnelerdung muss beim Bau von einem elektrotechnisch Unterwiesenen überwacht und dokumentiert werden. Insbesondere sind die Verbindungen der einzelnen Komponenten (Banderder, Torstähle) zu verschweißen, um einen definierten Stromübergang und Korrosion zu vermeiden. Zusätzlich sind Erdungsmesspunkte anzuordnen, damit die Wirksamkeit der Erdungsanlage in Zeitabständen entsprechend den Richtlinien nachgemessen werden kann.

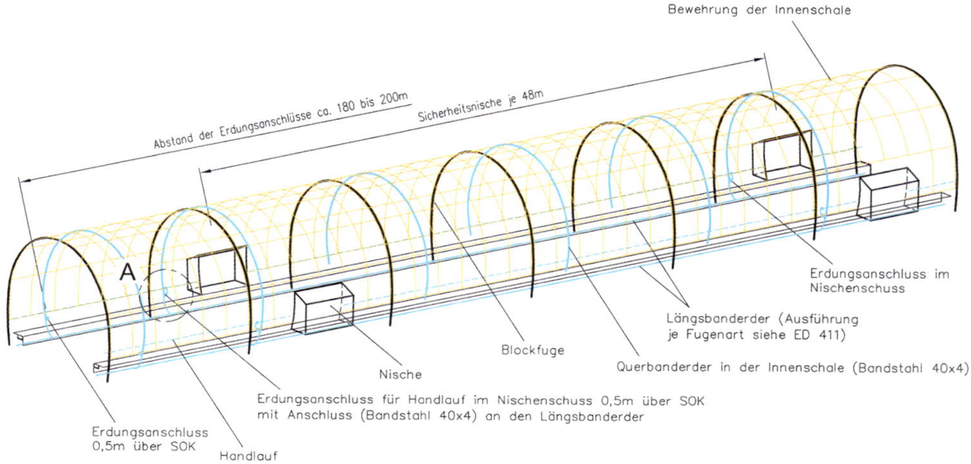

Abb. 13.8: „Erdungskörbe" im Tunnel **(Prinzipdarstellung nach ÖBB – Erdungsrichtlinie)**

Auf Hochgeschwindigkeits- und Hochleistungsstrecken sind wegen der benötigten hohen elektrischen Leistungen und folglich der starken Betriebsströme im Fahrleitungsnetz sehr große Rückströme gesichert zu den speisenden Unterwerken zurückzuführen. Zur Entlastung aller metallisch leitenden parallelen Verbindungen, die nicht zur Bahnstrom-Rückführung gehören, sind Stromrückführungsseile mit großem Querschnitt und entsprechender Leitfähigkeit notwendig. Um eine intensive magnetische Kopplung mit der Fahrleitungsanlage zu haben, sind die Rückstromführungsseile im Nahbereich also etwa in Höhe des Fahrleitungssystems anzuordnen. Damit können die Berührungsspannungen normenkonform begrenzt werden und Beeinflussungen von EDV-Systemen und die EMV-Problematik minimiert werden.

Abb. 13.9: Drei Stromrückführungsseile pro Gleis auf Fahrleitungshöhe **(Foto: Autor)**

Die Rückstromführung zu den Unterwerken wird konzentriert und übersichtlich bereits bei den Energieeinspeisepunkten (z. B. am Streckenschaltgerüst, bei Rückstromkabelverbindungen in Kabelschächten) mit allen Bahnerdeleitungen/-komponenten zusammengeführt.

Abb. 13.10: Erdungskonzept bei der Energieeinspeisung am Streckenschaltgerüst **(Foto: Autor)**

Abb. 13.11: Verbindung aller zu erdenden Infrastrukturkomponenten mit der „Bahnerde-Sammelschiene“ (Foto: Autor)

Das Bahnerde-Rückleitersystem darf durch Bauarbeiten oder einen Maschineneinsatz (Gleisstopfmaschine z. B.) nicht unterbrochen werden. Das heißt, es sind insbesondere eventuelle Beschädigungen durch den Maschineneinsatz von Rückleiterverbindungen Mast/Schiene, Z-Verbinder bei Isolierstößen der Gleisstromgleise usw. zu vermeiden. Ebenso darf das Bahnerde-Rückleitersystem nicht durch weitere zum Maschineneinsatz parallel laufende Arbeiten (Auftrennen der Fahrschiene u. a.) unterbrochen werden.

Bevor Betriebs- und Schutzerdeverbindungen/Erdungsleitungen im Bereich einer unter Spannung stehenden Fahr- oder Speiseleitung unterbrochen werden, muss eine betriebsstrom- und kurzschlussfeste Ersatzerdungsleitung hergestellt werden.

Zur elektrischen Überbrückung eines Schienenbruches (Trennstelle) in einer zu Rückstromführung und Bahnerdung benutzten Schiene ist ein entsprechend dimensionierter Längsverbinder als Ersatzrückleitung notwendig.

In bahnnahen Betriebsgebäuden sind besondere Erdungsmaßnahmen notwendig, um Fehler- und Berührungsspannungen (hervorgerufen durch Bahnstromeinwirkungen) im zulässigen Bereich zu halten und um eine Abgrenzung zu den Einspeisungen aus 50 Hz-EVU-Anlagen zu haben. Vorwiegend wird hierfür das Prinzip des Potentialausgleichs durch das Verbinden aller leitfähigen Einrichtungen mit dem zentralen Erdungssystem angewandt.

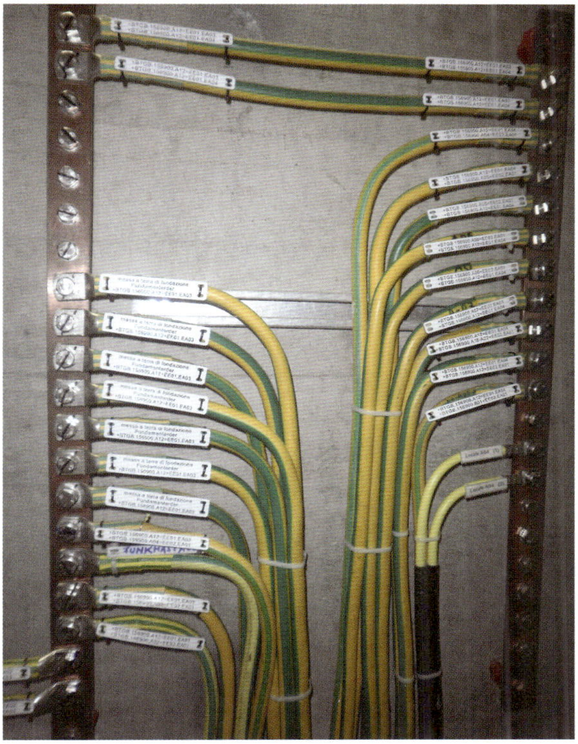

Abb. 13.12: Ausführung von Erdungssammelschienen in bahnnahen Betriebsgebäuden und z. B. von 50 Hz-Betriebsanlagen in Bahntunneln (Foto: Autor)

In zweigleisigen Neubautunnel ist eine enge Vermaschung aller Erdrückleiterseile in Tunnellängsrichtung mit den Ringerdern und über die Querschläge mit der zweiten Tunnelröhre Standard. Damit erfolgt der Potentialausgleich mit allen Tunnelbewehrungseisen, allen elektrischen Betriebsmitteln (Tunnelbeleuchtung, Klimatisierung in den Querschlägen, Alarmsystemen usw.) mit den Fahrschienen, mit allen berührbaren nicht spannungsführenden, aber elektrisch leitenden Komponenten, mit den Kabelmantelerdungen usw.

13.4 Erdungsmaßnahmen an FUM und MTW

Für den Einsatz bzw. das Fahren der FUM und der MTW unter der spannungführenden Fahrleitung sind einerseits die unter Abschnitt 13.1 bis 13.3 zitierten EN und die Richtlinien für Arbeiten im Nahbereich von unter Spannung stehenden Fahrleitungsanlagen zu beachten und Kenntnisse und Schulungen des entsprechend seiner Funktion/Tätigkeit eingesetzten Personals nachzuweisen.

Die Arbeitsmaschinen müssen bei einem Fehlerfall z. B. bei einem Fahrdraht-/Tragseilriss, der einen Kurzschlussstrom über die Arbeitsmaschine einleitet, diesen Kurzschlussstrom zuverlässig zum Bahnerde-Rückleitersystem ableiten, um unzulässige Berührungsspannungen auszuschließen. Kurzschlussströme können ebenso bei Arbeiten mit Arbeitsgeräten wie Kran,

Hebebühne usw. in der Nähe von eingeschalteten Fahrleitungen eingeleitet werden, wenn unbeabsichtigt Fahrleitungsanlagen berührt werden. Dies gilt auch für Anhängerversionen im Bauzugverband.

Die Schutzverbindungen dazu gelten als Betriebs- und Schutzerde- bzw. Potentialausgleichsverbindungen und müssen Betriebs- und/oder Fehlerströme zu den Fahrschienen (Bahnerde für die Bahnrückstromführung) gesichert ableiten.

Die verwendeten Maschinen müssen ein kurzschlussfestes Erdungskonzept haben. Die Kurzschlussfestigkeit ist für den maximalen Kurzschlussstrom nach TSI ENE und den EN für 40 kA und max. 100 msec zu dimensionieren.

Daher sind Gleisarbeitsfahrzeuge (MTW, OBW, FUM, Gleisbaumaschinen u. ä.) mit Schutzverbindungen/Potentialausgleichsverbindungen/Verbindungen von den metallisch leitenden Fahrzeugteilen – d. h. von allen berührbaren leitfähigen Teilen – kurzschlussfest und zuverlässig über die Fahrzeugräder an die Schiene (Bahnerde) zu erden.

Diese Schutzmaßnahmen gegen direktes Berühren von unter Spannung stehenden Fahrleitungsanlagen bzw. zum Schutz vor elektrischem Schlag sind mit ausreichender mechanischer Festigkeit und Strombelastbarkeit zu dimensionieren. Sie müssen optisch überprüfbar sein (s. auch EN 50122-1, EN 50153). Es sind zumindest zwei Schutzerde-Verbindungspfade auf den Gleisarbeitsfahrzeugen zu den Fahrschienen (Bahnerde) aus Sicherheitsgründen (Redundanz) vorzusehen. Die Impedanz des Verbindungspfades ist von allen berührbaren leitfähigen Teilen zu den Fahrschienen (somit von der höchsten stromleitenden Stelle der Maschine zur Bahnerde) nach EN 50153 mit kleiner/gleich 0,05 Ohm zu bemessen, damit die Berührungsspannungen nach EN 50122-1 eingehalten werden. Bei den Schraubverbindungen der Schutzerdeverbindungen ist das vorgeschriebene Anzugsdrehmoment einzuhalten, die Schraubverbindungen sind zu sichern und die geprüfte Stellung ist zu markieren.

Beispielhaft sind die metallisch leitenden Komponenten – wie Arbeitsbühne, Kran, Fahrdraht- und Tragseilmanipulatoren, Richtturm, Windenräder, Speichertrommeln, Hydraulikkomponenten usw. – und Flächen (Bauteile) – wie Dachkonstruktion, Kabinen, Personenschutzgitter am Fahrzeugdach, Leitern, Kabine usw. – kurzschlussfest und zuverlässig an die Schiene (Bahnerde) zu erden. Des Weiteren sind auch alle Antriebskomponenten (Motor, Getriebe, Achslager usw.) elektrisch zu überbrücken.

Für die Kurzschlussfestigkeit nach der TSI ENE und den EN ist ein Mindestquerschnitt von 95 mm^2 erforderlich, aus Gründen der Redundanz ist eine parallele Verbindung zu verlegen.

Sollten die Fahrzeuge generell bei den Bahnen im EU-Bereich eingesetzt werden, so wäre das Grenzlastintegral mit 40 kA und 100 ms nach z. B. EN 50388 anzusetzen.

Sind die Fahrzeuge nur für einen Infrastrukturbetreiber oder für mehrere Infrastrukturbetreiber mit ähnlichen bzw. gleichen Grenzlastintegralen zu konzipieren, so kann dieser bzw. können diese Infrastrukturbetreiber niedrigere Werte entsprechend ihrer Netzkonfiguration vorgeben.

Die notwendigen Querschnitte für Schutzerde-Verbindungsleitungen können damit an die Einsatzbereiche bei den Infrastrukturbetreibern angepasst werden. Für nicht zugbelastete Erdungsleitungen gelten bei Leiterendtemperaturen von 200 °C für blanke Leiter und für 160 °C für isolierte Leiter, mit einer Ausgangstemperatur von +40 °C und einer Kurzschlussabschaltzeit von 100 ms folgende Werte:

Querschnitt	Belastbarkeiten	
	blank	isoliert
50 mm² Cu	24,0 kA	21,4 kA
95 mm² Cu	45,7 kA	40,6 kA
150 mm² Cu	72,2 kA	64,1 kA

Tab. 13.2: Strombelastbarkeit von Erdungsleitungen

Abb. 13.13: Beispiel für Überbrückung mit Erdungsleitungen am Kranarm (Foto: Autor)

Abb. 13.14: Beispiel für Überbrückung mit Erdungsleitungen am drehbaren „Kranfuß“ (Foto: Autor)

Sonderfälle: Werden Gleisarbeitsfahrzeuge elektrisch mit der Fahrleitungsspannung betrieben, hängt der Betriebsstrom von der installierten Antriebsleistung und der Fahrleitungsspannung ab. Die Rückstromführung erfolgt von der Antriebseinheit zu den Fahrschienen. Der Betriebsrückstrom beträgt z. B. bei der Gleisstopf- und Richtmaschine (Weichenstopfmaschine) Type Unimat 09-32/4S Dynamic E3 mit der Nennleistung 600 kW (max. 880 kW) rd. 60 A bei 15 kV und ist daher für die Dimensionierung des Rückleitungssystems nicht relevant.

Hinweis: Der zulässige maximale Strom zwischen dem Fahrdraht und beiden Schleifstücken des Stromabnehmers im Stillstand ist nach EN 50367, Tabelle 5, für AC-Betrieb mit 80 A (Dauerbelastung) begrenzt. Bei höheren Antriebsleistungen wäre dieser Grenzwert zu beachten.

Weitere Details: Es ist sicherzustellen, dass der Mindestabstand bei 15 kV/25 kV zu den berührbaren spannungsführenden Anlage-/Maschinenteilen – insbesondere auch zum Fußpunkt des Stromabnehmers am Maschinendach – durch Mitarbeiter nicht unterschritten wird (vgl. die Abschnitte 13.1 bis 13.3 und Abbildung 13.3). Möglichkeiten sind die Sperre der Aufstiegshilfen und/oder die Kennzeichnung mit Warntafeln.

Die Fahrleitungs-Installationsmaschinen (FUM) und Montagefahrzeuge (MTW) haben allgemein Erdungsstromabnehmer montiert. Diese sind auch für eine Kontrolle auf „Spannungsfreiheit" beim Besteigen des Maschinendaches vorgesehen und können die Fahrleitung am Standort an die Bahnerde/das Rückstromleitungssystem erden. Zusätzlich werden induzierte Spannungen am Fahrdraht und eventuelle Ableitungsströme damit geerdet. Für Arbeiten in Fahrleitungsbereichen sind jedoch immer in Sichtweite beiderseits der Maschine Arbeitserdungen anzubringen, die die Fahrleitung sicher mit der Bahnerde/Schiene kurzschlussfest verbinden.

Abb. 13.15: Arbeitserdung mit Erdungsstange **(Foto: Furrer+Frey: U. Wili)**

Kritisch ist bei den Erdungsmaßnahmen an Arbeitsfahrzeugen die Überbrückung der Achslager mit Erdungsbürsten zur Ableitung der Ströme vom Wagenkasten über die Räder auf die Schiene zu sehen und zu kontrollieren. Pro Achse ist je ein Stück verbaut und falls die Erdungsbürste ordnungsgemäß befestigt und unbeschädigt ist, so fließt kein Strom über die Achslager, weil sich der Strom den Weg des geringsten Widerstandes sucht, d. h. die Ableitung erfolgt über die Erdungsbürste. Um einen Defekt der Erdungsbürste bzw. eine mögliche Beschädigung am Achslagerkörper in der Folge ausschließen zu können, ist nach jeder Berührung des Erdungsstromabnehmers mit einem unter Spannung stehenden Fahrdraht eine Impedanzmessung durchzuführen.

Nach EN 14033-2+A1 müssen alle Arbeitsplätze auf Arbeitsmaschinen so geschützt werden, dass eine unzulässige Annäherung an unter Spannung stehende Fahrleitungssysteme verhindert wird und /oder der Mindestabstand zu den berührbaren spannungsführenden Anlage-/ Maschinenteilen nach EN 50122-1 eingehalten werden kann.

Es ist sicherzustellen, dass die Arbeitsmaschine sowie weitere Maschinen im Verband über entsprechende „Dachkonstruktionen“ zum Schutz der Mitarbeiter gegen elektrischen Schlag (EN 50121-1) bei Fahrleitungsstörungen verfügen. So müssen z. B. alle fest installierten Arbeitsbühnen, -flächen, -geräte u. ä., die über den in der EN 14033-2+A1 angegebenen Sicherheitshöhen über SOK liegen, mit einem geerdeten metallischen Dach (oder einem isolierenden, nicht stromführenden Dach) überdeckt sein.

14 Sicherheitsanforderungen für Arbeiten in Fahrleitungsbereichen

Sicherheitsregeln spielen schon bei der Entwicklung und der finalen Technik der Fahrleitungs-Installationsmaschinen und -Arbeitsmaschinen eine wichtige Rolle; dies gilt ebenso für die Montageperformance, Qualität, Arbeitsgeschwindigkeit, Entlastung der Mitarbeiter von schweren körperlichen Arbeiten usw.

Im Bereich von sowie bei Arbeiten an Fahrleitungsanlagen gelten besondere Vorsichtsmaßnahmen aus arbeitstechnischer, aus betrieblicher, aus elektrotechnischer Sicht und im Handling mit FUM und MTW. Die elektrotechnische Personensicherheit hinsichtlich Fahrleitungsspannung und Fehler- und Berührungsspannungen ist in den Normen und Richtlinien definiert, die Mitarbeiter sind nachweislich zu informieren. Vor Ort ist jeweils vor Beginn der Arbeiten durch Arbeitsverantwortliche auf die Gefährdungsbereiche/Gefahrensituationen hinzuweisen. Das Gefahrenpotenzial durch die Fahrleitungsspannung und durch unzulässige Berührungsspannungen ist in Kapitel 13 beschrieben.

Bei der Durchführung der Projekte sind für die Arbeiten Verantwortliche zu benennen, wie Sicherheitsbeauftragter, Aufsichtsführender, Arbeitsverantwortlicher, elektrotechnische Fachkraft bzw. unterwiesene Person usw. Um eine Gefährdung bei Arbeiten im Nahbereich von unter Spannung stehenden Fahrleitungsanlagen zu minimieren, ist der Arbeitsbereich eindeutig vom Arbeitsverantwortlichen bzw. einer Elektrofachkraft vorzugeben und nachweislich zu vereinbaren.

14.1 Sicherheitsmaßnahmen an Fahrleitungsmaschinen

Aus Sicht der Maschinentechnik sind folgende Profile und Sicherheitseinrichtungen – insbesondere beim Einsatz in elektrischen Anlagen – wichtig:

- Erreichbarkeit der Arbeitspunkte in Fahrleitungsanlage von einem sicheren Standplatz – Arbeitsplattform – aus.
- Individuelle Einstellbarkeit und elektronische Fixierung (Sperre) des Sicherheitsabstandes der Arbeitsaggregate (Kran, Manipulator, Hubmast, Arbeitsbühne, Messtechnik) zu unter Spannung stehenden Anlageteilen. Damit im Bereich von spannungsführenden Fahrleitungen entsprechend den Normen EN 50119, EN 50122-1, EN 14033-2 ein ausreichender Sicherheitsabstand eingehalten wird, können die Grenzwerte vor Arbeitsbeginn vom Arbeitsverantwortlichen eingestellt und fixiert werden. Der Arbeitsbereich im Lichtraumprofil gegenüber spannungsführenden Anlageteilen oder gegenüber den im Betrieb stehenden Fahrleitungen der Nachbargleise ist zu begrenzen, individuell zu sperren und zu sichern.
- Zusätzlich kann damit die individuelle Einstellbarkeit und elektronische Fixierung des Sicherheitsabstandes aller Arbeitsaggregate zum Verkehrsgeschehen auf den Nachbargleisen kombiniert werden. Mit einer nach jeder Seite frei wählbaren Ausschwenkbegrenzung von Arbeitsbühne und Kran kann bei einem Fahrbetrieb am Nachbargleis die Sicherheitszone eingestellt werden.
- Weitgehende Automatisierung der Prozesse und Abläufe. Einfache und logische Handhabung der Arbeitsmittel und Steuermodule.
- Ruckfreie Steuerung der Maschinentechnik, der Montage- und Fahrbewegungen vom Bedienstand und über Fernsteuerung.
- Absolute Sicherheit der Maschinen gegen „Kippen“ infolge zu hoher Momentbelastung aus den Arbeitskomponenten auch bei Gleisüberhöhungen und bei hoher Windbelastung. Dazu

werden alle Arbeitsbewegungen vom Kran, von der Arbeitsbühne, von den Hubmasten und den Fahrdraht-Tragseil-Manipulatoren in Summe hinsichtlich der zulässigen Kräfte- bzw. Momentenbelastungen mit vorgegebenen Rechenprogrammen begrenzt. Hierfür sind auf Basis von Normen und dem Stand der Technik Eingriffsschwellen festzulegen. Bei Arbeiten mit den Arbeitskomponenten wird die erforderliche Standsicherheit vom Zentralrechner laufend geprüft. Beim Erreichen der Belastungsgrenzen der hydraulischen Hebehilfen und des Eisenbahn-Ladekrans werden alle Bewegungen gesperrt; die Steuerung lässt nur mehr Bewegungen in Richtung Entlastung zu.
- Die Belastungszustände sind optisch und akustisch zu signalisieren. Zusätzlich wird die Achsfederung blockiert. Optional können für maximale Reichweiten und Belastungen zusätzlich Abstützbeine eingesetzt werden.
- Richtige und kurzschlussfeste Dimensionierung aller Verbindungen der Fahrzeug- und Maschinenkomponenten mit der Bahnerde (Gleis).
- Erdungsstromabnehmer an der Maschine ergänzen die Sicherheit an der Arbeitsstelle bei Fehlschaltungen und -handlungen. Sie ersetzen aber nicht die vorgeschriebene, fest verschraubte Arbeits-Erdungsvorrichtung (Fahrleitung–Schiene) in Sichtweite. Erdungspantografen sind entweder fix mit der „Bahnerde“ verbunden oder sie können isoliert am Fahrzeugdach aufgesetzt und über Erdungsschalter aktiviert werden.
- Laserscanner auf beiden Maschinenseiten zum Erkennen von Hindernissen im Fahrwegbereich bei Arbeitsfahrten (entsprechend EN 14033-3).
- Durchgehende Steuertechnik bei mehreren gekuppelten Maschinen.

Die Mitarbeiter sind bei Arbeiten an Fahrleitungsanlagen hohen körperlichen Belastungen – Zeitdruck, Nachtarbeit, Störungseinsätzen, Verantwortlichkeiten – ausgesetzt. Daher ist eine Unterstützung durch Fahrleitungsmaschinen mit besonderer Arbeitstechnologie wichtig.

Die Abbildungen 14.1 und 14.2 zeigen Beispiele für die Unterstützung durch verschiedene Arbeitsplattformen mit entsprechenden Reichweiten, um in den Fahrleitungsanlagen die Arbeitspunkte rasch und sicher erreichen zu können.

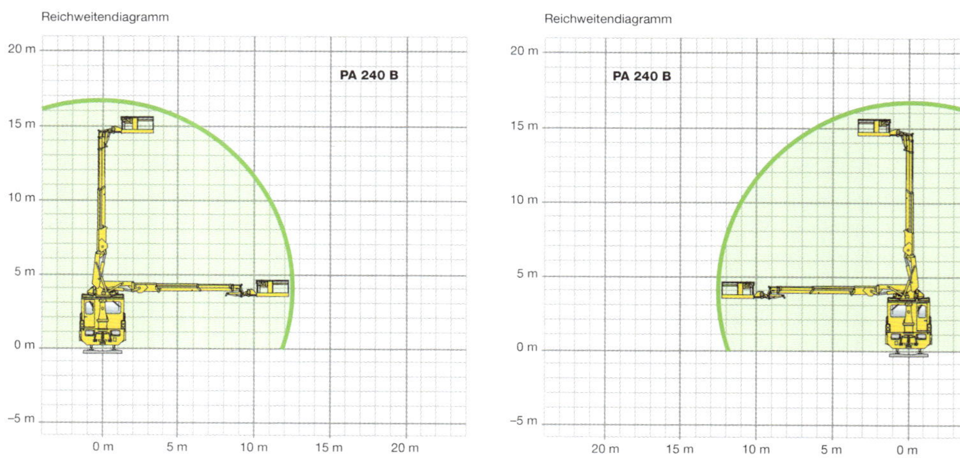

Abb. 14.1: Beispiel – Arbeitsbereich einer frei verschwenkbaren Hubarbeitsbühne **(Grafik: Autor)**

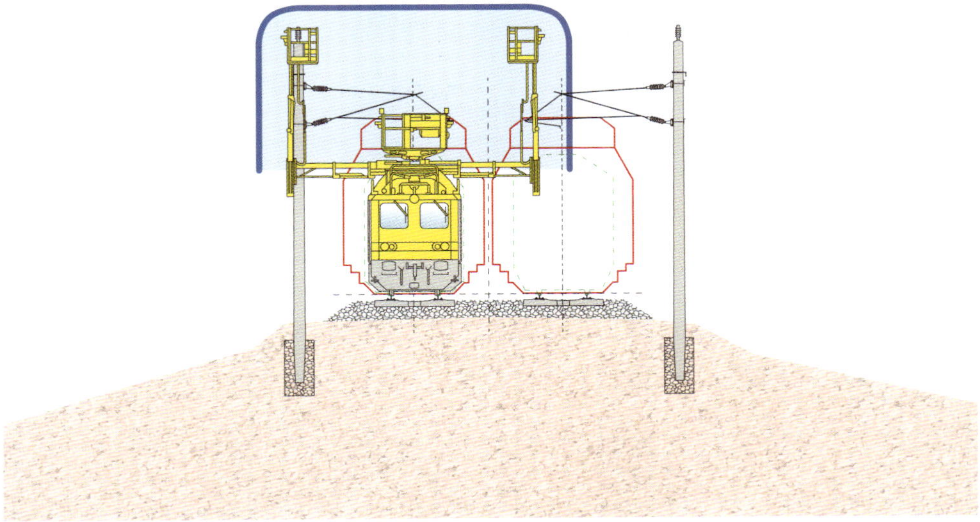

Abb. 14.2: Beispiel – Arbeitsbereich der dreigeteilten Säulenhebebühne (Grafik: Autor)

Die Abbildungen 14.3 und 14.4 geben Beispiele für die Unterstützung durch Arbeitskräne mit großen Reichweiten sowie für große Traglasten. Mit den gezeigten Eisenbahnkränen mit Knickarm können Arbeitspunkte über mehrere Gleise hinweg oder von hochgelegenen Versorgungsleitungen erreicht werden. Die Arbeitsplattformen sind entsprechend belastbar, damit Werkzeuge und Material gehoben werden können, um die Mitarbeiter zu entlasten.

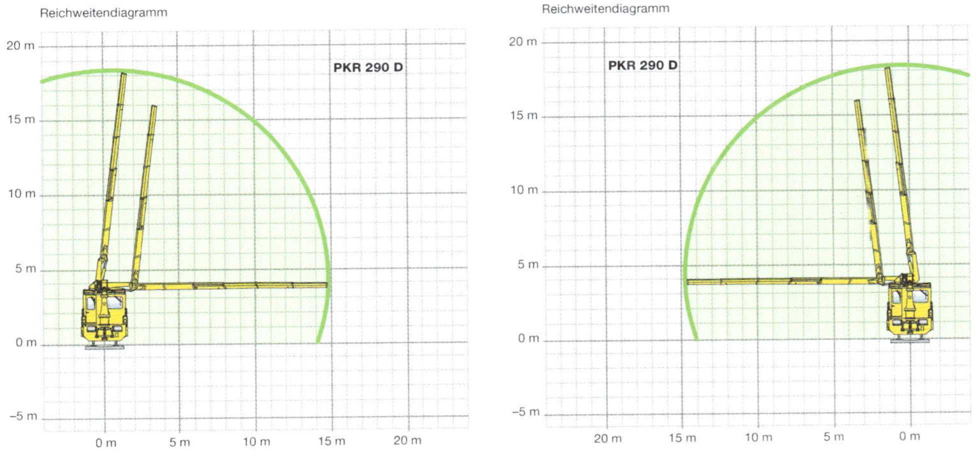

Abb. 14.3: Beispiel – Reichweitendiagramm eines Eisenbahnkrans mit Knickarm (Grafik: Autor)

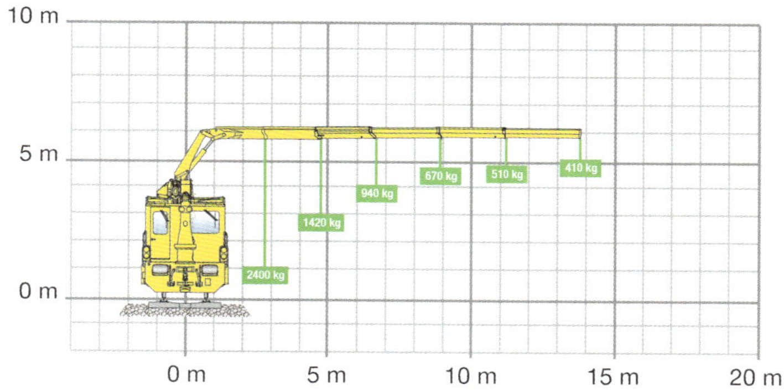

Abb. 14.4: Beispiel – Traglastdiagramm eines Eisenbahnkrans mit Knickarm **(Grafik: Autor)**

Abb. 14.5.1: Gebräuchliche Arbeitssituation **(Foto: Autor)**

Für die im Fahrleitungsnetz üblichen Arbeiten kann eine hohe Sicherheit für die Mitarbeiter z. B. durch Arbeitskörbe und Geländer am Dach der MTW erreicht werden.

Abb. 14.5.2: Sicherheit im Arbeitskorb **(Foto: Autor)**

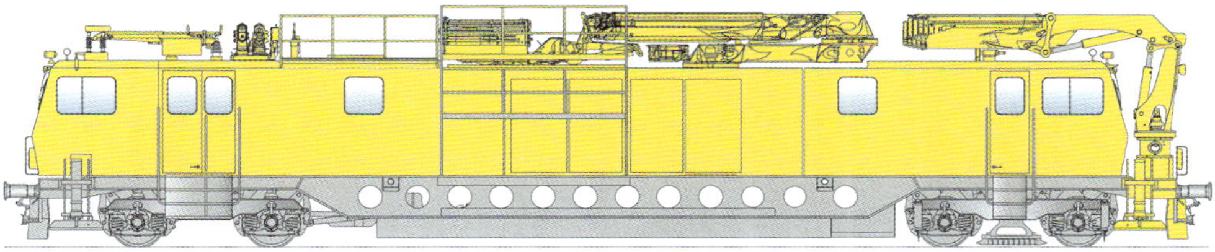

Abb. 14.5.3: Sicherheit durch Geländer am Dach im Arbeitsbereich (Grafik: Plasser & Theurer)

14.2 Sicherheitstechnische Anforderungen in den Normen

Nachstehend sind insbesondere die Faktoren genannt, die in den einschlägigen Normen ein sicheres Arbeiten mit den Fahrleitungs-Arbeitsmaschinen unterstützen. In den Normen sind Sicherheitsfragen wie ausreichendes Sichtfeld vom Bedienstand aus, Abgasgrenzwerte für die Motoren, Sicherheitsmodule für die Überwachung des Fahrwegs und Not-Aus-Abschaltung sowie Kommunikation zwischen den Mitarbeitern im Bereich des Maschineneinsatzes geregelt:

- Gewährleistung des Sichtfeldes gemäß EN 14033-1 im Gleisumfeld und Sicht auf Signale (s. auch UIC 651)
- Einhaltung der Abgasgrenzwerte lt. Richtlinie 2004/26/EG
- Fahrwegüberwachung gemäß EN 14033-3 (z. B. mit Laser oder Ultraschalleinrichtung)
- Sicherheit gegen Entgleisen gemäß EN 14033-2
- Not-Aus-Einrichtungen gemäß EN 14033-3
- Verständigungsmöglichkeiten zwischen Arbeitsplätzen gemäß EN 14033-3
- Absturzsicherungen an Arbeits- bzw. Bedienungsstandorten

14.3 Beispiele – Begrenzung des seitlichen Arbeitsbereichs (Gegengleissperre)

Vor Arbeitsbeginn sind alle Bewegungen der Hebehilfen und Krane zu sperren, die die seitliche Arbeitsgrenzlinie überschreiten können. Schutz gegen Überschreiten der seitlichen Arbeitsgrenzlinie verhindert das unbeabsichtigte Eindringen in den kinematischen Raumbedarf des benachbarten Betriebsgleises durch Begrenzungseinrichtungen (Gegengleissperre) gemäß EN 14033-2. Die seitliche Arbeitsgrenzlinie des Arbeitsgleises muss durch den Arbeitsverantwortlichen den Arbeitssituationen entsprechend einstellbar sein und eingestellt werden. Hebehilfen und Krane dürfen dann nur zur „sicheren Seite" hin bewegt werden können. Eine Freigabe von Bewegungen, die ein Überschreiten der Arbeitsgrenzlinie des Arbeitsgleises zulassen, darf nur durch ein bewusstes Eingreifen des Arbeitsverantwortlichen möglich sein.

In den folgenden Prinzipdarstellungen (Abbildungen 14.6 bis 14.10) werden die Verhältnisse mit frei verschwenkbarer Hubarbeitsbühne, mit Eisenbahn-Ladekran sowie bei dreigeteilter Hubarbeitsbühne gezeigt.

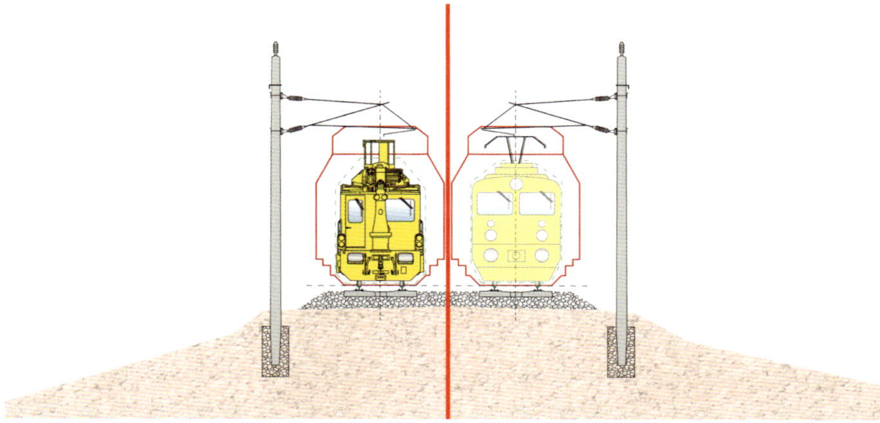

Abb. 14.6: Fahrzeugprofile/Lichtraum bei zweigleisigen Strecken (Darstellung: Autor)

Das verfügbare Lichtraumprofil auf zwei- oder mehrgleisigen Strecken ist durch den gegebenen Gleisabstand streng begrenzt. Daher sind die Bewegungsabläufe der Arbeitskomponenten zu den benachbarten Gleisen individuell zu begrenzen bzw. zu sichern.

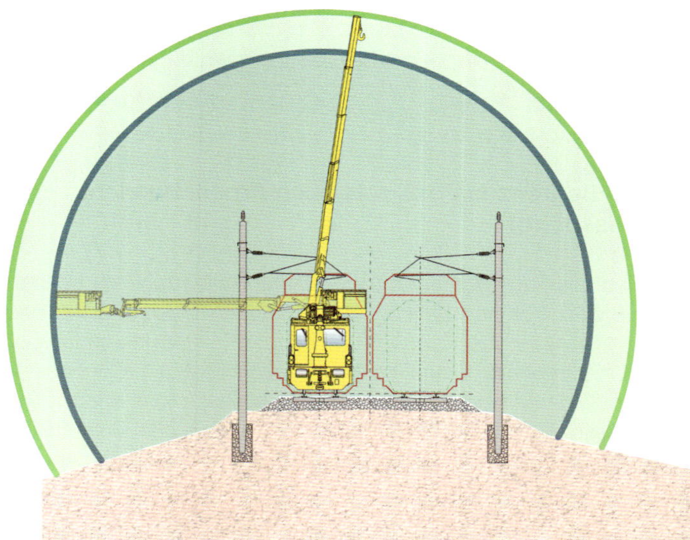

Abb. 14.7: Reichweiten von frei verschwenkbaren Hubarbeitsbühnen und Eisenbahn-Ladekränen (Darstellung: Autor)

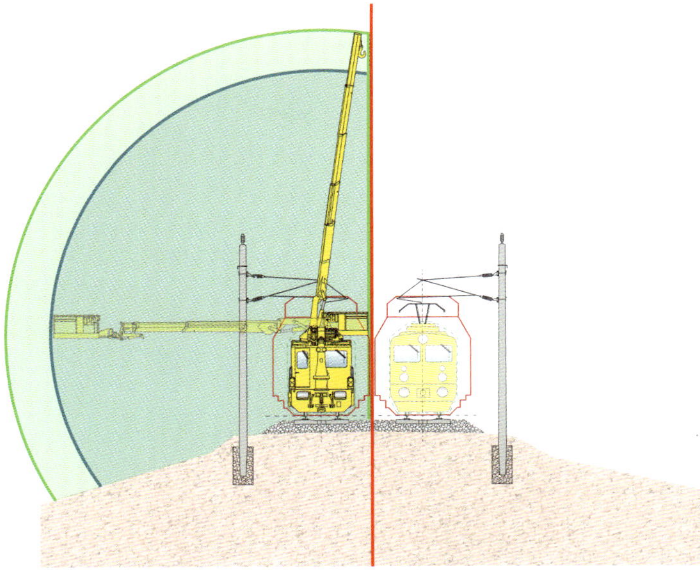

Abb. 14.8: Seitliche Begrenzung gemäß EN 14033-2 der frei verschwenkbaren Hubarbeitsbühne und des Eisenbahn-Ladekranes (Darstellung: Autor)

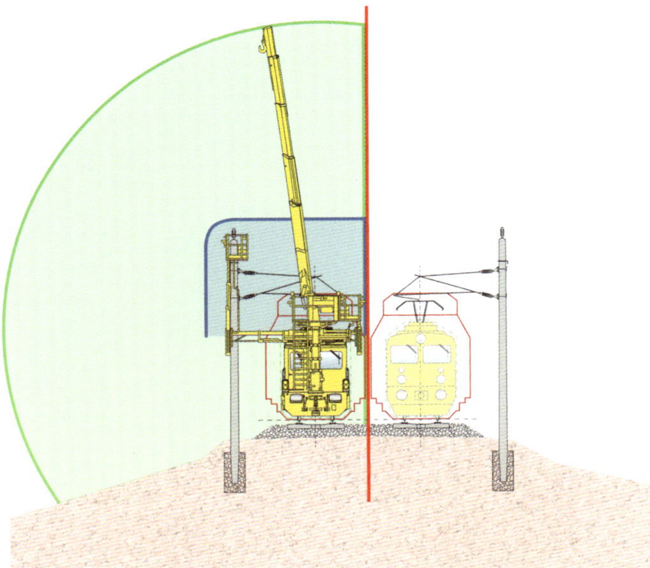

Abb. 14.9: Seitliche Begrenzung gemäß EN 14033-2 bei dreigeteilter Säulenhebebühne und Eisenbahn-Ladekran (Darstellung: Autor)

Abb. 14.10: Bewegungsräume von Arbeitsplattformen und Eisenbahn-Ladekränen (Grafik: Plasser & Theurer)

15 Technologie der Instandhaltung und Anlagenkontrolle

Bei der Instandhaltung von Fahrleitungssystemen setzt man im Interesse der Wirtschaftlichkeit auf gesamtheitliche Betrachtungsweisen. Die Infrastrukturverantwortlichen verbessern die Prozesse und übernehmen auch internationale Erfahrungen, Grundlage ist weiterhin die zustandsorientierte Instandhaltung als Stand der Technik. Dazu müssen die Daten aus Zeitreihen, Messreihen, Reproduzierbarkeit, Störungsstatistiken und Prognosemodellen vorliegen. Die Analyse kann durch Analysesoftware unterstützt werden, die Ergebnisse sind mit den Richtlinien zu vergleichen und daraus Maßnahmen abzuleiten. Für dieses Vorgehen braucht es entsprechende Fachausbildung und Praxiserfahrung.

Die Instandhaltung umfasst Maßnahmen zur Bewahrung und Wiederherstellung des Soll-Zustands sowie die Feststellung und Beurteilung des Ist-Zustands der Fahrleitungsanlagen. Die Ziele der Instandhaltung sind zusammengefasst die folgenden:

- Sicherstellung einer hohen Versorgungssicherheit
- Erreichung einer hohen Anlagenverfügbarkeit
- Erhaltung der planungsgemäßen Funktionalität
- Verhütung von Anlagen- und Folgeschäden
- schnelles Beseitigen von Störungen
- wirtschaftliche Durchführung der Instandhaltungsarbeiten mit hoher Qualität
- Einhaltung der Arbeitssicherheit

Die Verantwortung für die Sicherstellung der Funktionstüchtigkeit, der Betriebssicherheit, des ordnungsgemäßen, richtlinienkonformen Zustands während der Betriebsdauer der Fahrleitungsanlagen, also für die elektrische Betriebsführung und für die Instandhaltung, hat der Infrastrukturbetreiber. Der Teilbereich Instandhaltung wird auch in der TSI Energie behandelt.

Ein zustandsorientierter Instandhaltungsprozess kann in **Teilprozesse** wie

- Inspektion zur Feststellung des Anlagenzustandes, der Funktionstüchtigkeit und Betriebssicherheit
- Instandsetzung zur Wiederherstellung der Funktionstüchtigkeit sowie Beseitigung der bei Inspektionen festgestellten Mängel und
- Wartung zur Erhaltung der Funktionstüchtigkeit, zur Werterhaltung, zur Erhaltung der Betriebssicherheit, zur Abnützungs- und Verschleißverminderung usw.

unterteilt werden.

Wichtig ist die betriebssichere und wirtschaftliche Durchführung der Maßnahmen. Dazu braucht man transparente Prozesse für geplante Instandhaltungsarbeiten z.B. Jahres-, Monats-, Wochen-Baubetriebsplanung.

Die Anforderungen des Gesetzgebers orientieren sich an der elektrotechnischen Sicherheit, am Arbeitsschutz und an der Interoperabilität. Das Hauptziel der Instandhaltung, die elektrotechnische Anlage im geforderten Zustand zu erhalten, bleibt unverändert bestehen.

Die Vorgaben der Infrastrukturverantwortlichen sind hohe Verfügbarkeit bei niedrigen Kosten. Der Betreiber wünscht geringe Kosten während der Lebensdauer der Anlage und genaue Erkenntnis über notwendige Reinvestitionen.

Für einen zustandsorientierten Instandhaltungsprozess sind vom Infrastrukturverantwortlichen Qualitätskriterien, Toleranzen, Eingriffsschwellen, Sicherheitsgrenzwerte entsprechend den Normen, Technischen Richtlinien, Bedienungs- und Wartungsanweisungen sowie Herstellerangaben zu berücksichtigen bzw. festzulegen. Konkret sind die Kriterien für die Einzeltätigkeiten und die Arbeitsplanung, -vorbereitung festzulegen. Zusätzlich ist eine Netzsegmentierung nach betrieblicher Bedeutung und Beanspruchung zu treffen. Das Anlagenmanagement stützt sich auch auf Fehlerstatistiken, Alter, Abnutzungsgrade, Zeitreihen, aktuellen Anlagenwert – Abschreibungsstatus –, Qualitätsstandards usw. Es sind auch die betrieblichen Folgewirkungen wie Dauer der Fehlerortung, der Fehlerbehebung, Ressourceneinsatz und -kosten, Folgekosten für Zugverspätungen usw. zu bewerten.Wichtig sind zudem die Werterhaltung der Anlagen und die bestmögliche Nutzung der Fahrleitungskomponenten nach Abnutzungsgrad und Lebensdauer.

Verbesserungspotenziale sind aus den Vorgaben in den TSI, Normen, Richtlinien, Standards zur Konzeption von Fahrleitungen, mit Arbeitsverfahren und Instandhaltungsstrategien, mit Planungs- und Montageperformance und bei Arbeitssicherheitsfragen möglich.

Stellhebel sind:

- Standardisierung und eindeutige Beschreibung der Instandhaltungstätigkeiten → Modularisierung
- Optimierung der Arbeitsorganisation, u. a. Durchführung von Instandhaltungsarbeiten in integrierten „crossfunktionalen" Teams
- Systematische Personaleinsatzplanung, d. h. Harmonisierung und Bemessung der erforderlichen Kapazitäten
- Neuregelung der Entstörung
- Festlegung der Erneuerungszyklen aus den Daten Betriebsbelastung, Material, Komponentenqualität, Montage, Alterung, Verschleiß, Störungshäufigkeit

15.1 Tätigkeiten und Zeitvorgaben

Der betriebstüchtige Zustand der Fahrleitungen und Traktionsstromverteilungsanlagen ist entsprechend den Normen und den technischen Richtlinien im Hinblick auf die Verfügbarkeit, Zuverlässigkeit, Betriebssicherheit und elektrotechnische Sicherheit strukturiert zu überwachen und sicherzustellen.

Die Verantwortung nehmen die Infrastrukturverantwortlichen z. B. durch nachstehende Maßnahmen wahr, indem die Instandhaltungstätigkeiten festgelegt werden mit

- Besichtigungen – Begehung und/oder Befahrung,
- Messfahrten mit Feststellung der dynamischen Kontaktkräfte, der dynamischen Fahrdrahtlage und der statischen Ruhelage,
- Untersuchungen (ordentliche und außerordentliche).

Die Häufigkeit der Besichtigungen, Messfahrten und Untersuchungen hängt u. a. von folgenden Kriterien ab:

- höchstzulässige Streckengeschwindigkeit
- Anzahl der Zugfahrten z. B. pro Tag, Zuggattungen
- Wertigkeit des Verkehrs bzw. betriebliche Bedeutung der Strecken
- Höhe, Dauer und Anzahl der Kurzschlussströme und Überlasten
- Technik des Fahrleitungssystems und Strombelastbarkeit
- Anzahl von Betriebsstörungen
- Art und Umfang der Luftverschmutzung
- Bauart und Alter der Fahrleitungsanlagen
- technischer Ausführungsstand der Traktionsstrominfrastruktur und der zusätzlichen Anlagen für den Gesamtbetrieb (Unterwerke, Zugvorheizanlagen, Weichenheizanlagen, maschinelle Anlagen, …)

Für die Instandhaltungsarbeiten und Erneuerungen sowie für den Tausch von Einzelteilen brauchen grundsätzlich keine Fristen festgelegt zu werden. Ihre Durchführung richtet sich nach den Ergebnissen der Besichtigungen, Messfahrten und Untersuchungen insbesondere für Fahrleitungsanlagen sowie nach der Beurteilung der Traktionsstromschaltanlagen usw. Betriebsgefährdende Mängel bzw. Schäden müssen sofort behoben werden. Die übrigen Mängel sind in gezielten Arbeitseinsätzen – nach abgestimmten Instandhaltungsplänen, einer Bau-Betriebsplanung in Abstimmung mit den Bereichen Fahrbetrieb, Infrastruktur, Gleisanlagen, Sicherungstechnik, ... möglichst unter Verwendung von Spezialfahrzeugen mit geeigneter Arbeitstechnologie (Motorturmwagen) und mechanisierten Arbeitsverfahren zu beheben. Sicherheitsrelevante Veränderungen z. B. an Fahrleitungsanlagen (Erreichen bzw. Überschreiten von Grenzwerten der Fahrdrahtlage, Verschleiß von Bauteilen, Unterschreitung von elektrischen Mindestabständen, Einschränkung des Lichtraumprofiles einschließlich dem Raum für den Durchgang der Stromabnehmer, defekte Rückstromführungsleitungen, ...) sind vorrangig zu beheben. Für elektrotechnisch sicherheitsrelevante Überprüfungen sind jedoch Fristen vorzugeben und einzuhalten (s. u. z. B. für Trennschalter mit Erdkontakt).

Bei europäischen Bahnunternehmen ist es üblich, dass Instandhaltung und Störungsmanagement gemeinsam organisiert werden. Damit können die Aufgaben und Verantwortlichkeiten auch in denselben Organisationseinheiten (Kompetenz-Servicezentren) gebündelt und die Personalressourcen und der Fahrzeugpark sowie die Immobilien gemeinsam genutzt werden.

15.1.1 Beispiel – Nettoarbeitszeiten für Kontrolltätigkeiten

Um die Kontrolltätigkeiten in der Bau-Betriebsplanung festzulegen sind z. B. folgende Erfahrungswerte für Nettoarbeitszeiten vorzusehen:

- Fahrleitungskette
  - Begehung 1 h/km – 2 Mitarbeiter (MA) – 1-mal jährlich
  - Befahrung 0,5 h/km – 3 MA – 2/1-mal jährlich
  - Ordentliche Untersuchung 3 h/km – 4 MA – alle 5 (10) Jahre
- Deckenstromschiene
  - Begehung 1 h/km – 2 Mitarbeiter (MA) – 1-mal jährlich
  - Befahrung 0,5 h/km – 3 MA – 1-mal alle 2 Jahre
  - Ordentliche Untersuchung 3 h/km – 4 MA – alle 10 Jahre

Das bedeutet beispielsweise, dass Doppelgleissperren in zweigleisigen Tunnel an 24 Wochenenden immer Sonntag und Montag von 01:00–05:00 Uhr aus betrieblichen Gründen vorgegeben und eingetaktet werden. Somit sind es Behinderungen mit 192 h Gleissperre/Jahr. Die Nettoarbeitszeit reduziert sich folgend um die Zu- und Rückfahrzeiten, um die betrieblichen Abstimmungen und Freischaltzeiten der elektrischen Anlagen.

15.1.2 Tätigkeiten bei zustandsorientierten Instandhaltungskonzepten

Für das Infrastrukturunternehmen sind die Kosten für das Gesamtsystem Traktionsstromversorgung/Fahrleitung (Investition, Betriebsführung, Instandhaltung, Sicherung der LCC) maßgebend und diese Zielsetzung wird durch zustandsorientierte Instandhaltungskonzepte am besten abgebildet.

Beispiele für eine Gliederung der Tätigkeiten für zustandsorientierte Instandhaltungskonzepte sind:

- Gezielte Feststellung des Anlagenzustands und Überprüfung der Funktionstüchtigkeit sowie der Betriebssicherheit durch hierfür fachlich besonders geschulte Mitarbeiter.
- In der Folge kann die Nutzung der Fahrleitungskomponenten annähernd nach der Lebensdauer und dem Abnutzungsgrad ausgerichtet werden.
- Dazu ist die Festlegung von Qualitätskriterien, Toleranzen, Eingriffsschwellen, Sicherheitsgrenzwerten entsprechend den Normen, Technischen Richtlinien, Bedienungs- und Wartungsanweisungen sowie Herstellerangaben notwendig.
- Abweichend zu den zustandsorientierten Maßnahmen ist bei nach den Richtlinien der Elektrotechnik sicherheitsrelevanten Komponenten (Erdungsschalter, Erdungsvorrichtungen, Rückstromführungsleitungen und Bauteile, Schutzfunktionen, ...) eine Fristenorientierung vorzugeben.

Mit einer zustandsorientierten Disposition sind erhebliche Einsparungspotenziale möglich.

15.1.3 Einflüsse auf Instandhaltungskosten

Beispiele im Bereich der Elektrotechnik:

- Bei elektrotechnisch sicherheitsrelevanten Komponenten (Erdungsschalter, Erdungsvorrichtungen, Rückstromführung, Schutzfunktionen usw.) ist zusätzlich eine Fristenorientierung notwendig.
- Nach EN 50122-1 sind ausreichende Abstände zu unter Spannung stehenden Teilen der Fahrleitungsanlage festzulegen, des Weiteren Schutzabdeckungen vorzusehen und die elektrischen Schutzabstände zu geerdeten Anlage- bzw. Bauteilen einzuhalten.
- Eine Verbesserung der Stromtragfähigkeit und Kurzschlussfestigkeit wird durch entsprechende Planungsvorgaben erreicht wie
  - an die Kurzschlussleistung und Betriebsleistung angepasste Querschnitte für Fahrdraht, Tragseile und Verstärkungsleiter sowie Rückleiterseile, Bahnerdeverbindungen, Einspeisekabel, Stromausgleichsverbinder usw.
  - eine entsprechende Anordnung/Verlegung im Hinblick auf die dynamischen Wirkungen der Kurzschlussströme,
  - Verknüpfung aller Erdungsmaßnahmen für die Rückstromführung („Bahnerde"),
  - wartungsfreie, strom- und zugfeste Pressklemmen für mechanisch und/oder elektrisch beanspruchte Verbindungen und Einspeisungen,
  - stromfeste Hänger und/oder
  - zusätzliche Stromverbinder und Stromausgleichsverbinder zwischen Fahrdraht und Tragseil,
  - stromfeste Überbrückung der Seitenhaltergelenke,
  - Auslegerkonstruktion ausschließlich aus verschraubten, geklemmten Rohren.

Beispiele im Bereich der Mechanik:

- Beachtung der Längsbeweglichkeit des Kettenwerks
- temperaturabhängige Einstellung der Ausleger und Seitenhalter (symmetrische Auslenkung)
- Freiraum für Radspannwerke (Nachspanngewichte)
- Länge und Situierung der Stromverbinder, von Einspeisungen
- Anordnung bzw. Abstände der Hänger bei parallelen oder kreuzenden Kettenwerken (Sektionstrennungen, Schutzstrecken, ...)

- Anordnung bzw. Abstände und Beweglichkeit der Fahrleitungsketten und Hänger in Weichenverbindungen

Beispiele im Bereich der Gleislage:

- Gleislageänderungen relativ zu den Abständen zu Fahrleitungsmasten
- Gleislage-Höhenänderungen relativ zur Fahrdrahthöhe
- Veränderung der Gleisquerneigung (Überhöhung in Gleisradien)

Bei den Kontrolltätigkeiten ist die Beobachtung eventueller Veränderungen in der Fahrdrahthöhen- und -seitenlage sowie der Gleislage bzw. beider Komponenten relativ zueinander zusätzlich einzuplanen. Hier ist eine Abstimmung zwischen den Gewerken Gleisinfrastruktur und Fahrleitung wichtig, insbesondere nach maschinellen Gleisstopfarbeiten.

Eine Änderung der Überhöhung (ü) um 10 mm (Höhenunterschied zwischen beiden Schienenoberkanten) ergibt bei der Normalspur (Spurweite b) und einer Fahrdrahthöhe (H) von 5,30 m eine Seitenverschiebung des Stromabnehmerlaufes in Fahrdrahthöhe von y = ca. 37 mm! D.i. die Abweichung des Winkels der Gleisachse zur Fahrzeugachse (Stromabnehmerachse).

$$y = ü \times H/b$$

Abweichungen vom abgestimmten System Schiene/Fahrleitung können dazu führen, dass der Fahrdraht die Stromabnehmer-Schleifstückbreite mit großen Folgeschäden überschreitet.

15.1.4 Struktur von Instandhaltungs- und Interventionszentren – Rationalisierungsthematik

Von den Infrastrukturbetreibern werden revolvierend Effizienzsteigerungen durch eine Vergrößerung der Aktionsradien, schnelle Fahrleitungs-Interventionsmaschinen, die Konzentration der Ressourcen in Kompetenzzentren sowie eine zentrale Instandhaltungs- und Interventionsdisposition angedacht. Es werden bzw. sind Kompetenzzentren in Abständen beginnend von konservativ 60 km bis zu 300 km (Neubaustrecken) eingerichtet. Damit die für die Instandhaltung produktiv nutzbare Arbeitszeit wirtschaftlich begründet werden kann, müssen die Zufahrt zur Arbeitsstelle und die Rückkehrzeit so kurz wie möglich gehalten werden. Auch bei Intervention ist das optimale Verhältnis von Reaktionszeit und Aktionsradius zu bestimmen, um eine schnelle Intervention und Störungsbehebung zu gewährleisten.

Der Umfang an zu betreuender Fahrleitungs-Kettenwerkslänge pro Kompetenz-Servicezentrum richtet sich nach dem Abstand zueinander z.B. >60 km (bis 300 km). Es sind dabei zwei- oder mehrgleisige Strecken, abzweigende Streckenlängen und Bahnhofgleislängen aufzusummieren.

Aus diversen Analysen von Störungsabläufen kann man den beachtlichen Anteil der Fahrzeit zur Störungsstelle im Verhältnis zum Verständigungsprozess und der „echten“ Arbeitszeit für die Instandhaltungsarbeiten oder die Störungsbehebung vor Ort erkennen. Abbildung 15.1 zeigt eine repräsentative Verteilung der Zeitanteile aus Statistiken von Infrastrukturbetreibern beim Interventionsprozess auf Basis ihrer Infrastrukturnetze. Bei zu großen Abständen der Kompetenzzentren müssen die Fahrzeiten für diese Distanzen mit Schnellinterventionsfahrzeugen klein gehalten werden, z.B. Fahrzeugkonzepte für 160 km/h mit entsprechender Motorleistung sowie „Zugfahrtzulassung“, d.h. mit SIFA, LZB, INDUSI, ETCS.

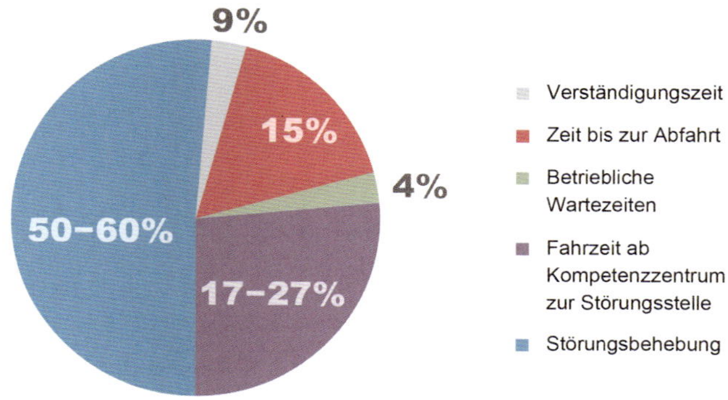

Abb. 15.1: Prozentuale Aufteilung der Zeitabläufe bei Störungseinsätzen (Darstellung: Autor)

Synergien werden auch durch eine Bündelung der Aufgaben für Instandhaltung, Wartung, Kontrolle, Sicherheitsüberprüfung, Störungsbehebung etc. und zusätzlich durch Engagement bei Erneuerung und Neubau gehoben.

Beispiele für eine Anpasung derFlächenstruktur von Service-Kompetenzzentren und für strukturelle Maßnahmen sind grundsätzlich im Kapitel 3 ausgeführt.

Folgende Faktoren sind von Einfluss:

1. Flächenstruktur von Kompetenz-Servicezentren

Es ist grundsätzlich das Verhältnis von Fahrzeiten der Interventionseinheiten zu den Einsatz- bzw. Arbeitszeiten vor Ort an den Anlagen zu optimieren. Hierzu ist ein moderner Fuhrpark – insbesondere mit schnellen und mit entsprechender Arbeitstechnologie ausgestatteten Interventionsfahrzeugen – aufzubauen.

Die Instandhaltungs- und Störungsmanagementbereiche sind nach Möglichkeit so zu wählen, dass die Anfahrtszeiten aus den verteilten Standorten zu den geplanten Arbeitsstellen für die Instandhaltungsaufgaben und zu den Störungsstellen, in den von den Infrastrukturverantwortlichen vorgegebenen Interventionszeiten eingehalten werden können. Gegebenenfalls kann durch das Zwischenschalten von Außenstellen zu den Service- bzw. Kompetenzzentren (das sind einfacher ausgestattete Servicezentren mit geringen Personal- und Fahrzeugenressourcen) der Abstand zwischen zwei Servicezentren erweitert werden. Damit kann die Kostenstruktur bei annähernd gleicher Verfügbarkeit und Leistungsfähigkeit verbessert werden. Bei der Standortwahl sind im Hinblick auf die Akzeptanz, die Flächenwidmungspläne, die unternehmerischen Vorgaben usw. i. a. verkehrsbetriebliche Zentren auszuwählen. Siehe auch Kap. 3, Abb. 3.1.

2. Erkenntnisse für den Aufbau einer Flächenstruktur

Generell sind heute die Vorteile und Kostensenkungspotentiale insbesondere im Bereich Fahrleitungsanlagen durch die Anwendung innovativer Arbeitstechnologien in Kombination mit dem Einsatz von modernen Interventionsfahrzeugen (Motorturmwagen) mit spezieller Arbeitstechnologie erheblich und können bei Neuelektrifizierung oder Erneuerung und ebenso bei einer Neustrukturierung des Instandhaltung- und Störungsmanagements genutzt werden.

Rationalisierungsprogramme im Bereich von Traktionsstromversorgungsanlagen (insbesondere an Fahrleitungsanlagen) machen Folgendes erforderlich:

- Eine abgestimmte Konzeption bei der Neuordnung der Arbeitsaufgaben für die Mitarbeiter, die in der Folge eine Neufestlegung bzw. Anpassung der Personalressourcen ermöglicht, sodass eine Konzentration auf wenige, leistungsfähige Kompetenz-Servicezentren vorgenommen werden kann.
- Die Servicezentren sind mit einem leistungsfähigen Maschinenpool auszustatten.
- Eine spezielle theoretische und praxisbezogene Aus- und Weiterbildung sowie eine revolvierende Schulung der Mitarbeiter an der Technologie der Fahrleitungsanlagen, in der Nutzung der Arbeitstechnologie der Motorturmwagen, bei der Servisierung von Traktionsstromverteilanlagen (Unterwerke, Weichenheizanlagen, Fernsteuerkomponenten, ...) und der damit möglichen optimalen Arbeitsverfahren sowie in den Grundregeln der Arbeitssicherheit.

3. Personalstrukturen von Kompetenz-Servicezentren

Der Personalbedarf für Servicezentren wird u. a. dominant bestimmt durch

- den Umfang des Fahrleitungsnetzes (Fahrleitungslängen der Haupt-, Nebengleise, Fahrleitungsschaltanlagen, Nebenverbraucher wie Weichenheizung usw.),
- die zu betreuenden Traktionsstromzentralen (Umspannwerke) und Zugvorheizanlagen,
- die Servisierung der Fernsteueranlagen im Traktionsstromnetz,
- die Wertigkeit des Verkehrs (Haupt-, Nebenstrecken, Verkehrsbelastung in Zügen pro Zeiteinheit, Hochgeschwindigkeitsstrecken usw.) bzw. die betriebliche Bedeutung der Strecken (wie internationale Destinationen, Transitrouten usw.),
- die Zuteilung und Dauer der notwendigen Gleissperren,
- die Bauart, das Alter der Fahrleitung usw.,
- eine Unterstützung der Arbeitsvorgänge durch moderne, leistungsfähige Interventionsfahrzeuge mit geeigneter Arbeitstechnologie,
- ein multifunktionell ausgebildetes Fachpersonal (elektrotechnische und maschinentechnische Ausbildung, Elektronik),
- Teambildung, -fähigkeit,
- Anlagen-/Ortskenntnisse,
- Incentives für eine längerfristige Bindung an diesen Infrastrukturfachbereich.

15.1.5 Beispiel – Inhaltliche/Organisatorische Ausrichtung

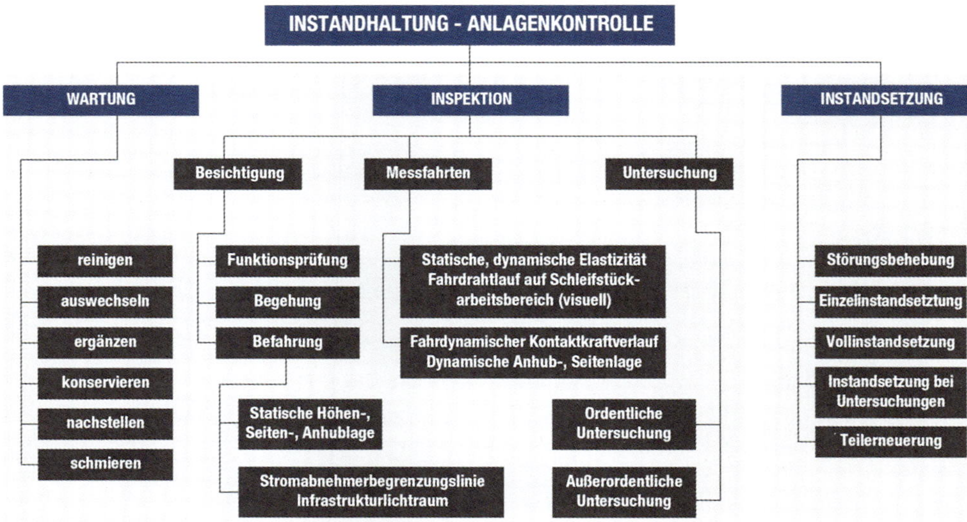

Abb. 15.2: Beispiel zur Gliederung in fachlicher Hinsicht (Darstellung: Autor)

Umsetzung der Maßnahmen der Instandhaltung

Die Struktur kann in

- **planbare Instandhaltung**
  d. s. Zustandsprüfungen wie visuelle Prüfung im Rahmen von Begehungen, Funktionsprüfungen; Prüfungen mit Messfahrzeugen und Vollinspektionen; visuelle Inspektionen mittels Instandhaltungsfahrzeugen

und

- **bedingt planbare Instandhaltung**
  außerordentliche Prüfungen wie Begehungen oder Befahrungen mit Instandhaltungsfahrzeugen und/oder unmittelbare Instandsetzung nach der Befundung

eingeteilt werden.

Ablauf der zustandsabhängigen Instandhaltung

Mögliche **Kriterien** sind:

- Feststellung der Funktionstüchtigkeit und Betriebssicherheit durch Inspektion
- Festlegung der Kriterien für die Einzeltätigkeiten, die Arbeitsplanung und -vorbereitung
- Netzsegmentierung nach betrieblicher Bedeutung und Beanspruchung (A-, B- … Netz, HGV-Netz, durchgehende Hauptgleise, …)
- Anlagenmanagement auf der Basis Fehlerstatistik, Alter, Abnutzungsgrade, Auswertung der Zeitreihen hinsichtlich Ursache, Verursacher …., Qualitätsstandards usw.

Schwerpunkte bei **Inspektionen**:

Im zustandsorientierten Instandhaltungsprozess sind die Funktionaltäten und Komponenten zu beurteilen. Analoges gilt für Wiederinbetriebnahmen und bei Qualitätsprüfung bei Abnahmen.

- **Prüfung der Funktionalitäten** wie
  Kontaktkraftwerte, statische Anhublage, Fahrdrahthöhen- und -seitenlage, Zugkräfte FD und TS, Verlauf Elastizität, Stellung der Gewichte der Radspannwerke und der Ausleger, Lage der Weichenketten, Lage der Fahrleitungsketten bei Bahnhof-Streckentrennungen, bei Sektionstrennungen wie zu- und ablaufender Fahrdraht usw. je nach Temperatur, auf Anhubfreiraum, Hängeabstände der Parallelketten, Verschleiß usw.
- **Beurteilung der Komponenten** wie
  Trennschalter, Erdungsschalter, Streckentrenner, Schutzstrecken, Fahrdrähteverschleiß, Tragseile, Verstärkungsleiter, Rückstromführungsleiter, Wirkungsgrad der Radspannwerte, Festpunktanker, Thermograpie bei Klemmverbindungen und Schalterkontakten, Isolatoren, Endverschlüsse, Hänger, Ausleger, Schalterantriebe, Querseilfelder usw.

Die **Störungsstatistiken** können qualitativ ausgewertet werden hinsichtlich:

- Fehlerursache von internen/externen Verursachern, Anlagenversagen, Fehler Betriebsführung, Stromabnehmerschaden, Kurzschlüsse durch Triebfahrzeuge, Verschmutzung, Isolatorüberschläge durch Vögel, Kurzschlüsse durch Lkw mit unsachgemäßer Ladung, Planungs- und Montagefehler, ...
- Bauart, Typ, Hersteller, Technologie, Konstruktion, ...
- Komponenten, Material, Alter, Zustand, ...
- Häufigkeit, Zeitreihe, ...
- Betriebliche Folgewirkungen (Dauer der Fehlerortung, der Fehlerbehebung, Ressourceneinsatz und -kosten, Folgekosten für Zugverspätungen, ...)

Zusätzlich ist eine **quantitative Auswertung** empfehlenswert bzgl.:

- Summe aller Störungen je 100 km Kettenlänge oder Gleislänge
- Summe der Störungen getrennt nach den Erfassungskategorien
- Summe der Störungen pro Komponente/Bauteil/Hersteller
- Summe der aufgetretenen Verspätungsminuten für die einzelnen Erfassungskategorien
- Nutzung der Zeitreihen für Maßnahmen

Inhalte für eine **Anlagendatenbank** sind u. a.:

- Typtabelle (Fahrdraht-, Tragseiltyp, Störungstyp, Besonderheiten, Schaltertyp, ...)
- streckenbezogene Daten (Verkehrsstelle, Tunnel, mehrgleisige Strecke, steinschlag-, lawinengefährdet, ...)
- objektbezogene Daten (Netzkategorie, Objekttyp und -bezeichnung, Bauart, Hersteller, Verrechnungsstelle, ...)
- technische Daten (Angaben zu Leistung und Ausführung der Betriebsmittel und Komponenten, Feeder, Kabel, Speiseleitungen, Besonderheiten, Schalterantrieb, ...)
- Streckenschaltbilder

Wichtige **Kenndaten und Vergleichswerte**:

- Durchschnittliche Personalressourcen, Anzahl MTW und Größe der Einsatzbereiche für Instandhaltung, Branchenvergleiche sowie
- Bandbreiten bzw. Mittelwerte über
  - Größe des Einsatzbereichs in Kilometer Fahrleitungskette pro Mitarbeiter
  - Größe des Einsatzbereichs in Kilometer Fahrleitungskette pro MTW
  - Größe des Einsatzbereichs in Kilometer Fahrleitungskette pro Instandhaltungszentrum
  - zeit- und ressourcenbewerteten Aufwand für die zu betreuenden Traktionsstromeinrichtungen (Unterwerke, Fernsteueranlagen, ...)

Leistungssteigerung durch **neue Anforderungsprofile für Mitarbeiter**:

Durch die innovative Maschinen- und Arbeitstechnologie ist eine professionelle Teamarbeit mit speziell geschultem Stammpersonal notwendig. Die multifunktional für die Fahrleitungsarbeiten und -technologien ausgebildeten Mitarbeiter brauchen auch Module für die optimale Nutzung der Maschinentechnologie sowie für die Wartung.

15.2 Auszüge aus der TSI Energie zur Instandhaltung der Fahrleitung

In der TSI Energie ist die Verantwortung des Herstellers geregelt. Er muss die Betriebsgrenzwerte für alle Bauteile angeben, die sich im Betrieb ändern können. In der Verantwortung des Infrastrukturbetreibers liegt die Erstellung von Instandhaltungsplänen und die Einhaltung dieser definierten Grenzwerte. Es wird besonders darauf hingewiesen, dass mit den Instandhaltungsmethoden die Sicherheitsvorkehrungen (Sicherstellung einer unterbrechungsfreien Rückstromführung, Schutz vor Überspannungen und Berührungsspannungen und Erkennen von Kurzschlüssen) nicht beeinträchtigt werden.

Es sind auch Verfahrensanweisungen zum Schutz für die im oder am Gleis arbeitenden Mitarbeiter, dazu auch Vorgaben für zulässige Fahrgeschwindigkeiten auf Nachbargleisen oder Sperre des Betriebes, Beaufsichtigung des schwerpunktmäßig eingesetzten Personals aus verschiedenen Infrastrukturfachbereichen, persönliche Sicherheitsausrüstung usw. notwendig.

15.3 Auszüge aus der EN 50119 zur Instandhaltung der Fahrleitung

Es ist u. a. der Aufbau der Fahrleitung auf Übereinstimmung mit den Planungs- und Ausführungsmaßen zu prüfen. Das betrifft die mechanischen Abstände, die Veränderung von installierten elektrischen Schlagweiten mit Berücksichtigung von Leiterbewegungen durch Temperatur-, Zugkraft- und weitere Belastungen, Fahrdrahthöhe und Seitenlage, Beweglichkeit und Bewegungsfreiraum der Nachspannvorrichtungen, Längswanderungen der Fahrleitungskette hinsichtlich Ausleger, Seitenhalter infolge von Temperatur- und Stromabnehmereinflüssen, Festpunkte im Kettenwerk, Funktion der Masttrennschalter (hand- und ferngesteuert), Fahrdrahtanhub usw. Zum Nachweis der Konformität von Systemauslegung und -ausführung sind Abnahmeroutinen festzulegen und weiterführend Instandhaltungsprozesse vom Infrastrukturbetreiber vorzugeben.

Quellenverzeichnis

Autorenkollektiv (Redaktionelle Leitung: Peter Schmidt): VEM-Handbuch Energieversorgung elektrischer Bahnen, Berlin: VEB Verlag Technik, 1974

Bauer, Karl-Hans; Kießling, Friedrich; Seifert, Reinhard: Einfluss der Konstruktionsparameter auf die Befahrung einer Oberleitung für hohe Geschwindigkeiten – Theorie und Versuch, EB Elektrische Bahnen 10/1989

Biesenack, Hartmut; George, Gerhard; Hofmann, Gerhard; Schmieder, Axel: Energieversorgung elektrischer Bahnen, Leipzig: B. G. Teubner Verlag, 1. Auflage, 2006

Brodkorb, Albrecht: Interaktion von Oberleitung und Stromabnehmer, ÖVG-Kongress Fahrstromanlagen, Wien, 09.11.2018

Courtois, Christian: Bahnstromversorgung in Europa (EN 50388 und TSI ENE), ÖVG-Kongress Fahrstromanlagen, Wien, 08./09.11.2018

Dölling, Andre: Innovative Bahnenergieanlagen – Förderung durch funktionale Ausschreibungen am Beispiel des EP Dänemark, ÖBB-ÖVG-Fahrstromsymposium, Wien, 24.11.2016

Dölling, Andre: Aktueller Stand des Elektrifizierungsprogramms (EP) in Dänemark (Oberleitung Sicat SX), ÖVG-Kongress Fahrstromanlagen, Wien, 09.11.2018

Dölling, Andre; Bebi, Jürg; Berry, Ronny: Pilotierung einer Kettenwerksüberwachung mit Auflösung für die Vereina-Linie, EB Elektrische Bahnen 4/2021

Dreßler, Thomas: Technische und rechtliche Grundlagen der Normung und Regelwerksfestlegungen in der Elektrotechnik von Bahnen, ÖBB-ÖVG-Fahrstromsymposium, Wien, 24./25.11.2016

Filipovic, Zarko: Elektrische Bahnen, Berlin; Heidelberg; New York; London; Paris; Tokyo: Springer-Verlag, 1989

Geim, Andreas: Festpunkt-Symmetrie trotz Zugkraftänderungen durch Rückstellkräfte, EB Elektrische Bahnen 9/2021

Hayoz, Patrick: Der (n-1)-Fahrweg, ÖVG-Kongress Fahrstromanlagen, Wien, 08./09.11.2018

Heuer, Rudolf: Fahrdrahtwelligkeit und mechanische Modellierung des Verlegevorganges, ETR – Eisenbahntechnische Rundschau, 3/2014

Heuer, Rudolf: Fahrdrahtwelligkeit und mechanische Modellierung des Verlegevorganges, EIK Eisenbahn Ingenieur Kompendium 2014, S. 81–94

Heuer, Rudolf: Mechanische Analyse von Fahrdrähten zur fachgerechten Verlegetechnik, EB Elektrische Bahnen, 5/2017

Irsigler, Manfred; Kohel, Johann: Oberleitungen – Neubau, Umbau und Instandhaltung, EB Elektrische Bahnen 1–2/2006

Irsigler, Manfred: Installation, renewal and maintenance of overhead catenary systems by means of a specially designed catenary installation and renewal machine, Rail Engineering International, 4/2006

Irsigler, Manfred; Kohel, Johann: Catenaires: pose, renouvellement et maintenance, Le Rail, 32/Novembre 2006

Irsigler, Manfred: Montagetechnologie moderner Oberleitungen, EB Elektrische Bahnen 4–5/2007, (Vortrag acrps 2007)

Irsigler, Manfred: Mechanisierter Oberleitungsbau, EIK Eisenbahn Ingenieur Kompendium 2008, S. 61–74

Irsigler, Manfred: Optimised installation method for modern overhead catenary systems, Rail Engineering International, 3/2009

Irsigler, Manfred; Lichtberger, Bernhard; Schlesinger, Wolfgang et al.: Fahrdrahtmessanlage FDMA – System Plasser & Theurer, ETR Eisenbahntechnische Rundschau, 7–8/2009

Irsigler, Manfred; Lichtberger, Bernhard; Schlesinger, Wolfgang et al.: Plasser & Theurer's „FDMA" system for measuring overhead lines, RTR Railway Technical Review 1/2010

Irsigler, Manfred: Fahrleitungsbau mit System – Zusammenfassung über ein Seminar an der Technischen Universität Graz, EIK Eisenbahn Ingenieur Kompendium 2011, S. 227–252

Irsigler, Manfred: Qualitätskriterien für Fahrdrähte und die Montageprozesse, ETR – Eisenbahntechnische Rundschau, 4/2014

Irsigler, Manfred; Rebek, Jürgen: Universell einsetzbares Oberleitungs-Instandhaltungs- und Interventionsfahrzeug für Hochleistungsstrecken, ETR – Eisenbahntechnische Rundschau 5/2015

Irsigler, Manfred: Systemtechnik von HGV-Oberleitungen, Leverkusen: PMC Media, 1. Auflage 2020

Kapfenberger, Wolfgang: Vorträge in ÖBB-ÖVG-Kongressen Fahrstromanlagen, Wien, 2016/2018/2021

Kapfenberger, Wolfgang: Erhöhung der Anlagenverfügbarkeit durch ständiges Monitoring in Oberleitungsanlagen, ÖVG-Kongress Fahrstromanlagen, Wien, 08./09.11.2018

Kießling, Friedrich; Semrau, Manfred; Tessun, Heinz; Zweig, Bernd-Wolfgang: Neue Hochleistungsoberleitung Bauart Re 330 der Deutschen Bahn, EB Elektrische Bahnen 8/1994

Kießling, Friedrich; Puschmann, Rainer; Schmieder, Axel: Fahrleitungen elektrischer Bahnen, Erlangen: Verlag Publicis Publishing, 3. Auflage, 2014

Kraus, Heinrich: Grundlagen elektrischer Bahnen, Düsseldorf: Werner Verlag GmbH, 1986

Kurzweil, Franz: Vorträge in ÖBB-ÖVG-Kongressen Fahrstromanlagen, Wien 2016/2018/2021; Rail.S/VDE-Symposium: Sicherheit & Zulassung elektrischer Bahnausrüstungen

Kurzweil, Franz: Schlanke und aktuelle Fachvorschriften als Herausforderung für die Bahnen – Umsetzung der TSI ENE und der zugehörigen Normen in ÖBB-spezifischen Regelwerken, ÖBB-ÖVG-Fahrstromsymposium, Wien, 24./25.11.2016

Pupke, Frank: Neuentwicklung verschleißarmer Fahrdrähte und Bahnleitmaterialien, ÖBB-ÖVG-Fahrstromsymposium, Wien, 24.11.2016

Puschmann, Rainer: Zulässige Fahrdrahtseitenlage für interoperable Strecken, EB Elektrische Bahnen, 6/2012

Puschmann, Rainer: Maximale Fahrdrahtseitenlagen und Spannweiten interoperabler Strecken, EB Elektrische Bahnen, 7/2012

Puschmann, Rainer: Oberleitungen im japanischen Hochgeschwindigkeitsnetz Shinkansen, EB Elektrische Bahnen 12/2021

Puschmann, Rainer; Behrends, Dirk: Tangentiale Weichenbespannungen für schnell befahrene Weichen, EB Elektrische Bahnen 1–2/2022

Röhlig, Steffen: Elektrische Sicherheit elektrischer Bahnen, ÖVG-Kongress Fahrstromanlagen, Wien, 09.11.2018

Siemens AG, Interoperable Oberleitung SICAT H 1.0 der Schnellfahrstrecke Köln–Rhein/Main Frankfurt, EB Elektrische Bahnen 7/2002

Stephan, Arnd; Aufschläger, Fritjof: Lebenszykluskosten von Oberleitungsanlagen, ÖVG-Kongress Fahrstromanlagen, Wien, 09.11.2018

Stephan, Arnd; Annaberg-Buchholz, Hans Günther; Wittemann, Thomas: Erhöhung der Stromtragfähigkeit der Schnittstelle Stromabnehmer/Fahrdraht im Stillstand, EB Elektrische Bahnen 4/2021

Stephan, Arnd; Aufschläger, Fritjof; Pupke, Frank; Bregulla, Thomas; Nickel, Thomas: Statistische Auswertung des Verschleißes von Fahrdrähten unterschiedlicher Werkstoffe, EB Elektrische Bahnen 7–8/2021

Süberkrüb, Max: Technik der Bahnstromleitungen, Berlin; München; Düsseldorf: Wilhelm Ernst & Sohn, 1971

Veit, Peter: Life Cycle Costing und Life Cycle Management (Eisenbahninfrastruktur), ÖBB-ÖVG-Fahrstromsymposium, Wien, 24./25.11.2016

Wenty, Rainer: Maschinentechnologie für Fahrleitungssysteme, EB Elektrische Bahnen, 03/2010

Wenty, Rainer: Instandhaltungs- und Schienenhilfsfahrzeuge, ÖVG-Kongress Fahrstromanlagen, Wien, 08./09.11.2018

Wenty, Rainer: Gleisgebundene Fahrleitungsmontagen im Spannungsfeld des Betriebs, EB Elektrische Bahnen, 1–2/2022

Wili, Urs; Steinmann, Nicolas; Luder, Urs: Deckenstromschiene für 250 km/h im Ceneri-Basistunnel, EB Elektrische Bahnen 1–2/2021

Wili, Urs: Fachkräfte für die Bahn, EB Elektrische Bahnen 10/2021

Wili, Urs; Steinmann, Nicolas; Furrer, Beat; Schlesinger, Wolfgang: Vortrag im ÖBB-ÖVG-Kongress Fahrstromanlagen, Wien, 11./12.11.2021

Wili, Urs; Röhlig, Steffen; Puschmann, Rainer; Deutschmann, Peter: Fachbegriffe – Fahrleitungen, EB Elektrische Bahnen 12/2021

Normen und Regelwerke

791 E – UIC Kodex, Qualitätssicherung von Oberleitungsanlagen

DB 601.02, ÖBB INFRA, Organisation von Bauarbeiten im Bereich von Gleisen

DB-Rahmenrichtlinie 132.0123A01, Organisation und Managementsysteme-Arbeitsschutz, Arbeiten an oder in der Nähe von aktiven Teilen der Oberleitungsanlage

DB-Richtlinie 824.0105, Grundlagen für die Durchführung von Oberbauarbeiten auf Strecken mit im Betrieb befindlicher Oberleitung 15 kV, 16,7 Hz (elektrische Sicherheit)

DV EL 52, Anlage 5, ÖBB INFRA, Merkblatt für den Arbeitsverantwortlichen

EN 14033:2019, Environmental management — Quantitative environmental information — Guidelines and examples

EN 14033-1:2017, Railway applications – Track – Railbound construction and maintenance machines – Part 1: Technical requirements for running

EN 14033-2:2017, Railway applications – Track – Railbound construction and maintenance machines – Part 2: Technical requirements for travelling and working

EN 15273-3, Bahnanwendungen – Begrenzungslinien, Teil 3: Lichtraumprofile, 15.12.2013

EN 16704-1, Bahnanwendungen – Oberbau – Sicherungsmaßnahmen während Gleisbauarbeiten – Teil 1: Eisenbahngefährdungen und allgemeine Prinzipien zum Schutz ortsfester und ortsveränderlicher Baustellen, 11.2017

EN 50110-1, -2, Betrieb von elektrischen Anlagen, Teil 1: Allgemeine Anforderungen, Teil 2-100: Nationale Ergänzungen, 1.10.2014

EN 50119, Bahnanwendungen – Ortsfeste Anlagen – Oberleitungen für den elektrischen Zugbetrieb, 01.2021

EN 50122-1, Bahnanwendungen – Ortsfeste Anlagen – Elektrische Sicherheit, Erdung und Rückleitung, Teil 1: Schutzmaßnahmen gegen elektrischen Schlag, 1.10.2011

EN 50126, Bahnanwendungen – Spezifikation und Nachweis der Zuverlässigkeit, Verfügbarkeit, Instandhaltbarkeit und Sicherheit (RAMS), 10.2017

EN 50149, Bahnanwendungen – Ortsfeste Anlagen – Elektrischer Zugbetrieb – Rillenfahrdrähte aus Kupfer und Kupferlegierung, 1.3.2013

EN 50163, Bahnanwendungen – Speisespannungen von Bahnnetzen, 1.04.2008

EN 50317, Bahnanwendungen – Stromabnahmesysteme – Anforderungen und Validierung von Messungen des dynamischen Zusammenwirkens zwischen Stromabnehmer und Oberleitung, 1.6.2012

EN 50318, Bahnanwendungen – Stromabnahmesysteme – Validierung von Simulationssystemen für das dynamische Zusammenwirken zwischen Stromabnehmer und Oberleitung, 1.6.2003

EN 50367, Bahnanwendungen – Zusammenwirken der Systeme – Technische Kriterien für das Zusammenwirken zwischen Stromabnehmer und Oberleitung für einen freien Zugang, 1.12.2013

EN 50388, Bahnanwendungen – Bahnenergieversorgung und Fahrzeuge – Technische Kriterien für die Koordination zwischen Anlagen der Bahnenergieversorgung und Fahrzeugen zum Erreichen der Interoperabilität, 1.12.2013

I.S. EN 13231-5:2018, Railway applications – Track – Acceptance of works – Part 5: Procedures for rail reprofiling in plain line, switches, crossings and expansion devices

I.S. EN 14033-3:2017, Railway applications – Track – Railbound construction and maintenance machines – Part 3: General safety requirements

TLR ED 21, ÖBB INFRA, Bestimmungen für die Technisch-funktionale Abnahmeprüfung

TR 941, ÖBB INFRA, Technische Richtlinie für auf Fahrzeugen installierte Messsysteme zur kontinuierlichen Erfassung der Fahrdrahthöhen- und -seitenlage

TSI ENE, Verordnung (EU) Nr. 1301/2014 der Kommission vom 18.11.2014 über die Technische Spezifikation für die Interoperabilität des Teilsystems „Energie" des Eisenbahnsystems in der Europäischen Union

TSI INF, Verordnung (EU) Nr. 1302/2014 der Kommission vom 18.11.2014 über die technische Spezifikation für die Interoperabilität des Teilsystems „Infrastruktur" des Eisenbahnsystems in der Europäischen Union

TSI LOC&PAS, Verordnung (EU) Nr. 1302/2014 der Kommission vom 18.11.2014 über eine Technische Spezifikation für die Interoperabilität des Teilsystems „Fahrzeuge – Lokomotiven und Personenwagen" des Eisenbahnsystems in der Europäischen Union

TSI „Sicherheit in Eisenbahntunnel", Entscheidung der Kommission vom 20. Dezember 2007 über die technische Spezifikation für die Interoperabilität bezüglich „Sicherheit in Eisenbahntunneln" im konventionellen transeuropäischen Eisenbahnsystem und im transeuropäischen Hochgeschwindigkeitsbahnsystem

Stichwortverzeichnis

T

U

V

W

Z

Inserentenverzeichnis

Der Autor

Dipl.-Ing. Manfred Irsigler

Studium Starkstromtechnik an der Höheren Technischen Lehranstalt Wien und Energietechnik an der Technischen Universität Wien; Projekte bei der Siemens AG Österreich; Stv. Baudirektor bei den ÖBB; bis 1999 Leiter des Geschäftsbereichs Energie bei den ÖBB; bis 2004 Technischer Vorstand bei der Salzburg AG (Energie- und Infrastrukturdienstleistungsunternehmen); Projektbegleitung bei Großprojekten (z. B. Lötschberg-, Gotthardbasistunnel); seit 1993 Lehraufträge an den Technischen Universitäten Wien und Graz.